智能制造与装备制造业转型升级丛书

电气传动的原理和实践

第 2 版

秦晓平　主编

机械工业出版社

本书是作者根据多年科研开发、设计、调试、维护的经验，结合目前国外电气传动新技术、新教材的发展趋势而编写的电气传动类的参考书，强调简明性和实践性。从内容到编排，都以体现实际应用和解决实际问题为目的，使读者能够直接利用理论知识解决实际工作遇到的问题。

本书的读者定位于刚刚参加工作缺乏实践经验的大学生，生产厂矿的工程技术人员和生产第一线的调试、维护人员，电气传动装置生产厂的技术人员、技术工人，也可作为职高、技校、工厂培训的教材。

图书在版编目（CIP）数据

电气传动的原理和实践 / 秦晓平主编. —2 版. —北京：机械工业出版社，2016.9

（智能制造与装备制造业转型升级丛书）

ISBN 978-7-111-54449-4

Ⅰ．①电… Ⅱ．①秦… Ⅲ．①电力传动 Ⅳ．①TM921

中国版本图书馆 CIP 数据核字（2016）第 179762 号

机械工业出版社（北京市百万庄大街 22 号 邮政编码 100037）

策划编辑：吕 潇 责任编辑：吕 潇
责任校对：刘怡丹 张 薇 责任印制：李 洋
北京振兴源印务有限公司印刷
2016 年 9 月第 2 版·第 1 次印刷
169mm×239mm·18 印张·301 千字
0001—3000 册
标准书号：ISBN 978-7-111-54449-4
定价：49.00 元

凡购本书，如有缺页、倒页、脱页，由本社发行部调换

电话服务 网络服务
服务咨询热线：010-88361066 机工官网：www.cmpbook.com
读者购书热线：010-68326294 机工官博：weibo.com/cmp1952
010-88379203 金 书 网：www.golden-book.com
封面无防伪标均为盗版 教育服务网：www.cmpedu.com

前　言

刚刚走出校门，走向工作岗位的广大青年学生们迫切需要实用性强的电气传动方面的参考书。为了适应实际工作的需要，积编者多年科研开发、设计、调试、维护的经验，结合目前国外电气传动的发展趋势，撰写此书。

电气传动是一门传统的技术学科，原本属于电机学范畴，随着技术发展，社会进步，现已成为一门独立的学科，重点是研究如何有效地使用各类电动机，使其在能量转换和运动控制这两方面达到理想的效果。

在课堂上学到的知识，偏重于分析推导，建立知识体系。在生产实践中的技术人员要把学到的知识简单化，实用化，把深奥的理论知识变成牢记在心的应知应会的常识。例如三相交流电动机旋转磁场，在教材中讲述了旋转磁场的形成原理。而在实际应用中，只需要记住三相交流电通入三相绕组即可产生旋转磁场。

电气传动是一门理论性和实践性都很强的学科，理论和实践相结合是成才的必由之路。毋庸置疑，受诸多条件所限，课堂所学相对而言重考试、轻实践，学生的创造性匮乏，动手能力不强。刚刚走出校门的学生风华正茂，求知欲望强烈，要趁此时机通过实践多多学习。常说"抱书啃一年，不如现场待三天"，这个说法或许有失偏颇，但是在现场经常会遇到莫名其妙的问题，只有具备扎实的技术功底，才能解决这些问题。练就扎实功底确实离不开书本，解决的问题的原理书中定有论述，只不过我们往往没有把原理和实践联系起来而已。

互联网技术缩短了人与人之间的距离，有效地利用互联网也是学习电气传动技术的捷径。在网站可以下载资料，在技术论坛可以相互交流。在电气传动和自动化技术的相关论坛上，很多文章和讨论都凝集了众人工作中的酸甜苦辣、得失成败，经常参与论坛的互动和交流，无疑会加快我们技术进步的步伐。

多数人的实践经验表明，老祖宗留下的"口诀"记忆是个好办法，要善于把复杂的理论和技术，总结成为朗朗上口的口诀，也会使学习的效果事半功倍。

本书的第一个特点是**简明性**，对学过的知识进行归纳总结，删繁就简，不做烦琐的公式推导，只是指出该公式和图表的使用条件和方法，使读者能够在实际工作中受益。联系学过的知识，直接利用这些理论知识解决实际问题。本书还介绍了一些目前教材中缺少的内容。

本书的第二个特点是**实践性**，从内容到编排都是体现以实际应用和解决实际问题为目的。本书尝试引导刚刚走出校门的学生，在工作实践中如何主动地运用所学过的理论知识解决实际问题。本书提供了一些计算例题，读者仿照本书提供的例题，可以解决实际工作中遇到的问题。

使读者能够在实际工作中处理疑难问题时有所借鉴，这就是我的一点心愿。

本书由秦晓平主编，秦川、兰树蒙、林筠、吴雨杭为本书的编写付出了辛勤工作和巨大努力。

主　编

目　　录

第 1 章 ▶▶▶▶▶

电气传动的基本概念

1.1 电气传动的任务和发展趋势

电气传动既是一个理论性很鲜明的学科，也是一门实践性很强的应用技术。

电气传动的第一项功能是**能量转换**——借助于电动机把电能转变为机械能，这是现代工业、农业、交通运输业、公用事业、家用电器、医疗机械等所有人类活动领域中所必需的。我们日常所见到的生产流水线和单体工作机械几乎全部都是用电气传动设备驱动的。

电气传动的第二项功能是**运动控制**——其本质就是对工作机械的执行机构实施位置、速度或转矩控制。

每个工作机械都需要控制：接通/分断电动机的电源属于简单控制；根据工艺条件和要求改变电动机的速度或转矩属于高级控制。为了保护工作机械和电气传动设备，还要实施必要的保护和联锁，这属于安全方面的控制。现代电气传动系统的操作，可通过手动、自动或程序控制实现。为了保证执行过程的准确性，即使是手动操作的功能，也要依靠自动化设备来实现，这属于操作方面的控制。

把电气传动的两种功能结合起来，在电能转换成为机械能的同时，实现控制机械运动的性能指标（功率、力、转矩、速度、加速度、位移和角位移），合理地完成工艺过程，这就是电气传动在生产设备中的作用。

下面以几个实例分析电气传动的功能。

图 1-1 所示为一台用于车间空气交换的排风机的电路图，这种排风机的控制属于手动控制。

异步电动机 M 把电能转变为机械能，带动排风机的叶片旋转。为了使排风机转动/停止，需要接通/分断电动机的电源。这个控制功能是由主接触器 KM 和控制按钮实现的。当按下起动按钮 SB1 时，主接触器线圈通电，它的常开主触头闭合，电动机 M 与电源接通，排风机开始转动。当停止按钮 SB2 被按下时，主接触器的线圈失电，它的主触头分开，电动机与电源分断，排风机停止。

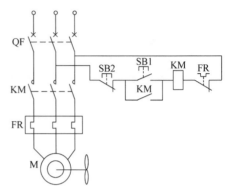

图 1-1 排风机的电路图

图 1-1 中还可以看到保护控制的器件。断路器 QF 中装有大电流瞬动脱扣机构，当电路中发生电流短路时可以很快切断电源。电动机的过载保护是由热继电器 FR 完成的。

电气传动的第二个例子是电梯。电梯是垂直输送人员和物品的机电设备。乘客进入电梯轿厢，按下目的楼层的按钮，电梯会自动关闭轿厢门并动朝着选择的方向运行，到达指定的楼层后轿厢门自动打开。电梯的原理是由一台电动机和减速机以及转鼓-钢绳机构把电能转变为轿厢垂直运动的机械能。电梯的运动控制包括电动机的起动/停止控制、加速/减速控制以及轿厢门的开闭控制之类的辅助控制。出于对电梯舒适性的考虑，电动机的起动/停止、加速/减速都要做到平滑稳定。而电梯的方向选择、准确停车、轿厢门开闭也属于运动控制的范围。为了完成这些功能，必须按照一定的规律控制电动机的运行。此外，为了确保设备可靠运行和乘客的安全，控制系统还要提供必要的保护联锁功能并且能显示轿厢的状态信息。电梯控制属于自动控制的范畴。

第三个电气传动的例子是家用全自动洗衣机。这种洗衣机是程序控制的代表性机电产品，其包含一台多速电动机，主要的工作机构是带传动的滚筒，附属的部件有电动水泵、电动阀门和控制电路板及其程序。全自动洗衣机就是预先将洗衣的全过程（注水—浸泡—洗涤—漂洗—脱水—排水）设置成为数个子程序，洗衣时选择其中一个程序，只要打开水龙头和按下洗衣机开关后，洗衣的全过程就会自动完成。各个电气部件和机械部件的工作是由控制电路板中的程序控制的。有了程序的组织与协调，一个个单独的部件就可以共同构成一个自动化的机电系统，从而完成复杂的工作过程。像这样由程序控制的电气传动设备，仍然离不开电动机实现电能向机械能的转变。程序控制装置负责协调各个部件动作并按照预先设置的程序完成整个工作过程。

电气传动还有一个重要使命就是创建新的节能技术。许多工艺过程都需要消耗大量的电能，但这些被消耗的电能不是完全用于生产过程，其中的部分电能被无谓地浪费掉，典型例子是水泵供水系统。以前供水系统使用的是恒速的电气传动设备，无法调节水泵的输出流量，而只能通过改变调节阀门的开度改变管网阻力调节流量。实际上用户在每个季节甚至每天的不同时段所需要的水量并不固定。如果采用阀门调节流量，一部分电能没有变成有用功，而是白白消耗于管网阻力。此外，操作阀门调节流量很难实现自动化。

现在流行的做法是采用可调速的异步电动机控制水泵的流量。可调速的水泵可以实现两个功能：其一，把电能转变为供水所需要的机械能；其二，控制水泵的工作转速，维持供水的压力和流量。这种调节水泵转速的做法可以节电 20% ~ 30%，节水 10% ~ 20%。如果是供暖用调速水泵，还可以节热 5% ~ 10%。这个例子说明，电气传动中的调速技术不但可以优化工艺过程，而且还可以节省大量宝贵的电能。

对于很多机器的工作机构，调节速度是它们进行工作的先决条件。也就是说，如果没有可调速的电气传动，很多机器将无法工作。矿山机械中的电铲（又称挖掘机）就是这方面的例子（见图 1-2）。

电铲的挖掘工作机构是铲斗、铲杆、转鼓-钢绳构成的提升机构、可以旋转的铲身以及行走用履带。铲斗在挖掘已经被破碎的岩石时，要借助于铲杆的前推和钢绳的提升。当铲斗装满时，要把铲斗提高到适当的高度。回转铲身使铲斗底部对准运输车辆的货厢，卸下岩石后回转到原位置，重复挖掘

动作。行走履带动作可使电铲前
进或后退。

电铲的电气传动结构很复
杂，简化后的电气框图如图1-3
所示。

电铲在其作业区域内可以小
范围的移动位置。为此，在电铲
的作业区域设有6kV或者10kV
的电源配电柜，通过柔性的高压
电缆向电铲提供电源。在电铲的
侧面有引入电源的受电环和配电

铲斗容积56m³，有效载荷101t，整机净重1265t
图1-2　国产的WK-56型矿山用电铲

保护的高压配电柜。同步电动机-直流发电机组向各个运动机构的电动机供
电。通过调节各个电动机的励磁电流改变各个驱动电动机的转速。现代的电
铲的电气传动开始采用晶闸管-直流电动机或变频器-交流电动机的传动
方式。

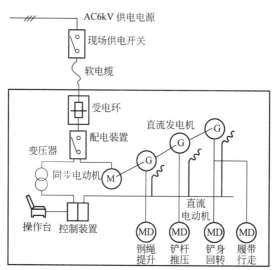

图1-3　矿山用电铲的电气传动系统结构图

电铲基本动作包括钢绳提升、铲杆推压、铲身回转和履带行走。它们分
别由各自的直流发电机-电动机组所驱动。为了操纵电铲，在电铲驾驶员的
座椅前还安装了操作台。机械传动机构包括减速机、转鼓-钢绳机构，推压

齿条机构、回转齿圈机构和履带行走机构。

电铲是负荷变化很大的机械，一般铲斗的容积为 $4 \sim 20m^3$，大型电铲的铲斗容积达到数十立方米。电铲的运动部分的质量也有数百吨，需要有足够的传动功率。同时，还要使铲斗的运动与司机操作的动作相匹配。所以电铲的电气传动系统应该满足如下要求：

（1）在正常工作范围内负荷增大时转速下降必须很小，即机械特性硬，以保证有很高的生产率；

（2）当负荷超过容许值，例如铲斗在清理岩石根部或被大块矿石卡住时，转速应能迅速下降并自动限制堵转电流，以保证机电设备不受损坏，这就是通常所说的挖土机特性；

（3）电铲的提升、推压和回转机构处于频繁的起制动和正反转，挖掘周期为 $20 \sim 30s$，要求具有快速的过渡过程。

可以说电铲的电气传动系统是一个足够复杂的自动化系统。

工业领域的电气传动中，数控机床的电气传动系统被认为是最为复杂的。数控机床可以按照事先编制好的程序动作，自动加工出高精度的零件。

数控装置（Computer Numberical Controller, CNC）存有加工程序并能实现控制功能，是数控机床的大脑。电气传动装置是数控机床的执行部分，包括主轴传动和多个进给传动等。当几个坐标的进给联动时，可以完成定位、直线、平面曲线和空间曲线的加工。这就要求数控机床的电气传动具有如下特点：

（1）高精度调速特性，调速精度范围接近万分之一；

（2）具有高精度定位功能，工件定位精度可达微米级；

（3）多坐标协调进给，完成插补功能，进给精度高达微米级；

（4）可以高精度保持在指定的速度，并且具有很高的动态响应能力。

由此可见，现代数控机床（见图1-4）是一种基于高精度自动化电气传动的机电设备，数控机床的工作是由数控装置总体控制的程序控制系统。

再举一个电气传动在交通运输方面应用的例子。

由于石油资源日益减少，电动汽车越来越普遍。一些汽车公司推出的轻型电动汽车，其运行特性已经不亚于传统汽车。电动汽车的主要优点就在于环境保护方面的优势，这一优势确保它将在未来几十年中得到广泛应用。目前电动汽车有两种动力方式：混合动力汽车和单纯使用蓄电池的电动汽车。混合动力的驱动方式有几种类型，其中比较简单的是电动车轮方式。这种混合动力汽车利用内燃机带动发电机旋转发电，利用可以充电的蓄电池作为缓冲电源。由于内燃机工作于恒定速度状态，燃油消耗相对较低，有害废气排放量降至最小。驱动车轮的交流电动机由蓄电池通过变流器供电。在下坡和制动时，动能可以通过电动机和变流器逆变成电能为蓄电池充电。图1-5所示为混合动力汽车电气传动结构示意图。

图1-4 数控机床

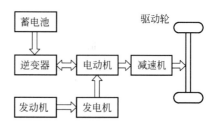

图1-5 混合动力汽车电气传动结构示意图

上述例子可以说明，电气传动装置是各种生产机械和工艺装备中的重要组成部分。通常电气传动系统是工作机械设计中工作最为复杂的部分，也是价格最为高昂的部分。设计、制造和维护电气传动系统的专业人员必须是经过培训并且具备多种技能的高度熟练的技术人员。一个合格电气传动的技术人员必须熟悉电路原理、电子技术、电力电子技术、电机学、电气传动、自动控制系统、自动控制理论、计算机技术等课程，还要对高等数学、物理学、工程数学有较深刻的了解。

1.2 电气传动技术对现代社会发展的作用

现代工业、农业、交通运输、公用事业、家用电器都与各种各样的机械运动有关。除了一些运输车辆和农用机械（汽车、拖拉机等）之外，几乎所有的工作机械都是采用电气传动设备实现电能向机械能的转换。

电气传动设备是电能最大的用户，在发达国家中，电气传动设备消耗的电能占总发电量的60%以上。

一般采用功率、电压等级、转速、控制方式等多种指标考察电气传动的特性。不同机械设备对电气传动的功率和电压等级的要求是不同的：仪表和计算机中的电动机的功率只有几瓦，而轧钢机、加压站的空压机等大型设备的主电动机功率可达数兆瓦。微型电动机的电压多为 10 ~ 24V，大型电动机的电压等级为数百伏到数千伏。不同机械设备对于转速的要求也不相同：特殊用途的离心机转速高达 10000r/min，而一些低速伺服传动机构要求转速小于 1r/min。

大多数生产机械都是由电动机驱动的。电动机和传递动力的机械传动机构（减速机、传动轴、曲柄-连杆机构等）以及传动控制装置构成一个完整的电气传动系统。在更为复杂的生产机械（轧机、电铲、数控机床等）之中，包括多个由电气传动系统驱动的运动机构。由这些电气传动系统、自动化控制系统以及电源供配电系统和公辅系统，共同构成了机电一体化的设备。性能优越的电气传动系统可以降低生产过程中的材料消耗和能源消耗。

电力电子技术、自动化技术、微电子和计算机技术是现代电气传动的基础。反之，电气传动技术的发展，也促进这些技术的进步。在过去的近20年中，电气传动技术得到飞速的发展。其原因之一是机械制造行业自动化技术的进步，提高了加工精度，保证了电气传动产品质量的稳定性。原因之二是电气传动技术的应用范围已经从工业领域扩展到几乎涉及了人类活动的全部领域，这就要求电气传动的产品控制精度更高、控制能力更强、成本更低。第三个原因是节能和环保的呼声越来越高，一方面要求提高电气传动系统的效率，另一方面要求把电气传动技术应用于节能和可再生能源（主要是风力）发电之中。不断涌现出来的新材料、新工艺和新的控制理论对电气传动的发展提出了新的挑战。总之，电气传动技术的发展将给现代的生产、生活带来天翻地覆的变化。

1.3 电气传动系统的构成

电气传动系统是由电动机、机械传动机构、变流器和控制装置构成的。

电动机是利用电磁原理把电能转变为机械能的机电能量转换器。按照转换成机械能的运动形式划分,电动机可以分类为旋转型、直线型、步进型和振动型等几种形式,旋转型电动机是最常用的电动机。

机械传动机构用来把机械能传递给工作机械,它包括齿轮减速机、齿轮-齿条机构、传动带机构、转鼓-钢绳机构、曲柄-连杆机构、蜗轮-蜗杆机构、滚珠丝杠等(见图1-6)。

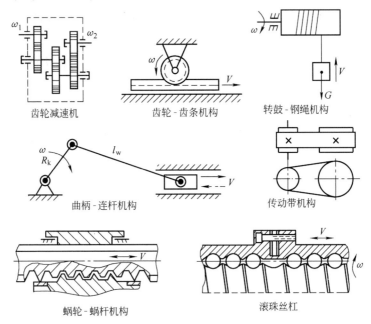

齿轮减速机　　　　齿轮-齿条机构　　　　转鼓-钢绳机构

曲柄-连杆机构　　　　　　传动带机构

蜗轮-蜗杆机构　　　　　　滚珠丝杠

图1-6　常用的机械传动机构

普通变流器的主体是由电力半导体器件构成,一般采用不可控的器件(二极管)和可控的器件(晶闸管、可关断晶闸管、IGBT、IGCT 等)。近年来,新型的电力电子器件层出不穷,变流器的种类也越来越多,为传统的电气传动技术注入了新鲜的活力。

供电电源、变压器和变流器构成电气传动的电力通道;电动机转子、转子输出轴上的可动部件(如测速机和脉冲编码器)、机械传动机构、工作机械构成电气传动的机械通道(见图1-7)。图1-7 中的实线箭头表示电动工况时能量的传输过程,虚线箭头表示发电工况时能量的传输过程。

当电动机工作在电动工况时,来自电网的电能通过电动机转变为机械能,然后传递到工作机械(如轧钢机、水泵等)的工作部分。在能量转换和

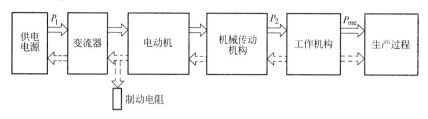

图1-7 电气传动的电力通道和机械通道

传递动力的各个环节中必然有能量损失，随之而来的想法就是如何减少转换和传递过程中的能量损失。评价电气传动系统的能量特性的指标是能量效率η_{en}，它定义为作用于工作机械上的有用功率与总输入功率之比。能量效率的公式为

$$\eta_{en} = \frac{P_2}{P_1} = \eta_e \cdot \eta_{conv} \cdot \eta_m$$

式中 P_1——电气传动系统的输入功率；

$\quad\quad P_2$——电气传动系统的输出功率。

电气传动系统的能量效率 η_{en} 等于供电效率 η_e、变流器效率 η_{conv} 和机械传递效率 η_m 的乘积。为了评价包括工作机械在内的整个系统的总效率，还需要乘以工作机械（例如水泵）的效率 η_{pm}，即

$$\eta = \frac{P_{me}}{P_1} = \eta_{en} \cdot \eta_{pm}$$

式中 η——总效率；

$\quad\quad P_{me}$——完成生产过程所必需的功率；

$\quad\quad \eta_{pm}$——工作机械的效率。

电动机具有双向转换能量的能力，不仅可以在电动工况时把电能转变为机械能，而且还可以在工作机械减轻负载或者制动减速时工作在发电工况，这时电动机成为发电机，可以把负载侧的机械能转变为电能。扣除制动能量中机械损失部分和电路损失部分，其余部分或者回馈到电网（具有能量回馈通道），或者通过制动电阻将其消耗（没有能量回馈通道）。制动过程的能流方向如图1-7中虚线箭头所示。

控制回路根据检测到的信号去控制电气传动中的电气参数和运动参数，以满足生产工艺对于机械运动的要求。控制回路的另一个重要职能就是力求

使生产过程中消耗的电能最少、成本最低。现代电气传动的控制装置是由数字控制系统构成。数字控制系统的核心微处理器，外围电路包括各种 I/O 接口和通信接口。为了检测机械和电气的物理量，还需要配备各种传感器，如电压互感器、电流互感器以及检测速度和位置的脉冲编码器等。图 1-8 所示为电气传动自动化系统的结构图。

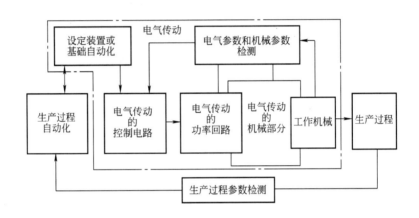

图 1-8　电气传动自动化系统的结构图

近年来，数字控制技术越来越多地应用于生产工艺的控制之中：工业计算机、可编程序控制器（PLC）、基于微处理器的外围设备和现场通信设备等。这就使整个生产过程与电气传动紧密地结合起来，形成在基础自动化和过程自动化等更高层面上的控制、管理和服务功能，同时也向电气传动的控制技术提出了新的要求和挑战。

最近提出的工业 4.0 概念，为电气传动注入了新的活力。智能工厂、智能生产、智能物流这些智能化主题均对电气传动的传统思想提出了新的要求，也为电气传动领域开辟了新的技术增长点。

1.4　电气传动的分类

根据使用场合、原理结构、功能特点、自动化程度等原则，电气传动可以有不同的分类方式。表 1-1 是按照不同原则对电气传动进行分类的结果。

表1-1 电气传动的分类表

分类原则	分类情况
根据电动机的数量	1）单机传动 2）多机传动 3）成组传动
根据电动机的运动形式	1）旋转运动 2）直线运动 3）多坐标（多轴）运动
根据电动机与工作机构的连接方式	1）齿轮减速机 2）直接传动 3）复合传动机构
根据调速要求	1）不调速 2）可调速
根据主要调节参数	1）转矩调节 2）速度调节 3）位置调节
根据控制方式	1）手动开环控制 2）半自动控制 3）速度闭环控制 4）带有速度闭环的精确定位控制 5）程序控制 6）随动控制

　　根据电动机的数量可以把电气传动分为单机传动、多机传动和成组传动。如果工作机械是由一台电动机驱动的为单机传动；如果一套工作机械由两台或多台电动机驱动的为多机传动。由于使用数台电动机驱动一套工作机构，必须使电动机的速度同步。最常见的技术手段是主从控制方式，主电动机采用速度控制，从电动机采用转矩控制。成组传动是由数台电动机驱动同一机械的几个工作机构，轧钢机左右压下机构的电气传动就是成组传动典型的例子。因为每个工作机构之间安装有离合器、变速器、制动器等机械传动机构，所以在对每个工作机构分别控制时，还要对这些机械传动机构进行控制。所以说这是一种比较复杂的传动方式。

　　如果根据电动机的运动形式分类，大多数电气传动系统中都是使用旋转电动机。但是最近直线电动机越来越受到重视。因为很多工作机构属于平移运动或者往复直线运动，所以在这些工作机构上使用直线电动机就比使用诸如蜗轮-蜗杆、曲柄-连杆、滚珠丝杠等复杂的机械传动机构要方便得多。由于直线电动机的能量转换效率较低，重量和外形尺寸受限，所以在大型设备上还没有得到应用。功率半导体器件和变频器的发展，为直线电动机的应用开辟了新的机遇。直线电动机已经在机床领域得到广泛的应用。

多坐标（多轴）电气传动系统在数控机床和机器人方面的应用发展迅速。这种电气传动系统主要是由步进电动机或伺服电动机组成。多坐标电气传动系统能够使工作机构沿着几个坐标方向实现复杂的空间曲线运动。

电动机与工作机械的连接有直接连接方式和通过齿轮减速机的连接方式。此外还有通过其他复杂的机械传动机构实现连接的方式。直接连接方式的特点是工作机械要求的转速高，可以和电动机的额定转速相匹配，典型的例子是风机和水泵。采用齿轮减速机方式的主要原因是工作机械的转速低于电动机的额定转速，在实现减速的同时，传递到工作机械轴上的转矩也相应增大。一些对精度和动态性能要求很高的工作机械，为了消除减速机中齿轮间隙的影响，要力求取消电动机轴与工作机械之间的机械传动机构。这被称为无减速机的直接传动。在这种方式中，需要降低电动机的额定转速，这样就增大了电动机的重量和外形尺寸。其原因是在相同功率的情况下，电动机的重量和外形尺寸大致与额定转速成反比。

为了得到更高精度的电气传动系统，可将电动机与工作机械合为一体，形成结构上一体化的电气传动系统。例如，磨床的主轴电气传动系统、电动汽车的电动车轮等。最近，出现了一个新的技术动向，就是采用机电模块的电气传动系统。所谓机电模块是指将一个工作机构与一个机电设备（电动机及其控制系统）构成一个具有整体功能的模块。这种模块多用于机器人和数控机床中。

从电气传动的发展历史来看，早期的电气传动设备都是由工频电源供电的笼型异步电动机（曾被形象地称为鼠笼式异步电动机）所驱动，这种电气传动设备无法调节转速和转矩。为了调速只能通过改变普通异步电动机的绕组结构，改变异步电动机的磁极数，制造出双速或三速异步电动机。这种调速方法被称为变极调速。这种异步电动机变极调速只能提供两种或三种固定的速度，无法实现平滑调速。与变极调速相类似的还有绕线转子串电阻调速，这种方法多用于绕线转子异步电动机的起动。这两种调速方法无法实现随时调节转矩和加速度，不属于本书所说的可调速电气传动的类型。

本书所介绍的现代可调速电气传动的概念，应当包括如下功能：

（1）在指定的调速范围内可以根据需要改变速度；

（2）在负载扰动的情况下，也能够在指定的精度范围内稳定运行于速度设定值；

（3）无论在电动工况还是在发电工况，都可以通过调节电动机的输出转矩实现加速和减速；

（4）在指定的精度范围内，可以按照 $\omega = f(t)$ 的函数关系实时地调节速度。

越来越多地使用可调速的电气传动，是当前电气传动的发展的大趋势。

根据不同的工艺要求，电气传动主要的调节参数是电动机的转矩、速度和位置。转矩（加速度）、速度、位置三个物理量之间存在着积分的数学关系。欲调节速度，必须从调节转矩入手；欲调节位置，必须从调节速度入手。这是电气传动调节的基本规律。

转矩是电气传动中重要的调节量，轧钢厂、造纸厂中使用的开卷机和卷取机是典型的采用转矩控制的生产机械。因为需要卷取（开卷）的金属带材或纸张需要恒张力控制，所以必须根据卷径的变化随时调节电动机的输出转矩。

电气传动中最常见的调节量是电动机的转速。需要调速的生产机械很多，其中常见的有机床、轧钢机、传送带、上料机等，风机和水泵出于节能的需要也要求调节转速。部分计算机外围设备和家用电器中的电动机也有调速的要求。

有的工作机械需要精确定位或者运动轨迹控制，这就是电气传动的位置控制。

可以将电气传动调速范围分为低调速范围（不超过2:1）的电气传动、中调速范围（不超过100:1）的电气传动、宽调速范围（1000:1数量级）的电气传动和高调速范围（10000∶1或更高）的电气传动。根据工作机械的要求选择适当的调速范围，这样可以降低电气传动设备的成本。

根据生产机械的功能和复杂性，电气传动的控制系统可以有多种操作方式。手动开环控制是最简单的控制方式。这是由继电器-接触器构成控制系统，完成起动、停止、保护和联锁等功能。像前文所提到的排风机的控制，就属于这种类型。半自动控制系统是根据操作者通过操作按钮或其他操控器控制机械运转。这类控制系统中包含着自动控制的内容，以保证电气参数的自动变化。例如，工厂中的起重机采用绕线转子异步电动机转子绕组串电阻起动，操作者按下起动按钮，自动控制电路根据电流或时间逐级切换起动电阻，保证起动过程平稳。通常电气传动的控制系统对电流和速度进行闭环控制。在这种情况下，操作者只需根据工艺的状况设定给出速度的设定值，不必考虑闭环内部的调节情况。例如，矿山用电铲、轧钢机等生产机械就属于这种类型。设定值也可以是电流或转矩，这时设定值可以由自动化控制系统给出。位置控制系统需要对位置进行闭环控制，以确保工作机构准确停止在指定的位置。位置闭环通常是速度闭环的外环，并用位置检测值作为闭环的反馈量。

如果由事先编制的程序控制工作机构的运动参数（速度或位置），就是程序控制。程序控制需要用数字控制装置实现，数控机床中就是典型的程序控制的设备。

如果事先不知道工作机构运动规律，需要根据跟踪目标的参数向电气传动的控制系统下达设定值。在这种情况下，电气传动系统的功能是准确跟踪目标，这就是随动控制系统的概念。火炮自动瞄准系统要随时根据目标修正运动参数，轧钢机的电控压下机构也要跟随轧材的厚度实时调节辊缝，这些都是典型的随动控制系统的例子。

小知识　　转速和角度速度

通常用字母 n（r/min）表示电动机转速，同样也可以用角速度 ω（rad/s）来表示电动机转速。前者适用于日常生活和生产，后者符合国际单位制，适合

于推导和计算。两者之间的换算关系为

$$\omega = \frac{2\pi n}{60} \quad （单位弧度/秒：rad/s，也常省去弧度单位而表示为 1/s）$$

$$n = \frac{60\omega}{2\pi} \quad （单位转/分：r/min）$$

本书沿用国际上通用的做法，用角速度 ω 表示电动机的转速，并在需要说明之处给出转速值。采用角速度 ω 的好处是：对于交流电动机变频调速而言，转速 ω 和电源的角频率 ω 直接相关，便于推导和计算。例如极对数为 1，同步转速为 $n = 3000$r/min 的交流电动机，其角速度为 $\omega = 100\pi$ rad/s。而 50Hz 电源的角频率也是 $2\pi f = 100\pi$ rad/s。

对于直流电动机，由于使用了角速度 ω 作为转速的变量，电动势常数和转矩常数在数值上相等，这会使计算更加方便。其原理如下所述：

当直流电动机的电动机的极对数为 p_n，电枢绕组的有效导体数为 N，并联支路数为 a，则转矩计算公式为

$$T = C_T \Phi I = \frac{p_n N}{2\pi a} \Phi I$$

电动势计算公式是

$$E = C_e \Phi n = \frac{p_n N}{60a} \Phi n$$

把上式中的转速 n 换成 ω，则有

$$E = \frac{p_n N}{60a} \cdot \Phi \cdot \frac{60\omega}{2\pi} = \frac{p_n N}{2\pi a} \Phi \omega$$

即电动势常数 $C_e = \dfrac{p_n N}{2\pi a}$，这就和转矩常数 $C_T = \dfrac{p_n N}{2\pi a}$ 在数值上完全相同。

1. 叙述电气传动的定义。

2. 说出电气传动的两个重要功能。

3. 举出几个使用电气传动的工作机械或运动机构的例子。

4. 举例说明电气传动的电力通道和机械通道是由哪些设备构成的？

5. 说出你所知道的变流器的种类，并说出变流器在电气传动中的作用。

6. 什么是电气传动的控制系统？

7. 根据电动机的运动形式，可将电气传动分成哪几种类型？

8. 根据调节参数，可将电气传动分成哪几种类型？

9. 说明主从控制的原理。

10. 学好电气传动应掌握哪些基础知识？

第②章 ▶▶▶▶▶

电气传动的力学原理

2.1 电动机的机械特性和负载的机械特性

电气传动的目的是驱动工作机械运动并控制这个运动。运动的形式主要有平动和转动，表述运动的变量见表 2-1。

表 2-1 表述运动的变量

平 动			转 动		
变量	符 号	量 纲	变量	符 号	量 纲
位 移	S	m	角位移	φ	rad
速 度	$V = \dfrac{dS}{dt}$	m/s	角速度	$\omega = \dfrac{d\varphi}{dt}$	rad/s(1/s)
加速度	$a = \dfrac{dV}{dt} = \dfrac{d^2S}{dt^2}$	m/s²	角加速度	$\varepsilon = \dfrac{d\omega}{dt} = \dfrac{d^2\varphi}{dt^2}$	rad/s²(1/s²)
力	F	N	转 矩	T	N·m
质 量	m	kg	转动惯量	J	kg·m²

对物体运动起主要作用的变量是力 F。在转动中与之相对应的是转矩 T。转矩是力和力臂的乘积，力臂是转动轴到力的作用点之间最短的距离（见图2-1）。作用在卷扬机转鼓半径处的力产生转矩，电动机中的电磁力形成的力偶也产生转矩。这两种情况的转矩都为 $T = FR$。

转矩是一个矢量，它的符号与转速方向有关。如果电动机轴沿着顺时针方向旋转并且与工作机械的前进方向一致，那么就可以把顺时针方向的转速和转矩的符号定义为正号（+）；而逆时针方向的转速和转矩就为负号（-）。用同样的方法也可以定义直线电动机的速度的符号。

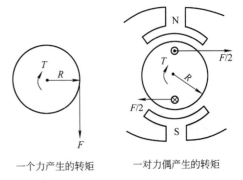

一个力产生的转矩　　一对力偶产生的转矩

图 2-1　产生转矩的方式

如果电动机的转速与转矩的符号相同，则是把电能转变为机械能，电动机工作在电动工况；反之，如果电动机的转速与转矩的符号相反，则是把机械能转变为电能，电动机工作在发电工况。

电动机的转矩和转速有关，转矩 T 和转速 ω 之间的函数关系 $T = f(\omega)$ 描述了电动机的力学特性，把这个关系的曲线画在 $T-\omega$ 的坐标系中，就是**电动机的机械特性**。

$T-\omega$ 坐标轴将机械特性划分为四个象限。在第 I 象限中，转速方向和转矩均为正方向，电动机工作在电动工况。在第 II 象限中，转矩方向为负，转速方向为正，电动机工作在发电工况。在第 III 象限中，电动机工作在电动工况，但是速度和转矩均为负方向。在第 IV 象限中，转速方向为负，转矩方向为正，电动机工作在发电工况。一般情况下，电动机主要工作在机械特性的第 I 象限和第 II 象限（见图 2-2）。

机械特性的重要参数之一是机械特性硬度 β，它表示电动机带动负载的能力（见图 2-3）。

$$\beta = \frac{\mathrm{d}T}{\mathrm{d}\omega} \approx \frac{\Delta T}{\Delta \omega} \qquad (2-1)$$

如果机械特性曲线是一条直线（曲线 1），那么它的硬度是常数，并且等于机械特性与纵坐标夹角的正切值；如果机械特性曲线是一条弯曲的曲线（曲线 2），那么硬度是由指定某一点（例如 A 点）的切线斜率所确定，并等于该点的切线与纵坐标夹角的正切值。

由式（2-1）可知在转矩变化 ΔT 的情况下，转速的变化量 $\Delta \omega$ 与机械特性的硬度成反比

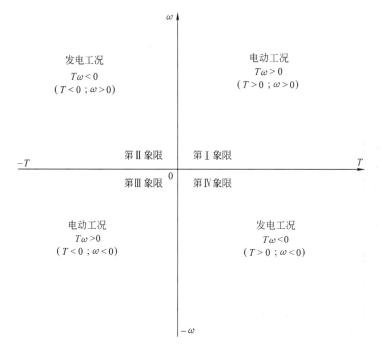

图 2-2　电动机在四个象限中的 $T-\omega$ 关系

$$\Delta\omega = \frac{\Delta T}{\beta}$$

一般情况下，增大电动机轴上的负载转矩，转速会下降，所以机械特性硬度 β 的符号是负的。

如果在电动机轴上加上负载转矩时转速下降不明显，这就是所谓硬的机械特性；如果加上同样的负载转矩值，而转速下降比较严重，这就是所谓软机械特性。

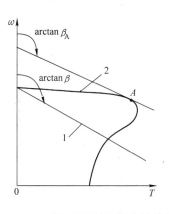

图 2-3　电动机机械特性硬度的定义

图 2-4 所示为常用的几种电动机的自然机械特性。之所以把这种曲线称为自然机械特性，是因为电动机直接由额定电压或额定频率的电源供电，其间没有串入额外的装置。

现对图 2-4 中的几种机械特性予以说明。

曲线 1——他励直流电动机具有很硬的机械特性，机械特性是一条直线，各点的硬度相同。

曲线2——串励直流电动机机械特性的硬度不是常数，随着负载转矩增加，转速降低，但是硬度有所增加。

曲线3——异步电动机的机械特性明显分为两个不同的区段，一段是工作区段，具有基本恒定的负斜率硬度特性。另一区段是起动区段，具有可变的正斜率硬度特性。

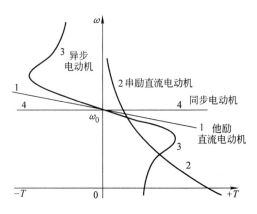

图2-4 常用的几种电动机的自然机械特性

曲线4——同步电动机的机械特性是一条平行于横坐标的直线，称之为绝对硬的机械特性。

与自然机械特性相对的是人造机械特性，这种特性是指在绕组回路中串入电阻、电抗或半导体变流器等额外的装置，使得加到电动机绕组上的电源参数有所改变。

工作机械在做功时所带来的阻碍运动的负载转矩 T_L 也是转速 ω 的函数。负载转矩和工作机械的转速之间的函数关系 $T_L = f(\omega)$ 叫作**负载的机械特性**，这里已经把转矩和转速都折算到电动机轴上。一般情况下，负载机械特性曲线通常位于 $T - \omega$ 坐标系的第 I 象限。图2-5所示为一些典型工作机械的负载机械特性。

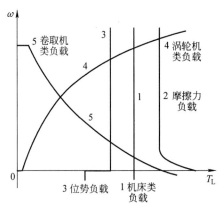

图2-5 典型工作机械的负载机械特性

电动机在加减速时还需要动态转矩产生角加速度，在研究工作机械的负载机械特性时，只是研究静态转矩和转速之间的关系，不考虑动态转矩分量。

曲线1——切削机床的机械特性。如果刀具的进刀量恒定（切削量不变），阻力转矩与速度无关。

曲线2——阻力转矩随着工作机械的工作状况而变化，阻力转矩主要取决于摩擦力。具有这种机械特性的工作机械有运输机械、带式输送机等。阻力转矩也与速度无关。但是，在起动时静摩擦力往往超过运动时的摩擦力，所以起动时的阻力转矩相应增大。

曲线3——起重机类的机械特性，阻力转矩主要是由重力产生的。这种机械特性的典型特征是提升重物时的阻力转矩略大于下放重物时的阻力转矩。

曲线4——涡轮式机械（水泵、风机和压缩机类）的机械特性。机械轴上的转矩与转速的二次方成正比，即 $T_L = K\omega^2$。

曲线5——近似于双曲线，是卷取机（含开卷机）类的机械特性。这类机械的工艺特点是功率恒定，即转矩和转速的乘积是常数值。

2.2 电动工况和发电工况

电动机是机电能量转换的设备，根据能量转换的方式，可以把工作状况分为两种：电动工况——把电能转变为机械能；发电工况——把机械能转变为电能。发电工况也称制动工况。图2-6所示为不同工况时的能流图，三角形所指的方向表示能流的方向。在电动工况（见图2-6a）时，电源输入的功率为 P_1，扣除能量变换中的损失 ΔP 之后，其余部分转变为机械功率 P_M 并传递给工作机械。

发电工况时的电动机作为发电机运行，发电工况的能流特性有如下所述的3种情况。

（1）再生发电制动工况（见图2-6b）是指工作机械在制动或卸下负载时，相应的机械能（动能或势能）在扣除损失之后通过电动机转变为电能，这时电动机作为发电机工作。这部分电能可以回馈到电源实现再利用。

（2）能耗制动（见图2-6c）是在制动时把电动机与电源脱离，电动机成为一个独立的发电机，电动机轴上的动能转变为电能并消耗在串接在绕组回路的电阻上。

（3）反接制动（见图2-6d）是指电动机在某一方向旋转，当需要制动时，改变电源的接线使电动机具有向相反方向旋转的趋势。反接制动的本质

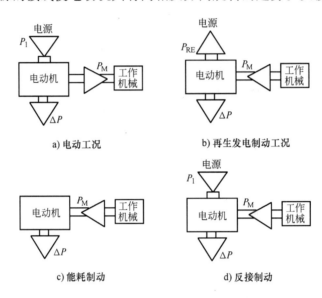

图2-6　电动机电动工况和发电工况的能流图

是消耗电源的电能充当制动的机械能。这种制动方式能量损失大，电能和制动的机械能都损耗在电机的绕组的发热中。有时反接制动用于起重机等具有位势负载的机械上，用于产生制动转矩实现低速下放重物。这时工作机械被重力牵引而下行，电动机的电源接成提升重物的方向，通过控制装置建立所需要的制动转矩。这种制动工况的能量特性与反接制动相同。

如果生产机械具有长期持续的制动过程，就必须考虑有效利用制动时释放出的动能。

2.3　电气传动的运动方程

在电气传动系统中，旋转的电动机轴上作用着两个转矩：电动机发出的电磁转矩 T 和工作机械的阻碍运动的负载转矩 T_L（见图2-7）。如果电动机的电磁转矩等于负载转矩，即

$$T = T_L \quad 或者 \quad T - T_L = 0 \tag{2-2}$$

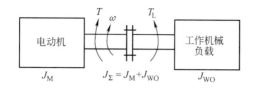

图2-7 作用在旋转机构上的转矩和转动惯量

这时旋转轴将以恒定的角速度 ω 转动，或者是 $\omega = 0$ 保持静止。这种情况相当于牛顿第一运动定律。对于平移运动物体的稳定条件是 $\sum\limits_{i=1}^{n} F_i = 0$ 或者 $\dfrac{\mathrm{d}V}{\mathrm{d}t} = 0$，即加到物体上的合力为零，物体将保持匀速运动或者静止。

对于绕着一个固定的轴线做旋转运动的物体，如果所受到的转矩之代数和为零，物体将保持原来的运动状态——匀角速度运动或者相对静止，即

$$如果 \sum\limits_{i=1}^{n} T_i = 0 ，则 \frac{\mathrm{d}\omega}{\mathrm{d}t} = 0 \tag{2-3}$$

如果已知电动机和负载机械的机械特性，用图形法确定稳态的工作点就十分方便。有些机械的负载转矩与转速有关，例如图2-8a所示的风机的机械特性和驱动风机的异步电动机的机械特性。两条机械特性的交点A满足条件式（2-3），是风机稳定运行的工作点，转速稳定在 ω_A。

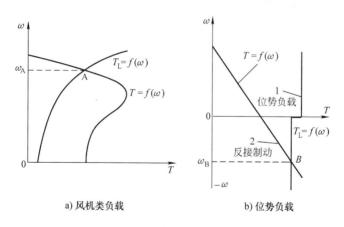

a) 风机类负载　　　　　b) 位势负载

图2-8 用图形法确定电气传动稳定运行速度

图2-8b中的直线1表示带有位势负载的卷扬机在下放重物时（速度为负值）的机械特性。为了保证稳定的下放速度，电动机工作在反接制动工况，这时相应的机械特性为直线2。卷扬机的机械特性和电动机的机械特性

的交点 B 满足稳定运行条件式（2-3）。转速稳定于 ω_B。

负载转矩分为主动型转矩 T_{La} 和被动型转矩 T_{Lp}。主动型负载转矩是指由重力或风力产生的转矩（例如起重机、卷扬机、电梯或风力发电设备等机械）。主动型转矩可能阻碍运动，也可能促进运动。如果主动型转矩的方向和转速方向一致，则 T_{La} 的符号为正；如果主动型转矩的方向和转速的方向相反，则 T_{La} 的符号为负。被动型负载转矩是指工作机械的反作用力或摩擦力产生的转矩（例如机床和水泵类机械）。被动型转矩总是阻碍运动的。T_{Lp} 的符号总是负的，当 $\omega = 0$ 时，$T_{Lp} = 0$。

全部负载转矩是由主动型转矩和被动型转矩构成，即

$$T_L = T_{La} + T_{Lp} \tag{2-4}$$

而各个转矩的符号要根据转速方向来确定。与转速方向相同，促进运动的转矩，其符号为正；反之则为负。

加到工作机械上的转矩是电动机发出的转矩 T 和负载转矩的代数和，即

$$T_\Sigma = T + T_L \tag{2-5}$$

$$T_\Sigma = \pm T \mp T_{La} - T_{Lp} \tag{2-6}$$

怎样确定式（2-6）的符号呢？对于电动机发出的转矩，如果电动机工作在电动工况，T 取正号；如果工作在发电工况，T 取负号。对于主动型负载转矩，如果这个转矩是促进运动的（例如起重机在下放重物），T_{La} 取正号；如果是阻碍运动的（例如起重机在提升重物），T_{La} 取负号。

平移运动时的牛顿第二运动定律为 $F_\Sigma = \dfrac{d(mV)}{dt}$。旋转运动也遵循牛顿第二运动定律，这时转矩 T 代替力 F，转动惯量 J 代替质量 m。这时有

$$T_\Sigma = \frac{d(J\omega)}{dt} \tag{2-7}$$

转动惯量 J 是描述刚体绕轴转动的惯性的参数，单位是 $kg \cdot m^2$。一个质量为 m_i 的质点的转动惯量是该质点的质量与该质点到旋转轴距离 r_i 二次方的乘积，一个刚体的转动惯量是构成该刚体的全部质点的转动惯量之和，即

$$J = \sum m_i r_i^2 \tag{2-8}$$

转动惯量只取决定于刚体的形状、质量分布和转轴的位置，而与转动状态（如角速度的大小）无关。计算各种形状物体的转动惯量公式可以从手册或样本中查出。有的手册给出了计算圆柱形物体的飞轮力矩 GD^2 的公式。G 是指转动物体的质量，单位为 kg，D 是指物体的直径，单位为 m。转动惯量和飞轮力矩的关系为

$$J = \frac{GD^2}{4} \tag{2-9}$$

与质量相比，直径对于转动惯量的影响更大些。因此低惯量的电动机往往被设计成转子的直径较小而长度较大的形状。反之，如果工作机械需要大的转动惯量，有时还需要在转动部分增加大惯量的飞轮。飞轮的直径较大，轴向长度较小，呈扁饼状。这样做的目的是使用相同重量的材料，可以得到较大的转动惯量。

如果转动惯量是常数，式（2-7）可以写成

$$T_\Sigma = J \frac{\mathrm{d}\omega}{\mathrm{d}t} \tag{2-10}$$

基于这一事实，T_Σ 决定了转动的角加速度，影响了旋转体的动态运动过程。因此，有时也把 T_Σ 叫作动态转矩。

由式（2-10）可以得到

$$T - T_\mathrm{L} = J_\Sigma \frac{\mathrm{d}\omega}{\mathrm{d}t} \tag{2-11}$$

式中　J_Σ——转动系上全部的转动惯量。

这个方程反映了牛顿第二运动定律，被称为电气传动的运动方程。

直线电动机做平移运动的电气传动的运动方程为

$$F - F_\mathrm{L} = m \frac{\mathrm{d}V}{\mathrm{d}t} \tag{2-12}$$

式中　F——直线电动机发出的力；

　　　F_L——作用在直线电动机动子上的负载力；

　　　m——连接在直线电动机动子上全部运动部分的质量；

　　　V——直线电动机动子的线速度。

2.4　机械环节的折算关系

如果电动机轴与工作机械直接相连，在分析运动状态时可以直接使用运动方程（2-11）。典型的直接连接的机械是风机和水泵，因为它们是旋转运动，而且转速较高，易于和电动机的额定转速相匹配。然而，在很多场合，工作机械不是与电动机轴直接相连，而是通过减速齿轮、转鼓-钢绳或传动带等机械传动机构与电动机轴相连。这时就不能直接利用运动方程（2-11），这是因为 T 和 T_L 作用在不同转速的轴上，而且决定转动惯量的质量也分别位于不同转速的轴上。

只有把不同转速轴上的转矩和转动惯量都折算到一个轴上（通常选用电动机轴），才能够使用运动方程（2-11）。这种折算只是为了简化计算，并不影响实际系统的性能。

转矩折算的原则是保持功率平衡的原理，转动惯量的折算原则是遵循动能守恒原理。

把齿轮减速机的减速比 i（或称传动比）定义为减速机输入转速与输出转速之比（见图 2-9），则有

$$i = \frac{\omega}{\omega_{WO}} \tag{2-13}$$

式中　　ω_{WO}——工作机械轴的角速度；

　　　　ω——电动机轴的角速度。

如果工作机械 WO 通过减速比为 i 的齿轮减速机与电动机轴相连，实际

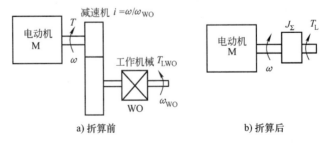

a) 折算前　　　　　　　　b) 折算后

图 2-9　把负载转矩和转动惯量折算到电动机轴上

作用在工作机械轴上的负载转矩是 $T_{\mathrm{L.WO}}$。为了把 $T_{\mathrm{L.WO}}$ 折算到电动机轴上，根据功率平衡的条件有

$$T_{\mathrm{L.WO}} \cdot \omega_{\mathrm{WO}} = T_{\mathrm{L}} \cdot \omega$$

式中 $T_{\mathrm{L.WO}}$——作用在工作机械轴上的负载转矩；

   T_{L}——折算到电动机轴上的负载转矩。

如果考虑到齿轮减速机的损失，在式（2-13）中还要引入减速机的效率 η_{redu}，即

$$T_{\mathrm{L.WO}} \cdot \omega_{\mathrm{WO}} = T_{\mathrm{L}} \cdot \omega \cdot \eta_{\mathrm{redu}} \tag{2-14}$$

把工作机械轴上的负载转矩折算到电动机轴上的公式为

$$T_{\mathrm{L}} = \frac{T_{\mathrm{L.WO}}}{(\omega/\omega_{\mathrm{WO}}) \cdot \eta_{\mathrm{redu}}} = \frac{T_{\mathrm{L.WO}}}{i \cdot \eta_{\mathrm{redu}}} \tag{2-15}$$

如果把工作机械轴上的负载转矩折算到电动机轴上，要把实际的负载转矩除以减速比和减速机的效率。这就是转矩折算的一般原则。通常减速比 i 大于 1，所以负载转矩折算到电动机轴上的值，要小于原来的实际值。

把工作机械的转动惯量 J_{WO} 折算到电动机轴上要遵循动能守恒的原理，即

$$\frac{J_{\mathrm{WO}}\omega_{\mathrm{WO}}^2}{2} = \frac{J_{\mathrm{WO.mt}}\omega^2}{2}$$

把工作机械的转动惯量折算到电动机轴上的公式为

$$J_{\mathrm{WO.mt}} = \frac{J_{\mathrm{WO}}}{i^2} \tag{2-16}$$

把工作机械的转动惯量折算到电动机轴上，要把工作机械的实际转动惯量除以减速比的二次方。这是转动惯量折算的一般原则。这说明工作机械的转动惯量对电动机影响很大。

把工作机械的转矩和转动惯量都折算到电动机轴上后（见图 2-9b），运动方程可以写成

$$T - T_{\mathrm{L}} = J_{\Sigma}\frac{\mathrm{d}\omega}{\mathrm{d}t}$$

式中 J_{Σ}——电动机转子的转动惯量同工作机械折算后的转动惯量之和，

   $J_{\Sigma} = J_{\mathrm{rot}} + J_{\mathrm{WO.mt}}$。

某些机械的运动机构是把转动转变为平动，卷扬提升机就是典型的例子（见图 2-10）。这时作用在转鼓上的负载转矩属于主动型转矩，是由重力 G 产生的，并有 $G = m_z g$，转鼓轴上受到的转矩为 $T_{L(bar)} = m_z g R_{bar}$。根据式 (2-15)，折算到电动机轴上的负载转矩为

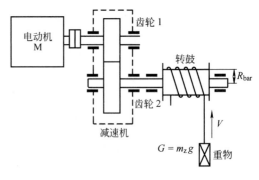

图 2-10　卷扬机的运动机构

$$T_L = \frac{T_{L(bar)}}{i \cdot \eta_{redu}} = \frac{m_z g R_{bar}}{i \cdot \eta_{redu}} \tag{2-17}$$

这种带有位势负载的卷扬机有其特殊性——提升重物和下放重物时的负载转矩是不同的。在提升重物时，负载转矩包括重物产生的转矩之外，还包括机械传动机构的摩擦力所产生的转矩。这两个转矩的方向相同，致使总的负载转矩有所增加。这时转矩折算公式应当使用式 (2-17)，效率 η_{redu} 在分母中。在下放重物时，摩擦力产生的转矩与重力产生的转矩方向相反，总的负载转矩有所减小。这时转矩折算公式应当使用式 (2-18)，效率 η_{redu} 在分子中。需要注意的是，这种特殊性只出现在具有主动型负载转矩的情况下。

$$T_L = \frac{T_{L(bar)}}{i} \cdot \eta_{redu} = \frac{m_z g R_{bar}}{i} \cdot \eta_{redu} \tag{2-18}$$

下面需要把做平移运动的重物的质量 m_z 也折算成为转动惯量，这种折算也是遵循动能守恒定律。

$$\frac{m_z V^2}{2} = \frac{J_z \omega^2}{2}$$

式中　J_z——把重物的质量 m_z 折算到电动机轴上的转动惯量。

重物的平动速度为 V，电动机轴的角速度为 ω。因为 $V = \omega_{bar} R_{bar}$，所以有

$$J_z = \frac{m_z R_{bar}^2}{i^2}$$

电动机轴上总的转动惯量为

$$J_{\Sigma} = J_{\text{rot}} + J_{\text{gear1}} + \frac{J_{\text{gear2}} + J_{\text{bar}} + m_z R_{\text{bar}}^2}{i^2}$$

式中的 J_{rot}、J_{gear1}、J_{gear2} 和 J_{bar} 分别是电动机转子、齿轮 1、齿轮 2 和转鼓的转动惯量。

卷扬机在提升重物时的运动方程为（在下放重物时，效率 η_{redu} 在分子）

$$T - \frac{m_z g R_{\text{bar}}}{i \cdot \eta_{\text{redu}}} = \left(J_{\text{rot}} + J_{\text{gear1}} + \frac{J_{\text{gear2}} + J_{\text{bar}} + m_z R_{\text{bar}}^2}{i^2}\right)\frac{\mathrm{d}\omega}{\mathrm{d}t}$$

电气传动的运动系统由电动机的转子、机械传动机构、工作机械的运动机构等部分组成。如果各个运动部分（平动或转动）的速度都相等或者呈比例关系，这样的运动系统被称为刚性运动系统。与之相对的是弹性（或称柔性）运动系统。

正如前面所叙述的，在刚性运动系统中，可以把各个运动部分的转动惯量折算到电动机轴上，也可以利用运动方程（2-11）分析运动系统的动态过程。有些场合也把这种质量（或惯量）能够直接合并的运动系统叫作单一质量运动系统。

但是更多的情况是运动系统包括弹性因素或弹性器件：轴的扭转形变和伸长形变、弹性的联轴节、齿轮的间隙等。在这种情况下，不能把运动系统看作单一质量的刚性系统，而看作是多质量的弹性系统。许多高精密的电气传动运动系统要求高品质的动态特性，就必须把这种运动系统视为弹性系统来分析。由于描述这种系统的数学表达式过于复杂，通常最有效的分析手段是利用计算机进行仿真。

下面用一个例题帮助读者加深理解本节的内容。

例题 2.1 一台卷扬机的运动机构如图 2-10 所示，重物的质量为 1000kg，最大提升速度为 1.0m/s，加速度（减速度）为 0.25m/s²。转鼓的转动惯量是 80kg·m²，电动机转子的转动惯量是 1.5kg·m²，减速机的主动齿轮和被动齿轮的转动惯量分别是 0.1kg·m² 和 5kg·m²。电动机的额定（最大）转速是 600r/min。系统效率为 0.9。转鼓半径 0.25m。提升高度 24m。请作出提升重物时电动机轴上转速 - 时间的曲线和转矩 - 时间的曲线。

解：1. 加速时间和减速时间

$$t_1 = t_3 = \frac{V_{max}}{a} = \frac{1.0}{0.25}\text{s} = 4\text{s}$$

2. 在 t_1 和 t_3 时间段重物走过的距离

$$S_1 = S_3 = \frac{at^2}{2} = \frac{0.25 \times 4^2}{2}\text{m} = 2\text{m}$$

3. 以最高速度运行的时间

$$t_2 = \frac{H - (S_1 + S_3)}{V_{max}} = \frac{24 - (2 + 2)}{1.0}\text{s} = 20\text{s}$$

4. 电动机最高转速时的角速度

$$\omega_{max} = \frac{2\pi \cdot n_{max}}{60} = \frac{6.28 \times 600}{60}\text{rad/s} = 62.8\text{rad/s}$$

5. 转鼓的最高转速

$$\omega_{bar.\,max} = \frac{V_{max}}{R_{bar}} = \frac{1.0}{0.25}\text{rad/s} = 4\text{rad/s}$$

6. 齿轮减速机的减速比

$$i = \frac{\omega_{max}}{\omega_{bar.\,max}} = \frac{62.8}{4} = 15.7$$

7. 转鼓轴上的负载转矩

$$T_{L(bar)} = m_z g R_{bar} = 1000 \times 9.81 \times 0.25\text{N} \cdot \text{m} = 2452.5\text{N} \cdot \text{m}$$

8. 折算到电动机轴上的负载转矩

$$T_L = \frac{T_{L(bar)}}{i \cdot \eta_{redu}} = \frac{2452.5}{15.7 \times 0.9}\text{N} \cdot \text{m} = 173.6\text{N} \cdot \text{m}$$

9. 折算到电动机轴上的总的转动惯量

$$J_\Sigma = J_{rot} + J_{gear1} + \frac{J_{gear2} + J_{bar} + m_z R_{bar}^2}{i^2}$$

$$= 1.5 + 0.1 + \frac{5 + 80 + 1000 \times 0.25^2}{15.7^2}\text{kg} \cdot \text{m}^2 = 2.2\text{kg} \cdot \text{m}^2$$

10. 在加速时间段电动机发出的转矩

$$T = T_L + J_\Sigma \frac{\text{d}\omega}{\text{d}t} = 173.6 + 2.2 \times \frac{62.8}{4}\text{N} \cdot \text{m} = 208.1\text{N} \cdot \text{m}$$

11. 在最高速时间段电动机发出的转矩

$$T = T_L = 173.6 \text{N} \cdot \text{m}$$

12. 在减速时间段电动机发出的转矩

$$T = T_L - J_\Sigma \frac{\mathrm{d}\omega}{\mathrm{d}t} = 173.6 - 2.2 \times \frac{62.8}{4} \text{N} \cdot \text{m} = 139.1 \text{N} \cdot \text{m}$$

由计算结果绘出转矩和角速度的时间曲线如图 2-11 所示。

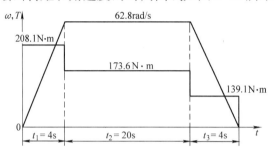

图 2-11　电动机轴上的速度和转矩曲线

小知识　圆柱体转动惯量的计算公式

转动惯量（Moment of Inertia）是刚体转动时惯性的量度，其量值取决于物体的形状、质量分布及转轴的位置。在电气传动的机械中运动物体主要是质量分布均匀的实心圆柱体，例如传动轴、齿轮、联轴器和丝杠等。还有少量的空心圆柱体，如卷取的带钢卷、纸卷等。这些物体主要是绕圆柱的中心轴线转动。转动惯量的公式如下表所示。

形状	转动惯量公式	图形
实心圆柱体	$J = \dfrac{mD^2}{8 \times 10^6}$	
空心圆柱体	$J = \dfrac{m\left(D^4 - D_{core}^4\right)}{8 \times 10^6}$	

表中　J——物体的转动惯量，单位为 $kg \cdot m^2$；

　　　D——圆柱体直径，单位为 mm；

　　　D_{core}——空心圆柱体的内径，单位为 mm；

　　　m——物体的质量，单位为 kg。

在薄钢板卷取机（卷纸机原理相同）的卷取过程中，为了使钢卷的松紧度均匀、不出现断带事故，需要保持带材的张力恒定，也要保持带材的线速度稳定。计算转动惯量就是其中重要的环节。所谓恒张力是指在带材卷取时，总是有方向相反，数值恒定的拉力作用在带材之上。

在加减速的过程中，为了保持张力恒定，卷取机必须额外付出一定的转矩来克服电机加减速过程中的机械惯性，这就是动态转矩。由式（2-10）可知，动态转矩和转动惯量成正比。由于钢卷的直径是一个不断变化的数值，因此计算钢卷的转动惯量比较复杂，其计算精度影响到产品的品质。

在对卷取机进行速度控制时，还需要考虑转动惯量对速度调节器的影响。随着卷径的增大，转动惯量也在增大，导致速度环的响应变慢。为了有效地解决这一问题，在速度调节器中采用可变比例增益的做法，即在转动惯量增加的同时，增大速度调节器的比例增益，以确保转速具有良好动态响应和张力控制精度。

自检思考题

1. 用什么关系式可以反映电动机的机械特性和工作机械的机械特性？

2. 怎样利用电动机的机械特性和工作机械的机械特性确定稳定运行转速？

3. 什么是机械特性的硬度？

4. 在机械特性的 $T-\omega$ 坐标系中哪几个象限是电动工况？

5. 说明同步电动机的机械特性硬度。

6. 位势负载的机械特性有什么特点？

7. 电动机有几种制动发电工况？

8. 作用在电动机轴上总的转矩对转速有何影响？

9. 说出刚性运动系统和弹性运动系统的区别。

10. 说出转动惯量的定义和量纲。

11. 如果工作机械通过减速机与电动机轴相连，电气传动的运动方程将怎样改变？

12. 把工作机械的转矩折算到电动机轴上时，应遵循什么原则？

13. 如果工作机械通过减速机与电动机轴相连，怎样把工作机械的转动惯量折算到电动机轴上？

14. 说出飞轮力矩和转动惯量的区别。

15. 考察一台带有机械传动机构的电气传动运动系统，并记录其典型参数，绘出典型参数时的速度-时间曲线和转矩-时间曲线。

第 **3** 章 ▶▶▶▶▶

交流电动机电气传动系统

3.1 交流电动机的调速方法

三相交流电动机是工厂中最主要的动力源，其中应用最多的是笼型异步电动机，其次是绕线转子异步电动机和少量的同步电动机。异步电动机的转速公式为

$$n = (1-s)\frac{60f_1}{p_n} = (1-s)n_0 \tag{3-1}$$

式中　n——电动机转子的转速（r/min）；

　　　p_n——电动机的极对数；

　　　f_1——供电频率；

　　　s——转子转差率，$s = (n_0 - n)/n_0$；

　　　n_0——同步转速，$n_0 = 60f_1/p_n$。

从式（3-1）可以看出，通过改变供电频率 f_1、极对数 p_n、转差率 s 三种方式都可以改变电动机的转速 n。这三种调速方式依次分别称为变频调速、变极调速和变转差调速。

变频调速和变转差调速都需要使用变频器，只不过前者将变频器装在定子绕组侧，后者是将变换器或变频器装在绕线转子异步电动机的转子绕组侧。

不调速的电气传动的最大特点是电动机直接与供电电源相连，中间没有

变换器装置。对于笼型异步电动机，普通的控制功能有起动/停止、正转/反转，有时可能进入制动工况。对于绕线转子异步电动机，为了平稳起动和减小起动电流，在转子回路串入多级起动电阻，并根据起动时间逐级退出起动电阻。

用于传动的同步电动机可以调节励磁电流改变进线侧的无功功率。

早期的不调速的电气传动系统采用接触器实现控制和保护。现在利用晶闸管制成的无触点式起动器已经比较普及了。图 3-1 所示为笼型异步电动机采用接触器实现起动和反转的电路（见图 3-1a），以及晶闸管无触点开关的起动装置实现起动和反转的电路（见图 3-1b）。在晶闸管无触点开关加上相控功能就形成目前比较常见的软起动器。

图 3-1a 中的 KM1 是正向起动的接触器。为了改变电动机的旋转方向，必须改变定子绕组的供电相序。在需要电动机反转时，接通接触器 KM2 以改变相序。KM1 和 KM2 只能有一个接通，二者之间应当有电气或机械式的互锁机构。在使用无触点开关时，电动机定子绕组的每一相都使用 2 只反并联的晶闸管阀组代替接触器的触头。正转时使用阀组 VS11、VS12 和 VS13，反转时使用阀组 VS21、VS12 和 VS23。两个电路中都使用断路器 QF 作为隔离和过载保护。

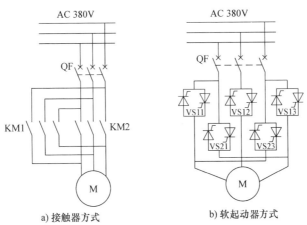

图 3-1　笼型异步电动机起动和反转的电路

不调速的电气传动的运行特性依赖于传动电动机的额定数据，也就是说要根据工作机械的运行状况选择电动机的额定数据。根据电动机轴上的负载功率选择电动机的额定功率；根据其他工作条件确定电动机的电源电压、频率、转速、电流和功率因数等额定数据；根据电动机的电动/发电两种工况，校核发热量是否在合理范围。

3.2　异步电动机的电气传动

3.2.1　异步电动机的工作原理

异步电动机的全称是交流三相异步电动机，其定子上分布着 3 相互差 120°电角度的绕组。定子绕组的磁极对数 $p_n = 1$（磁极数 $= 2$）的绕组分布示意图如图3-2a所示。如果磁极对数等于1，定子三相绕组在空间分布也是互差120°。如果磁极对数超过1，定子三相绕组数量相应增加，每相绕组在空间不是相差120°，而是相差120°/p_n 空间角度，但是每相绕组之间的电角度仍然是120°。

异步电动机的定子三相绕组可以接成星形接线方式（见图3-2b），也可以接成三角形接线方式（见图3-2c）。一般中小型异步电动机的额定电压多为380V/220V。如果电源电压是380V，定子绕组就可以接成星形（Y）联结；如果电源电压是220V，定子绕组就可以接成三角形（△）联结。实际上在这两种接线方式中，相绕组所承受的电压都是220V。

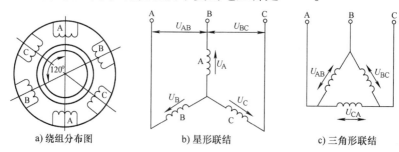

a) 绕组分布图　　　　b) 星形联结　　　　c) 三角形联结

图3-2　异步电动机的定子绕组接线方式

三相电源电压是在时间互差120°（2π/3 电角度）的正弦波，异步电动机定子绕组在空间上相差120°/p_n。在二者共同的作用下，在电动机气隙中产生旋转磁场。旋转磁场作用于转子产生电磁转矩，这就是使异步电动机能

够工作的力量之源。旋转磁场的角速度为

$$\omega_0 = \frac{2\pi f_1}{p_n} \qquad (\text{rad/s}) \qquad (3\text{-}2)$$

式中　f_1——三相正弦电源电压的频率。

通常把 ω_0 叫作同步角速度或同步角频率，它和电源频率成正比，和电动机的极对数成反比。与之相对应的是同步转速 n_0（r/min），它的公式为

$$n_0 = \frac{60 f_1}{p_n} \qquad (3\text{-}3)$$

本书不再赘述建立旋转磁场的原理，而只是复述其中有用的结论：时间上互差 120°的三相正弦交流电流在空间互差 120°的绕组中可以产生旋转磁场；改变电源的相序就可以改变旋转磁场的方向。顺便提及，电机制造厂在检验异步电动机定子绕组下线是否正确时，把定子绕组接到电压较低的三相电源上，然后把指南针放在定子膛内移动，如果指南针随着旋转磁场转动，就说明下线正确。

改变异步电动机的极对数，可以有级地改变同步转速。表 3-1 给出了异步电动机的同步转速、额定转速与极对数之间的关系，这是以交流电源频率 $f_1 = 50\text{Hz}$ 进行计算的。

表 3-1　异步电动机的同步转速、额定转速与极对数之间的关系

磁极对数	旋转磁场的角速度/(rad/s)	同步转速/(r/min)	大致的额定转速/(r/min)
$p_n = 1$	$\omega_0 = 314$	$n_0 = 3000$	2940
$p_n = 2$	$\omega_0 = 157$	$n_0 = 1500$	1450
$p_n = 3$	$\omega_0 = 104.6$	$n_0 = 1000$	980
$p_n = 4$	$\omega_0 = 78.5$	$n_0 = 750$	735
$p_n = 5$	$\omega_0 = 62.8$	$n_0 = 600$	585
$p_n = 6$	$\omega_0 = 52.3$	$n_0 = 500$	490

根据异步电动机转子的结构，可以分为绕线转子异步电动机和笼型异步电动机。所谓绕线转子异步电动机是在转子上绕有三相绕组，这个绕组通常是星形联结。绕组的端头连接到集电环上，通过电刷引到端子盒。在起动时转子绕组串接电阻，随着转速升高，逐级切除电阻，最后将转子绕组串联电阻短接。

笼型异步电动机的转子是采用铸铝工艺，在转子铁心中铸出数条心柱，并在转子铁心的两个端部与短路环连接。因笼型转子的形状类似一个饲养松鼠的栅笼，故俗称为鼠笼转子，其作用等效于短接的三相绕组。

异步电动机旋转磁场的磁通 Φ 与转子电流的有功分量 I_{2a} 相互作用产生电磁转矩 T，写成公式为

$$T = 3k\Phi I_{2a} \tag{3-4}$$

转子电流是由转子感应电动势产生的。在转子静止时，定子绕组如同变压器的一次绕组，转子绕组如同变压器的二次绕组。这时，转子绕组感应出的电动势叫作转子额定（相）电动势 E_{2N}。这个电动势在数值上近似等于定子相电压除以定子、转子之间的电压比 k_T：

$$E_{2N} = \frac{U_1}{k_T} \tag{3-5}$$

转子旋转时，转子感应电动势 E_2 的大小与转速有关，转子电流的频率 f_2 的值也与转速有关。这种现象的本质是：在不同的转速下，转子绕组切割旋转磁场的速度不同。若定子绕组在气隙中产生旋转磁场的角速度（或角频率）为 ω_0，转子的角速度为 ω，则可以把两者之差定义为绝对转差 s_{abs}，即

$$s_{abs} = \omega_0 - \omega \tag{3-6}$$

如果异步电动机是由恒定频率（例如 50Hz）的电源供电，在分析电动机工作特性时，最常用的是相对转差（简称滑差，即转差率）s

$$s = \frac{s_{abs}}{\omega_0} = \frac{\omega_0 - \omega}{\omega_0} \tag{3-7}$$

转差率是异步电动机最重要的参数。当转子静止时，$s = 1$；当转子为同步转速 ω_0 时，$s = 0$；正常工作时，$0 < s < 1$。

当转子静止时，转子感应电动势 E_2 取得最大值 E_{2N}；随着转速增加（s 减小），E_2 与转差率成比例地减小

$$E_2 = E_{2N}s \tag{3-8}$$

与此相似，当转子静止时，转子电动势和转子电流的频率 f_2 取得最大值，等于定子频率 f_1；随着转速增加（s 减小），f_2 与转差率成比例地减小，即

$$f_2 = f_1 s \qquad (3-9)$$

在电动机额定条件工作时，转子转速与旋转磁场的转速相差不大。对于功率在 1.5 ~ 200kW 的一般用途的异步电动机，额定转差率在 2% ~ 3%，而大型异步电动机的转差率约为 1%。所以，在额定工作条件时，转子电动势 E_2 大约是最大电动势 E_{2N}（即 $s = 1$ 时）的 1% ~ 3%，转子电流的频率约为 0.5 ~ 1.5Hz。当转子转速等于旋转磁场的转速时（$s = 0$），转子电动势 $E_2 = 0$，转子电流 $I_2 = 0$。这种工作状态叫作理想空载状态，这时 $\omega = \omega_0$ 叫作理想空载转速，也叫作同步转速。

E_2 和 I_2 决定电动机的机械特性，它们都和转差率 s 有关，所以说**转差率 s 决定异步电动机的机械特性**。

3.2.2 异步电动机的机械特性

先来研究绕线转子异步电动机转子短接的工作情况。式（3-4）表明，异步电动机的电磁转矩同磁通 Φ、转子有功电流分量 I'_{2a} 成比例（撇号表示把转子侧的电流值折算到定子侧）。磁通 Φ 是电源电压通过定子绕组产生的，它的值与电源电压的有效值 U_1 和频率 ω_0 有关，即

$$\Phi = \frac{U_1}{k\omega_0} \qquad (3-10)$$

转子电流 I_2 为

$$I_2 = \frac{E_{2N} s}{Z_2} \qquad (3-11)$$

式中 Z_2——转子相绕组的全部阻抗。

转子绕组的感抗 x_2 的值随转子电流频率变化，也可以说 x_2 随转差率 s 变化，即

$$x_2 = 2\pi f_2 L_2 = 2\pi f_1 s L_2$$

在转子静止时（$s = 1$），转子绕组的感抗 x_2 最大；随着转速升高（s 减小），x_2 逐渐变小；当转速达到额定值，x_2 约为 $s = 1$ 时的最大值的 1% ~ 3%。把 $s = 1$ 时的 x_2 定义为额定值，表示为 $x_{2 \cdot s=1} = x_{2N}$，于是有

$$x_2 = x_{2N} \cdot s \qquad (3-12)$$

然后得到转子电流为

$$I_2 = \frac{E_{2N}s}{\sqrt{(x_{2N}s)^2 + r_2^2}} \tag{3-13}$$

转子电流的有功分量为

$$I_{2a} = I_2 \cdot \cos\varphi_2 = \frac{E_{2N}r_2 s}{(x_{2N}s)^2 + r_2^2} \tag{3-14}$$

式中

$$\cos\varphi_2 = \frac{r_2}{\sqrt{(x_{2N}s)^2 + r_2^2}} \tag{3-15}$$

根据功率不变性原理，可以把转子回路的参数折算到定子侧，并考虑到电动机的电压比 $k_T = U_1/E_{2N}$，则折算公式为

$$E_2' = E_2 k_T ; \quad I_2' = \frac{I_2}{k_T} ; \quad r_2' = r_2 k_T^2 ; \quad x_2' = x_2 k_T^2 \tag{3-16}$$

继而由式（3-16）得到

$$I_2' = \frac{E_{2N}'s}{\sqrt{(x_{2N}'s)^2 + r_2'^2}} \quad \text{和} \quad I_{2a}' = \frac{E_{2N}'r_2's}{(x_{2N}'s)^2 + r_2'^2} \tag{3-17}$$

把式（3-17）的分子、分母同除以 s，得到

$$I_2' = \frac{E_{2N}'}{\sqrt{(x_{2N}')^2 + \left(\dfrac{r_2'}{s}\right)^2}} \tag{3-18}$$

这种分子分母同时除以 s 只是一种数学运算，并不影响式（3-18）的有效性。实际上在最初的式（3-13）中已经清楚地表明，转子感抗 x_2 与转差率有关，转子电阻 r_2 是个常数，与转差率无关。根据式（3-18）可以绘出异步电动机的一相的等效电路，如图 3-3a 所示。异步电动机的矢量图如图 3-4 所示。

为了简化分析，可以把等效电路中的励磁支路移到进线侧。简化的等效电路如图 3-3b 所示。由简化的等效电路可以得到转子电流

$$I_2' = \frac{U_1}{\sqrt{x_k^2 + \left(r_1 + \dfrac{r_2'}{s}\right)^2}} \tag{3-19}$$

式中 x_k——定子回路和转子回路的总感抗，$x_k = x_1 + x_{2N}'$。转子电流的有功分量为

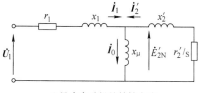

a) 异步电动机的等效电路

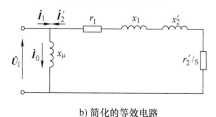

b) 简化的等效电路

图 3-3 异步电动机的等效电路图

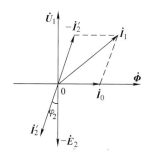

图 3-4 异步电动机的矢量图

$$I'_{2a} = \frac{U_1 \dfrac{r'_2}{s}}{x_k^2 + \left(r_1 + \dfrac{r'_2}{s}\right)^2} \qquad (3\text{-}20)$$

把式(3-10)和式(3-20)代入式(3-4)，就可以得到异步电动机转矩的公式

$$T = \frac{3U_1^2 \dfrac{r'_2}{s}}{\omega_0 \left[x_k^2 + \left(r_1 + \dfrac{r'_2}{s}\right)^2\right]} \qquad (3\text{-}21)$$

这个公式也可以表示为异步电动机的机械特性 $s = f(T)$。异步电动机的机械特性如图 3-5 所示。图中还绘有反映异步电动机的机电特性 $s = f(I_1)$ 的曲线。

把励磁电流视为电流的无功分量，并由相量图 3-4 可得到

$$\begin{aligned}
I_1 &= \sqrt{(I_0 + I'_2\sin\varphi_2)^2 + (I'_2\cos\varphi_2)^2} \\
&= \sqrt{I_0^2 + I_2'^2 + 2I_0 I'_2\sin\varphi_2}
\end{aligned} \qquad (3\text{-}22)$$

式中

$$\sin\varphi_2 = \frac{x_k}{\sqrt{\left(r_1 + \dfrac{r'_2}{s}\right)^2 + x_k^2}} \qquad (3\text{-}23)$$

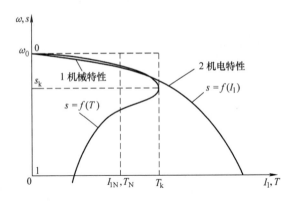

图 3-5 异步电动机的机械特性和机电特性

在图 3-5 机械特性中转矩拐点的值叫作临界转矩 T_k，**它是机械特性中转矩的最大值，负载转矩不可超过该值**。如果负载转矩超过临界转矩值，将导致电动机堵转。临界转矩相对应的转差率叫作临界转差率 s_k。在式（3-21）中对 s 求导，并令 $\mathrm{d}T/\mathrm{d}s = 0$，得到临界转矩和临界转差率为

$$T_k = \frac{3U_1^2}{2\omega_0(r_1 \pm \sqrt{r_1^2 + x_k^2})} \tag{3-24}$$

$$s_k = \pm \frac{r_2'}{\sqrt{r_1^2 + x_k^2}} \tag{3-25}$$

临界转差率 s_k 的符号取正号，表示电动机工作在电动工况；取负号，表示电动机工作在发电工况。临界转矩和额定转矩的比值叫作异步电动机的过载倍数 λ

$$\lambda = \frac{T_k}{T_N} \tag{3-26}$$

根据式（3-24）和式（3-25）可以把机械特性式（3-21）转换为更便于使用的形式

$$T = \frac{2T_k\left(1 + \dfrac{r_1}{r_2'}s_k\right)}{\dfrac{s_k}{s} + \dfrac{s}{s_k} + 2\dfrac{r_1}{r_2'}s_k} \tag{3-27}$$

如果异步电动机的功率大于 15kW，并且工作电源的频率是 50Hz，那么定子电阻 r_1 远小于定子回路的总电抗 x_k，因此可以忽略 r_1，可以把式（3-24）

和式(3-25) 简化，得到

$$T_k = \frac{3U_1^2}{2\omega_0 x_k} \tag{3-28}$$

$$s_k = \frac{r_2'}{x_k} \quad 或 \quad s_k = s_N(\lambda + \sqrt{\lambda^2 - 1}) \tag{3-29}$$

于是机械特性式 (3-27) 可以简化成为**实用机械特性表达式**，即

$$T = \frac{2T_k}{\dfrac{s_k}{s} + \dfrac{s}{s_k}} \tag{3-30}$$

有了式(3-27)和式(3-30)，就可以根据电动机的铭牌数据及其导出数据——额定转差率 s_N、额定转矩 T_N 和过载倍数 λ 计算出该电动机的机械特性。

异步电动机机械特性（图 3-5）是非线性的，由两个区段组成。第一个区段是对应于转差率从 0 到 s_k 的区间，这个区段是工作区段。第二个区段是在转差率大于临界转差率（$s > s_k$）的曲线，这个区段的特性适用于电动机的起动，所以叫作起动区段。

因为在工作区段的转差率很小，几乎没有趋肤效应的影响，计算的结果相当准确。而计算起动区段的机械特性是一个复杂的过程，而我们更关心的是具有代表性的几个特征点。可以用四个具有代表性的特征点近似描述异步电动机的机械特性：同步转速点（$s = 0$），最大转矩点（$T = T_k$），起动转矩点（$s = 1$）和最小转矩点（$T = T_{min}$）。在电动机的产品样本和电动机手册中可以查到这些特征点的数据。

工作区段机械特性近似线性，斜率基本恒定并且为负值。转矩同定子电流 I_1 和转子电流 I_2 成正比。由于在工作区段中总是有 $s < s_k$，式 (3-30) 中分母的第二项很小，可以忽略不计。于是工作区段的机械特性可以写成线性形式

$$T = \frac{2T_k}{s_k}s = \frac{T_N}{s_N}s \tag{3-31}$$

起动区段的硬度 β 为正值。尽管电动机的电流增加，转速却降低（转差率增加），转矩也减小。如果将绕线转子异步电动机的转子绕组短接，起动

时（$\omega=0$，$s=1$）电流就会很大，甚至达到额定电流的 10～12 倍，而起动转矩却只有额定转矩的 0.4～0.5 倍；笼型异步电动机的起动电流是额定电流的 5～7 倍，起动转矩是额定转矩的 0.9～1.3 倍。

为了解释起动电流和起动转矩不协调的现象，可利用转子回路的相量图（见图 3-6）予以解释。这里分为两种情况：转差率较大的起动区段（见图 3-6a）和转差率较小的工作区段（见图 3-6b）。

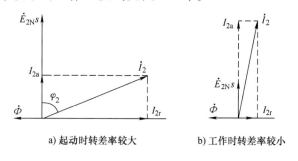

a) 起动时转差率较大　　　　b) 工作时转差率较小

图 3-6　异步电动机转子回路的相量图

起动时 $s=1$，转子电流的频率等于电源频率 $f_2=50\text{Hz}$。转子绕组的感抗 x_2 很大［见式（3-12）］，大大超过转子绕组的电阻 r_2，转子电流滞后电动势的角度 φ_2 很大，即转子电流主要是无功分量。由于这时的电动势 $E_{2.s=1}=E_{2\text{N}}$ 是最大值，起动电流自然会很大；而转子回路的功率因数 $\cos\varphi_2$ 却很小，即转子电流的有功分量很小，发出的电磁转矩自然也很小。

随着电动机加速，转差率减小，转子的电动势、频率、感抗都成比例减小，相应地转子电流和定子电流也会减小。尽管如此，由于这时 $\cos\varphi_2$ 增大，即转子电流和定子电流的有功分量增大，电磁转矩自然就会增大。

随着电动机继续加速，转差率变成小于 s_k，进入机械特性的工作区段。这时转子电流的频率相当低，致使转子绕组的感抗也非常小，转子电流几乎都是有功分量（见图 3-6b），电磁转矩和正比于转子电流。如果电动机的额定转差率 $s_\text{N}=2\%$，相当于起动时转差率的 1/50。所以在额定工作状态，转子感抗、转子电动势都是起动时的 1/50。当电动机带有额定负载时，足以使转子电流达到额定值，转矩也达到额定值。严格说来，异步电动机的机械特性取决于转子绕组的感抗值，而这个感抗值与转差率成正比。

3.2.3 绕线转子异步电动机的起动

根据冶金及起重用绕线转子三相异步电动机产品标准的规定："电动机起动时，转子必须串入附加电阻或电抗，以限制起动电流的平均值不超过各工作制的额定电流的2倍"。对于具体型号及规格的电动机，可按制造厂的资料确定起动电流的限制值。

由异步电动机的机械特性和机电特性可知，在起动绕线转子异步电动机时应当做到增加起动转矩，减小起动电流。为此，可在转子绕组回路串入适当的起动电阻。由式（3-24）和式（3-25）可知，起动电阻不改变临界转矩值，只改变临界转差率的值，即

$$s_k = \frac{r'_2 + R'_{2q}}{x_k} \tag{3-32}$$

式中 R'_{2q}——折算到定子侧的起动电阻。

从物理意义来说，起动电阻提高了转子电路的总电阻，降低了起动电流，提高了转子回路的功率因数，从而增加了转子电流的有功分量，增大了起动转矩。

通常把起动电阻分为几段，随着起动过程利用接触器逐段切除起动电阻，以保持起动转矩维持在临界转矩的水平。

图3-7所示为绕线转子异步电动机转子绕组串电阻起动的原理图和变阻机械特性。图中的ω_0是理想空载转速，它等于定子旋转磁场的转速。图中T_L是负载转矩，T_N是电动机的额定转矩。转子串入的电阻为R_1、R_2、R_3。转子回路串入的电阻值越大，机械特性就越软。

起动过程是从①点开始，这时转子回路串入全部起动电阻R_1，最大起动转矩为T_I，电动机沿着机械特性R_1起动。当转速达到②点时，转矩达到切换转矩值T_{II}，接触器KM1接通，转子回路串入的起动电阻为R_2，工作点跳到③点。电动机沿着机械特性R_2升速，到达④点时接触器KM2接通，起动电阻为R_3，工作点跳到⑤。电动机沿着机械特性R_3升速，到达⑥点时接触器KM3接通，起动电阻为0。工作点跳到⑦，电动机沿着自然机械特性加速到⑧并稳定工作于⑧点。

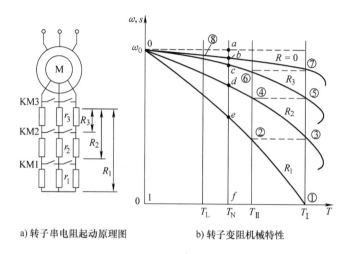

a) 转子串电阻起动原理图　　b) 转子变阻机械特性

图 3-7　绕线转子异步电动机转子绕组串电阻起动的原理图和变阻机械特性

计算起动电阻的方法有解析法和图解法。解析法的基本公式是异步电动机的机械特性公式（3-30）。设最大起动转矩值 T_I 和切换转矩 T_{II} 之比为 λ'，起动电阻的级数为 m，电动机的额定转差率为 s_N，根据不同的已知条件，参考表 3-2 进行计算。

表 3-2　绕线转子异步电动机计算起动电阻的计算公式

	已知条件	所用公式	校验方法
1	m，T_I	$\lambda' = \sqrt[m]{\dfrac{1}{s_N T_I}}$	$T_{II} = \dfrac{T_I}{\lambda'}$ 应大于负载转矩
2	m，T_{II}	$\lambda' = \sqrt[m+1]{\dfrac{1}{s_N T_{II}}}$	$T_I = \lambda' T_{II}$ 应小于临界转矩
3	T_I，T_{II}	$m = \lg \dfrac{1}{s_N T_I} \Big/ \lg \dfrac{T_I}{T_{II}}$	适当改变 T_I、T_{II}，使 m 为整数

各段起动电阻值与转子绕组电阻值有关，计算以最大转子绕组的相电阻 R_{2N} 为基值。这里的 R_{2N} 不是指转子绕组的实际电阻值，而是转子的最大相电阻，即对应图 3-7b 中的线段 $\overline{af}$。如果转子的额定线电动势（$s=1$）为 $E_{2N·l}$，转子额定电流为 I_{2N}，那么最大的转子相电阻欧姆值为

$$R_{2N} = \frac{E_{2N·l}}{\sqrt{3} I_{2N}}$$

实际的转子绕组的相电阻阻值（对应图 3-7b 中的线段 $\overline{ab}$）为

$$r_0 = s_N R_{2N}$$

然后根据下面的公式计算各段起动电阻：

$$r_3 = R_3 = r_0(\lambda' - 1), \quad r_2 = R_2 - R_3 = \lambda' r_3, \quad r_1 = R_1 - R_2 = \lambda' r_2$$

用图解法也很容易求出起动电阻的值。在图 3-7 的变电阻机械特性上引一条 $T = T_N$ 的直线，并于各条机械特性相交，交点为 $a \sim f$。各点之间的线段正比于各段起动电阻的值。

各段起动电阻分别为

全部起动电阻　　$R_1 = r_1 + r_2 + r_3 = R_{2N}(\overline{be}/\overline{af})$

第一段起动电阻　$r_1 = R_1 - R_2 = R_{2N}(\overline{de}/\overline{af})$

第二段起动电阻　$r_2 = R_2 - R_3 = R_{2N}(\overline{cd}/\overline{af})$

第三段起动电阻　$r_3 = R_3 = (\overline{bc}/\overline{af})$

转子相电阻值　　$r_0 = R_{2N}(\overline{ab}/\overline{af})$

例题 3.1　一台型号为 YZR280M – 6 冶金及起重用的绕线转子异步电动机，选择 3 段起动电阻，建立起动特性，求出各段起动电阻。电动机的额定数据为：$P_N = 75\text{kW}$，$U_1 = 380\text{V}$，定子额定电流 $I_{1N} = 139\text{A}$，转子额定电动势 $E_{2N \cdot l} = 270\text{V}$，转子额定电流 $I_{2N} = 108\text{A}$，额定转速为 950r/min，临界转矩 $T_k = 2610\text{N} \cdot \text{m}$，负载转矩等于额定转矩。

解：额定转矩　$T_N = \dfrac{P_N}{\omega_N} = \dfrac{P_N}{2\pi n_N/60} = 9549 \times \dfrac{75}{950}\text{N} \cdot \text{m} = 754\text{N} \cdot \text{m}$

电动机的过载能力为　$\lambda = \dfrac{T_k}{T_N} = \dfrac{2610}{754} = 3.46$

额定转差率为　$s_N = \dfrac{\omega_0 - \omega_N}{\omega_0} = \dfrac{n_0 - n_N}{n_0} = \dfrac{1000 - 950}{1000} = 0.05$

自然机械特性上的临界转差率为

$$s_k = s_N(\lambda + \sqrt{\lambda^2 - 1}) = 0.05(3.46 + \sqrt{3.46^2 - 1}) = 0.33$$

根据式（3-30）得到自然机械特性的公式并用表格计算

$$\frac{T}{T_N} = \frac{2\lambda}{s_k/s + s/s_k}$$

s	1	0.8	0.6	0.4	0.33	0.2	0.1	0.05
s_k/s	0.33	0.41	0.55	0.82	1	1.65	3.3	6.6
s/s_k	3.0	2.42	1.81	1.21	1	0.6	0.3	0.15
T/T_N	2.07	2.44	2.93	3.4	3.46	3.21	1.92	1.0

根据计算出的数据可以得到电动机的自然机械特性如图3-8所示。

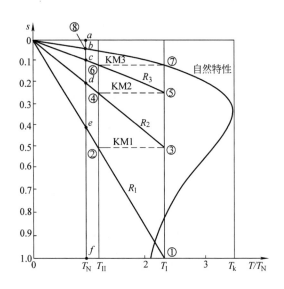

图3-8 例题3.1的绕线转子异步电动机的自然机械特性和起动机械特性

为了计算起动特性，需要指定切换转矩值 T_{II}。根据负载转矩等于额定转矩的条件，这里指定 $T_{II} = 1.2T_N$。因本例中 $m=3$，即

$$\lambda' = \sqrt[m+1]{\frac{1}{s_N \cdot (T_{II}/T_N)}} = \sqrt[4]{\frac{1}{0.05 \cdot 1.2}} = 2.02 \approx 2$$

经校核，$T_I = 2 \times 1.2T_N = 2.4T_N < T_k$，满足电动机临界转矩的要求。

串入电阻后的机械特性变软，在转矩 $0 \sim T_I$ 之间的工作区段为直线。起动仍然是沿着数字①～⑧的顺序进行。用公式法求出各段电阻。

首先求出最大转子电阻 $\quad R_{2N} = \dfrac{E_{2N \cdot l}}{\sqrt{3} \cdot I_{2N}} = \dfrac{270}{\sqrt{3} \cdot 108}\Omega = 1.44\Omega$

转子绕组的相电阻值为 $\quad r_0 = s_N R_{2N} = 0.05 \times 1.44\Omega = 0.072\Omega$

第三段起动电阻 $\quad r_3 = R_3 = r_0(\lambda' - 1) = 0.072 \times (2-1)\Omega = 0.072\Omega$

第二段起动电阻 $r_2 = R_2 - R_3 = \lambda' r_3 = 2 \times 0.072\Omega = 0.144\Omega$

第一段起动电阻 $r_1 = R_1 - R_2 = \lambda' r_2 = 2 \times 0.144\Omega = 0.288\Omega$

总的起动电阻值 $R_1 = (0.288 + 0.144 + 0.072)\Omega = 0.504\Omega$

3.2.4 笼型异步电动机的基本特性

前文已经提到，异步电动机直接起动时起动电流是额定电流的4～7倍。起动转矩却只有0.9～1.3倍。绕线转子异步电动机通过在转子回路串入附加的起动电阻形成良好的起动特性。随着电动机加速（转差率减小），还应当逐步减小起动电阻值，直至附加的电阻值达到零。

笼型异步电动机的转子回路已经在内部短接，不可能再串入附加的起动电阻。为了减小起动电流，得到高起动转矩的笼型异步电动机，通常把转子做成深槽性或者做成双笼型，增大起动时的转子电阻。而在正常工作时，转子电阻变小，减少损耗。

利用交流电流在导体中的趋肤效应，就可以得到这样的效果。趋肤效应的原理是电磁感应定律，即交流电流在通过导体时因为自感的作用而产生感应电动势。感应电动势 e_L 的方向与电流方向相反，其值为

$$e_L = -\frac{d\Phi}{dt} = -L\frac{d(I_m \sin\omega t)}{dt} = -L\omega I_m \cos\omega t$$

这个电动势的值与电流、频率和电感量有关。而电感量又同导体周围的导磁环境有关。如果导体处于磁导率很低的空气中，导体的电感量 L 和感应电动势都很小，阻碍电流的能力也很小。如果导体放置在高磁导率的材料中，电感量 L 和感应电动势都会成倍增大，增强了阻碍电流的能力。

深槽笼型转子的沟槽深而窄，通常深宽比达到10～12。为了考查深槽笼型转子自感电动势对于增大转子回路电阻的作用，图3-9a所示为深槽转子的横截面图，把转子槽中导体按深度分为并联的三部分。当电流流过槽内最深处的导体部分，产生的磁通为 Φ_1。Φ_1 的磁力线沿着高磁导率的硅钢片形成闭合回路，感应的电动势 e_{L1} 很大。因感应电动势的方向和电流 i_{21} 相反，阻碍电流的效果十分明显。

当电流 i_{23} 流过槽内最浅处的导体部分，产生的磁通为 Φ_3。Φ_3 的磁力线

很长一段通过低磁导率的空气形成闭合回路。所以 Φ_3 的值要比 Φ_1 小得多，感应电动势 e_{L3} 也比 e_{L1} 小得多，阻碍电流的能力很小。

因此，随着导体在槽内的深度不同，导体中的感应电动势的分布情况也有所不同。越靠近槽的下部，电感量和感应电动势越大，阻碍电流的能力越强。由于自感电动势与电流频率（即转差频率）有关，所以 r_2 和 x_2 都是转差率的函数。

由于转子导体的三个部分相当于并联（见图 3-9c），转子电流 I_2 被排挤到上部。这种现象被称为槽内导体的电流趋肤效应。当转子电流频率接近 50Hz 时，这种趋肤效应很明显。这时导体中流过电流的有效面积只是导体总面积的几分之一，所以，相当于增加了转子导体的电阻 r_2。而当转子电流频率很低时（5Hz 以下），这种趋肤效应不明显。

当电动机起动时，转差率很大（$s=1$），转子电流的频率接近 50Hz，转子电阻 r_2 很大，相当于在转子回路串入了附加电阻。随着电

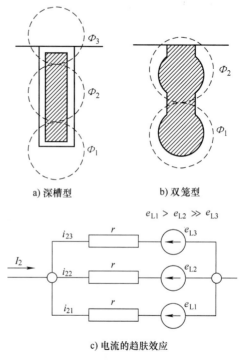

a) 深槽型   b) 双笼型

$e_{L1} > e_{L2} \gg e_{L3}$

c) 电流的趋肤效应

图 3-9   高起动转矩的笼型异步电动机

动机转速逐渐升高，转差率逐渐变小。转子电流的频率也变小，电流的趋肤效应也相应变弱。电流逐渐向转子导体的深层扩展，相当于 r_2 逐渐减小。当转速达到工作转速时，转子电流的频率相当低，趋肤效应不明显。转子电流流过导体的全部截面，相当于 r_2 最小。由于深槽型转子的电阻 r_2 可以随着转速自动改变，这种笼型异步电动机的起动特性毫不逊色于绕线转子异步电动机转子串电阻的起动特性。起动电流为额定值的 5~6 倍，起动转矩为额定值的 1.1~1.3 倍。

受到深槽转子的启示，可以通过改变笼型转子的结构进一步改善起动性

能。还可以通过改变笼型导体的材料增大转子电阻。双笼型就是最典型的结构——在转子中嵌入两套笼型转子，浅部的叫作上笼，深部的叫作下笼（见图3-9b）。上笼可以用电阻率较大的合金材料制成，电阻较大，在起动时发挥作用。下笼用纯铜制成，电阻较小，在工作时发挥作用。同前面叙述的深槽转子的原理相同，在起动时转子电流主要流过上笼。在趋肤效应的作用下，转子导体的电阻增大，加之上笼本身的电阻就较大，能够产生较大的起动转矩。当转速达到正常速度后，因为下笼电阻小，电流主要流过下笼。为了减小下笼的电阻，有意把下笼的截面积做得较大，形成所谓的梨形双笼型转子结构。

常用的笼型异步电动机的机械特性曲线如图3-10所示。通用型笼型异步电动机（见图3-10中特性曲线1）应用最为广泛，而且是长期连续工作在额定值附近。因此，追求高效率、低转差就是这种电动机的主要目标。在工作区段的机械特性比较硬。在转差率较大的区域，机械特性有一个不大的拐点，用最小转矩 $T_{\min}$ 表示这点的转矩。

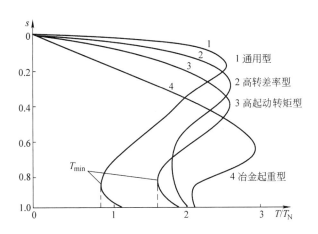

图 3-10 常用的笼型异步电动机的机械特性

高转差率的笼型异步电动机（见图3-10中特性曲线2）具有比较软的机械特性，多用于如下场合：多台电动机驱动一个机械轴系；周期性变化的机械负载（例如曲柄-连杆机构）；利用飞轮储存的动能克服负载阻力；重复短期工作方式的机械等。

高起动转矩的笼异步电动机（见图 3-10 中特性曲线 3）是专门用于重载起动的机械，例如带式输送机械等。

冶金及起重用笼型异步电动机（见图 3-10 中特性曲线 4）适用于重复短期频繁起动的机械。这种电动机具有高起动转矩、高过载能力、高机械强度的特点。但是这种电动机的能量指标较差：效率较低，速降较大。

3.2.5 异步电动机在电动工况时的能流图

前文中已经提到，如果异步电动机工作在电动工况，它的转差率对应于 1 ~ 0 的区间。转差率在 0 ~ s_k 区间是机械特性的工作区段；转差率在 s_k ~ 1 的区间是机械特性的起动区段。异步电动机的转子损耗和转差率有关。下面具体分析异步电动机的能流图（见图 3-11）。

图 3-11 中的 P_1 是电源提供给定子绕组的功率。从 P_1 中减去定子绕组的损失 ΔP_1（包括定子的铜损和铁损），剩余的部分就是电磁功率 P_e 并传递到转子侧。

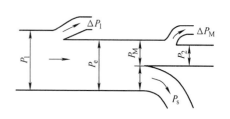

图 3-11 异步电动机的能流图

由于异步电动机转子绕组既有旋转运动产生的电动势，也有互感产生的电动势，所以异步电动机具有电动机和变压器两种特点。因此，可以把电磁功率分为两个部分。第一部分是由电磁功率转变成为电动机轴上的机械功率的 P_M，这部分功率是旋转磁场和转子电流的有功分量相互作用的结果。机械功率 P_M 减去轴上的机械损失 ΔP_M（主要是摩擦力损失）后，就是电动机转子输出的功率 P_2。电磁功率的第二部分是由定子绕组和转子绕组之间的互感传递的转差功率 P_s。

由图 3-11 可以得到

$$P_1 = \Delta P_1 + P_e , \; P_e = P_M + P_s , \; P_M = \Delta P_M + P_2 \qquad (3-33)$$

电磁功率 P_e 等于电动机轴上的电磁转矩 T 与旋转磁场的转速 ω_0 的乘积

$$P_e = T\omega_0 \qquad (3-34)$$

机械功率 P_M 等于电动机轴上的电磁转矩 T 与转子轴的转速 ω 的乘积

$$P_M = T\omega \qquad (3-35)$$

由式 (3-34) 和式 (3-35) 可以得到转差功率 P_s 为

$$P_s = P_e - P_M = T(\omega_0 - \omega) = T\omega_0 s \qquad (3-36)$$

转差功率与电磁功率、转差率成比例。它代表了转子绕组中的功率损失，绕线转子异步电动机在串电阻起动时，起动电阻上的功率损失也应该计入 P_s 中。

为了节约电能、减少发热、提高效率，在设计和使用异步电动机时，应尽量减小转差功率，尽管这个功率只占总功率的百分之几。异步电动机经济运行的重要条件是尽量使转差率最小，这个原则也应当运用于可调速的异步电动机的电气传动中。绕线转子异步电动机的串级调速和双馈调速不在此例，因为这时的转差功率可以回馈到电网。

异步电动机的效率是指转子轴输出的功率 P_2 与电源输入功率 P_1 之比。但是在实际工程计算时，往往先计算各项功率损失，然后再求出电动机的效率。

电动机的总损失分为可变损失 V 和固定损失 K 两部分。固定损失是指与负载电流无关的功率损失，如励磁电流 I_0 在定子绕组中的铜损、定子铁损、机械损失和附加损失（如电动机自带的冷却风扇）等。

可变损失和负载电流的二次方成正比。异步电动机在额定负载情况下，可变损失为

$$V_N = T_N \omega_0 s_N \left(1 + \frac{r'_1}{r_2}\right)$$

在额定负载情况下，异步电动机的固定损失为

$$K_N = P_N \frac{1 - \eta_N}{\eta_N} - T_N \omega_0 s_N \left(1 + \frac{r'_1}{r_2}\right)$$

3.2.6 异步电动机的定子调压调速和减压起动

异步电动机的磁通量正比于定子电压 U_1。转子电动势、转子电流 I_2 也跟随磁通变化，也和定子电压成正比。因此，异步电动机的转矩以及临界转矩 T_k 都与定子电压的二次方成正比 [见式 (3-21) 和式 (3-24)]。这种情况表明，异步电动机在起动和工作时不允许降低电源电压。假如定子电源电

压降低30%，那么临界转矩将减小到正常值的一半左右。如果负载转矩较大，尽管有很大的起动电流，电动机也将被堵转。这种情况对于电动机来说是很危险的，将导致烧毁电动机的绕组。同样的情况也可能发生在笼型异步电动机带着重载起动，而电网能力较弱的场合。为了避免烧毁电动机，在电动机的起动电路中要设计必要的保护措施，以防止电动机长时间工作于较大起动电流的工况。

与此相反，有时还有意降低加到定子绕组的电压，这是为了平稳起动异步电动机或者是为了调节异步电动机的转速。

这种调速方式属于变转差率调速，在转速低、转差率大时，电动机的效率低、温升高。因此，改变定子电压的调速方式只能在特定条件下应用：

- 相对于额定转速，调速范围较小；
- 相对于额定转矩，负载的转矩较小；
- 尽量使用高转差率电动机。

改变异步电动机定子电压的机械特性如图3-12所示。改变定子电压 U_1 并不会改变理想空载转速 ω_0 和临界转差率 s_k。但是临界转矩 T_k 减小的程度近似与电压降低程度的二次方成比例。相应的机械特性中工作区段的硬度也随之下降。可能的调速范围在 $\omega_0 \sim \omega_0(1-s_k)$ 之间。

对于普通的恒转矩负载，且负载转矩为 T_N，工作点在a、b、c之处，因转速变化太小，无实用价值（见图3-12a）。并且由异步电动机能流公式(3-36)可知，对应转差率为 s_p 之处的工作点c，该点的转差功率为 $P_s = T_N\omega_0 s_p$，正比于图中阴影矩形 $0pcs_p$ 的面积。输出轴上的机械功率为 $P_M = T_N\omega_0(1-s_p)$，正比于图中矩形 $s_p cq1$ 的面积。

额定转差功率正比于矩形 $0pas_N$ 的面积，大约是工作点c的转差功率（矩形 $0pcs_p$ 的面积）的2/5。这说明降低定子电压将使转子损耗大为增加，这将导致电动机过热。应对的办法只有加大电动机的额定功率或者使用特殊散热结构的电动机。所以说，对于恒转矩的负载机械而言，改变定子电压调速没有实用价值。

对于风机水泵类负载，改变定子调压调速方法就比较合理。这是因为风机、水泵类的负载转矩随着转速降低而减小（见图3-12b），对应于转差率 s_p

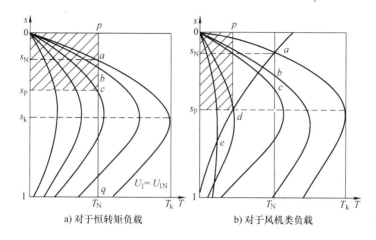

图 3-12　异步电动机改变定子电压调速的机械特性

的工作点位于点 d 之处。因为这类机械的负载转矩与转速的二次方成正比，所以随着转速降低负载转矩按二次方数量级减小，功率按 3 次方数量级减小。这样就可以达到节电的目的。资料显示，定子调压调速的平均节电率接近 25%。这时转差功率 P_s 并没有显著的变化。分析表明，这类负载无论转速高低，转差功率 P_s 都是额定电磁功率 P_{eN} 的 18% ~ 20%。

有时把降低异步电动机定子电压的方法用于减小起动电流。但是这种方法只能用于起动时负载转矩只是 $(0.3 \sim 0.4) T_N$ 的场合，例如风机、水泵或空载起动的机械设备。现在多采用由晶闸管相控原理构成的软起动器实现异步电动机的减压起动，然后逐渐升高电压直至额定电压。这样做不但减小了起动电流，而且还减小了起动时的机械冲击。

需要注意的是，晶闸管相控的软起动器产生大量的谐波电流。用于改善功率因数的电容器组会对谐波电流起到放大作用，所以在起动过程中，不可投入补偿电容器组。起动结束后，方可投入补偿电容器组。

3.2.7　异步电动机的制动

异步电动机常用的制动工况属于发电工况。常用的制动方式有 3 种：回馈制动、能耗制动和反接制动。还有一种特殊的制动方式——电容制动。为了说明这几种制动方式，图 3-13 所示为异步电动机全象限的 $T—s$ 机械特性。

1. 回馈制动（又称再生发电制动）

当异步电动机转子速度超过同步转速时，进入再生发电制动工况。这时 $\omega > \omega_0$，$s < 0$。进入这种工况的原因是电动机轴上的负载转矩与转速方向一致，或者说工作机械使电动机加速至超同步转速。在卷扬机下放重物时经常出现这种再生发电制动工况。

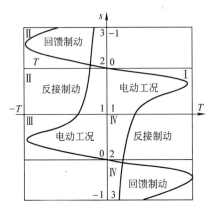

异步电动机在回馈制动工况的机械特性和电动工况的机械特性是相似的（呈角对称）。计算机械特性的公式仍然用式（3-27）。回馈制动工况的临界转矩略大于电动工况的临界转

图 3-13　异步电动机全象限的 $T—s$ 机械特性

矩［见式（3-24），分母中根号前用减号］。发生这种现象的物理原因是：在电动工况时，定子回路的电阻 r_1 上的损耗使电磁转矩减小；在发电工况时，r_1 上的损耗不影响电磁转矩。

回馈制动的能流图如图 3-14 所示。加到电动机轴上的机械功率 P_M 变换成为电磁功率 P_e 和转差功率 P_s。电磁功率 P_e 扣除定子损失 ΔP_1 的部分回馈到电网。转差功率消耗在转子回路中。

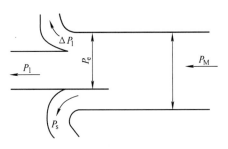

图 3-14　回馈制动的能流图

由能流图可以得到 $P_e + P_s = T\omega_0 - T\omega_0 s$，这时转差率 s 的符号为负。

需要指出的是，在回馈制动的工况下，回馈到电网的功率是有功功率。而在异步电动机中建立磁场所需要的无功功率必须从电网得到。因此作为异步发电机的定子绕组不能脱离电网发电。但是可以把电容器组接到异步发电机的定子绕组，用电容器组作为无功功率源（见图 3-18）。

2. 能耗制动（又称动力制动）

它是把异步电动机的定子绕组从交流电源上切断，另外接入一个直流电

源和制动电阻 R_{DC}（见图3-15）。直流电源在定子绕组中产生一个在空间静止的磁场，这个磁场的转速 $\omega_{0 \cdot DC} = 0$。转差率等于 $s_{DC} = -\omega / \omega_{0 \cdot N}$，式中 $\omega_{0 \cdot N}$ 是定子旋转磁场的额定角速度。

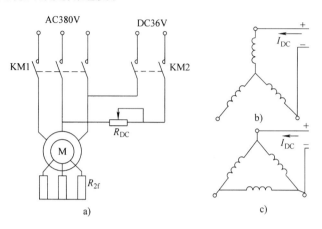

图 3-15　异步电动机能耗制动的接线图

笼型异步电动机的能耗制动的机械特性画在第Ⅱ象限，如图3-16中的曲线1、2所示。机械特性的起始点是坐标原点。改变定子绕组中直流励磁电流 I_{DC} 的值，就可以改变能耗制动的强弱。电流越大，制动力矩就越大。但是 I_{DC} 的值不可大于定子的额定电流 I_{1N}，否则将引起电动机磁路饱和。

对于绕线转子异步电动机还可以在转子回路中增设附加电阻 R_{2f} 增强能耗制动的力度。这种方法类似于转子串电阻起动，由于改善了 $\cos\varphi_2$，使得临界转差率上移，在高转速时得到较大的制动力矩（见图3-16中的曲线3、4）。

异步电动机在能耗制动时相当于定子三相绕组供电的频率是 $f_1 = 0$。另外，这个直流电源应当是电流源特性，即在制动过程中保持制动电流不变。

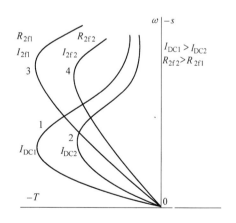

图 3-16　异步电动机能耗制动的机械特性

为了计算能耗制动的特性，需要用等效电流 I_{equ} 代替实际电流 I_{DC}。在产生相同的磁通的情况下，等效电流 I_{equ} 是流过定子三相绕组的电流。

对于图 3-15b 的接线方式，等效电流 $I_{equ} = 0.816I_{DC}$。

对于图 3-15c 的接线方式，等效电流 $I_{equ} = 0.471I_{DC}$。

异步电动机在能耗制动时的矢量图如图 3-17 所示。图中给出能耗制动的电流关系：

$$\dot{I}_{\mu} = \dot{I}_{equ} + \dot{I}_2'$$

当 $\dot{I}_{equ}$ 不变时，磁化电流同转子电流有关。随着转差率值增大，在转子电流无功分量的作用下，磁化电流减小。在电动工况时（忽略磁路饱和）机械特性的近似公式为

$$T = \frac{2T_{DCK}}{s_{DC}/s_{DCK} + s_{DCK}/s_{DC}} \tag{3-37}$$

式中 $\qquad T_{DCK} = -\dfrac{3x_{\mu}^2 I_{equ}^2}{2\omega_0(x_2' + x_{\mu})} \qquad s_{DCK} = \dfrac{r_2' + R_{2f}}{x_2' + x_{\mu}}$

应当指出，在能耗制动时的临界转差率小于电动工况时的临界转差率，即 $x_{\mu} > x_k$。为了得到相当于电动工况时的最大的制动转矩，等效电流 I_{equ} 应当是额定空载电流 I_0 的 2~4 倍。能耗制动所用的直流电源电压要显著低于额定电压，一般情况下应当是 $U_{DC} \approx (2\!\sim\!4)\,I_{equ} \cdot r_1$。

能耗制动的异步电动机很像一

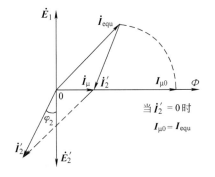

图 3-17 异步电动机在能耗制动时的矢量图

台同步发电机，加有直流电源的定子绕组相当于同步发电机的励磁绕组，转子回路的电阻（以及附加电阻）就相当于是发电机的负载。加到电动机轴上的全部机械功率转变成电功率，并消耗在转子回路的电阻上。

能耗制动的异步电动机还可以采用电容励磁的方法（见图 3-18）。这种方法是利用电容器和定子绕组构成回路产生励磁电流。这种方式本质上也属于能耗制动，有些资料中称之为电容制动。

利用电容进行能耗制动的原理如下：当异步电动机电子绕组的交流电源

被切断后，转子铁心上残存剩磁。在剩磁的作用下，定子绕组中产生感应电动势。感应电动势在定子绕组和电容构成的回路中产生励磁电流。这个励磁电流加强了气隙磁通，使转子绕组中产生制动电流。通常电容制动用于小功率（5kW 以下）的异步电动机。这是因为制动转矩与电容量有关，电动机功率越大，所需要的电容量就越大。

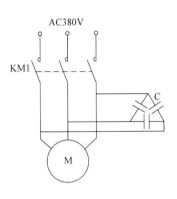

图 3-18　利用电容励磁的
能耗制动

3. 反接制动

笼型电动机的反接制动用于下列两种情况：

1）为了紧急制动，改变异步电动机定子电源的相序，这种方式称为相序反接制动；

2）在位势负载的情况下，将绕线转子异步电动机的转子串入附加电阻，机械特性变软，转矩方向向上，转速方向向下，二者相反，限制下放重物的速度。这种方式称为速度反接制动。

反接制动时，定子产生的旋转磁场和转子旋转的方向相反。反接制动时转差率始终大于1。

$$s = \frac{\omega_0 + \omega}{\omega_0} > 1$$

反接制动的机械特性如图 3-19 所示。曲线 1 是电动工况时的自然机械特性，a 点是这时的工作点。

曲线 2 是定子电源相序反接后的机械特性，工作点由点 a 跳变到点 b。在制动转矩 $-T_{\mathrm{m}}$ 的作用下电动机的转速沿着曲线 2 迅速下降，当转速接近零时应当及时切断电源，否则电动机将反方向起动直至到达工作点 c。

机械特性曲线 3 对应于速度反接制动，这时工作点位于点 d。电动机向上的转矩小于重物的负载转矩，在重物的重力作用下，迫使电动机向转矩的反方向旋转，直至在 d 点平衡。这时工作点位于第Ⅳ象限。

无论相序反接制动还是速度反接制动，能量指标都很差。消耗在转子回

路的功率损失是定子输入的电
磁功率与转子轴上功率之
和，即

$$\Delta P_s = T_m \omega_0 + T_m \omega$$

对于笼型异步电动机的相
序反接制动，定子电流值将达
到额定电流的10倍以上。相序
反接制动的过程只有几秒钟，
制动准确度差，需要自动控制
电路切断电源。使用绕线转子
异步电动机反接制动时，必须

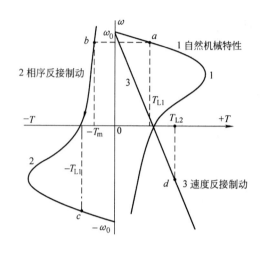

图3-19 反接制动的机械特性

在转子回路串入附加电阻。这时转子回路的能量损失主要消耗在附加电
阻上。

3.2.8 异步电动机的变极调速

变极调速是通过改变电动机定子绕组的极对数 p_n 来改变转速。只有改变
定子绕组结构，才能改变极对数。改变极对数的电动机必须采用笼型转子，
因为笼型转子的极对数能够自动地与定子极对数相对应。绕线转子异步电动
机和同步电动机不能采用变极调速。这种调速是有级的，通常选用两种工作
转速，特殊情况可以选用三种或四种工作转速。改变极对数的方法有：

－定子上设置单一绕组，改变其不同的接线组合，可以得到2∶1、3∶1
或4∶3的双速电动机；

－定子上设置二套不同极对数的独立绕组，可以得到4∶3、6∶5的双速
电动机；

－定子上设置二套不同极对数的独立绕组，而且每个独立绕组又有不同
的接线组合，以得到不同的极对数。这种方法用于三速或四速电动机。

单一绕组双速电动机有星形/双星形联结和三角形/双星联结。

星形/双星形联结的每相定子绕组都是由两段绕组构成，这两段绕组可
以串联使用，也可以并联使用（见图3-20）。并联使用时，电源电压加到两

段绕组的中间点，而绕组的端部短接，构成两个星形联结的绕组。这种接线方式对应于极对数少、转速高的情况。在串联使用时极对数增加一倍，额定转速降为一半。例如一台电动机在双星形联结时 $p_n = 2$，额定转速为 1470r/min（同步转速 $n_0 = 1500$ r/min）；转换为星形联结时 $p_n = 4$，额定转速 735r/min（同步转速 $n_0 = 750$r/min）。

因为绕组长期通电的电流是额定电流值，在这两种情况下电动机的功率分别为

双星形联结时（高速） $P = 3U_1 \cdot 2I_{1N}\cos\varphi_1 \cdot \eta_N$

星形联结时（低速） $P = 3U_1 \cdot I_{1N}\cos\varphi_1 \cdot \eta_N$

也就是说双速电动机在高速时的额定功率大约是低速时额定功率的 2 倍。但是长期的额定转矩不变。这是因为 $T_N = P_N/\omega_N$。

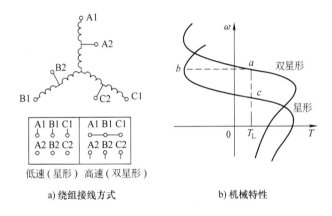

a) 绕组接线方式   b) 机械特性

图 3-20   双速变极调速星形/双星形的绕组联结方式和机械特性

三角形/双星形联结方式和机械特性如图 3-21 所示，双星形联结方式属于两段绕组并联使用，对应于极对数少、转速高的情况。两段绕组串联使用为三角形联结方式，极对数增加一倍，转速降低一倍。两种接线方式的电动机的功率都是

$$P = 3\sqrt{3}U_1 \cdot I_{1N}\cos\varphi_1 \cdot \eta_N$$

式中 U_1——电源相电压。

而三角形联结时的转矩是双星形联结时转矩的 $\sqrt{3}$ 倍。因此两种接线方式

的功率基本相等。

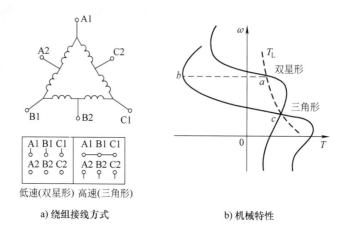

a) 绕组接线方式   b) 机械特性

图3-21 双速变极调速三角形/双星形的绕组联结方式和机械特性

变极调速的优点是线路简单，价格低廉，对电网没有污染。适用于只需要几种固定转速的工作机械，例如起重机可以利用变极调速实现不同的提升速度。

3.3 同步电动机的电气传动

3.3.1 同步电动机的工作原理

很多大功率（大于160kW）不需要调速的工作机械采用同步电动机电气传动。同步电动机的定子绕组结构和异步电动机的定子绕组结构相同。三相交流电流流过定子三相绕组产生旋转磁场的磁通为 $\overline{\varPhi}_1$，同步电动机的转速等于旋转磁场的转速，其接线示意图如图3-22所示。

$$\omega_0 = \frac{2\pi f_1}{p_n} \quad 或 \quad n_0 = \frac{60 f_1}{p_n}$$

同步电动机的转子分为隐

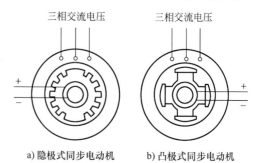

a) 隐极式同步电动机   b) 凸极式同步电动机

图3-22 同步电动机的接线示意图

极和凸极两种形式，转子上设置有直流励磁绕组，励磁电流建立的磁通 $\overline{\boldsymbol{\Phi}}_0$ 相对于转子静止。在定子磁通 $\overline{\boldsymbol{\Phi}}_1$ 和转子磁通的共同作用下，在同步电动机轴上产生的电磁转矩为

$$T = k\overline{\boldsymbol{\Phi}}_1 \times \overline{\boldsymbol{\Phi}}_0 \tag{3-38}$$

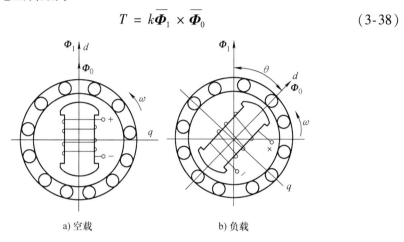

a) 空载　　　　　　　　b) 负载

图 3-23　同步电动机的空间磁场的矢量关系

同步电动机定子磁通空间矢量 $\overline{\boldsymbol{\Phi}}_1$ 和转子磁通空间矢量 $\overline{\boldsymbol{\Phi}}_0$ 的关系如图 3-23 所示。空载时 $\overline{\boldsymbol{\Phi}}_1$ 和 $\overline{\boldsymbol{\Phi}}_0$ 方向一致，并以相同的转速 ω_0 旋转。当电动机轴上加有负载转矩时，矢量 $\overline{\boldsymbol{\Phi}}_1$ 牵引矢量 $\overline{\boldsymbol{\Phi}}_0$ 矢量旋转（犹如通过弹簧牵引），两个矢量之间的夹角 θ 被称为负载角。如果 $\overline{\boldsymbol{\Phi}}_0$ 落后于 $\overline{\boldsymbol{\Phi}}_1$，同步电机工作在电动工况，电磁转矩是做功的；如果同步电机工作在发电工况，$\overline{\boldsymbol{\Phi}}_0$ 超前 $\overline{\boldsymbol{\Phi}}_1$ 角度 $(-\theta)$，电磁转矩为负。随着电动机轴上负载变化，角度 θ 随之改变，就如同弹簧被拉伸或压缩。最大转矩 $T_{\max}$ 出现在 $\theta = \pi/2$ 之处。如果负载转矩超过 $T_{\max}$，同步运行的方式被破坏，出现失步。

同步电动机的机械特性是一条界于 $\pm T_{\max}$ 之间平行于横轴的直线（见图 3-24）。机械特性的硬度为无穷大。研究同步电动机的机械特性没有意义，而是使用矩角特性描述其工作性能。所谓矩角特性就是转矩与负载角之间的关系。

因为同步电动机的转子以同步转速旋转，没有转差，所以电磁功率全部变换成轴上的机械功率，电动机的转矩为

$$T = \frac{3U_1 I_1 \cos\varphi}{\omega_0} \tag{3-39}$$

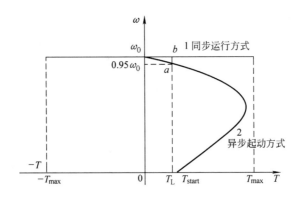

图 3-24 同步电动机的机械特性

隐极同步电动机的电磁结构具有对称的特点，忽略定子电阻，隐极同步电动机的矢量图如图 3-25 所示，并可以得到电压方程

$$\dot{U}_1 - \dot{E}_1 = j\dot{I}_1 x_1 \tag{3-40}$$

式中 $\dot{E}_1$ ——转子磁通 $\overline{\Phi}_0$ 在定子绕组中感应的电动势。

由图 3-26 可得到隐极同步电动机的主要关系式

$$I_1 = \frac{U_1 \sin\theta}{x_1 \cos(\varphi - \theta)}$$

$$U_1 \cos\varphi = E_1 \cos(\varphi - \theta)$$

把这些关系代入式（3-39）可以得到隐极同步电动机的矩角特性公式

$$T = \frac{3U_1 E_1}{\omega_0 x_1} \sin\theta \tag{3-41}$$

这说明同步电动机的转矩与负载角 θ 的正弦成正比，转矩的最大值出现在 $\theta = \pi/2$ 之处。考虑到电动势 E_1 与磁通 Φ_0（或转子励磁电流 I_f）成正比，即 $E_1 = k_E I_f$，则同步电动机的最大转矩为

$$T_{max} = \frac{3U_1 I_f k_E}{\omega_0 x_1}$$

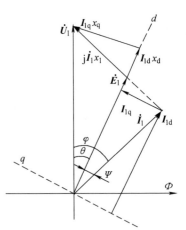

图 3-25 隐极同步电动机的相量图

即同步电动机的最大转矩与定子电压成正比。在磁路不饱和的情况下，最大

转矩还与转子励磁电流成正比。大多数同步电动机都有自动励磁控制装置，以保证在冲击负载时或定子电源电压降低时，能够自动增加励磁电流，使过载能力保持不变。

凸极同步电动机的磁路不对称，矩角特性和磁极位置有关。式（3-42）是凸极同步电动机的矩角特性。转矩由两部分之和构成（图 3-26b 的曲线 5），第一部分是转子磁通产生的转矩（图 3-26b 的曲线 3），第二部分是由磁极位置确定的反应转矩（图 3-26b 的曲线 4）。

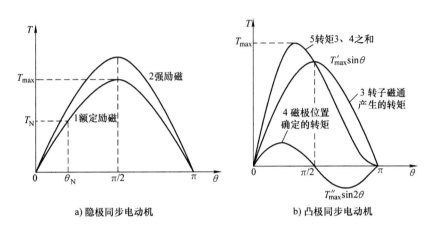

a) 隐极同步电动机　　　　　　b) 凸极同步电动机

图 3-26　同步电动机的矩角特性

$$T = \frac{3U_1 E_1}{\omega_0 x_d}\sin\theta + \frac{3U_1^2}{2\omega_0}\left(\frac{1}{x_q} - \frac{1}{x_d}\right)\sin2\theta \qquad (3\text{-}42)$$

式中　x_d、x_q ——同步电动机的直轴电抗和交轴电抗。

3.3.2 同步电动机的运行工况

同步电动机只有同步转速一种工作速度，而且同步电动机没有起动能力，通常采用的起动方法有：

1. 辅助电动机起动法

选用和同步电动机极数相同的异步电动机，容量为主机的 5% ~ 15% 作为辅助电动机，将主机拖到准同步转速，然后主机用自整步法投入电网运行，再退出辅助电动机。此法不能在负载状态下起动。

2. 变频起动法

定子接入变频器，改变定子旋转磁场转速，励磁绕组正常接通，逐渐升高变频器的频率，直到额定频率、额定转速。此方法需要变频电源，投资较大。对于风机类负载，变频器还可以起到调速节能的作用。

3. 异步起动法

大多数的同步电动机转子装有类似异步电动机笼型绕组的笼条型阻尼绕组，可以利用这个阻尼绕组作为异步起动绕组（机械特性见图 3-24 的曲线 2）。当定子接通电源时，起动绕组中的电流产生使转子转动的异步转矩，并沿着异步机械特性曲线 2 加速至准同步转速的 a 点，这时投入励磁，就可以利用自整步法将转子牵入同步，工作点移到 b 点。这种异步起动法简单易行，比较流行。

起动绕组不能长时间运行（一般小于 $20 \sim 30s$），当同步电动机稳定运行在同步转速时，起动绕组和定子旋转磁场相对静止，没有电流流过。当同步电动机轴上的负载发生变化时，转速偏离同步转速，这时起动绕组切割定子旋转磁场，有电流流过，起到使动态过程趋于稳定的阻尼作用。

同步电动机的异步起动过程是一个比较复杂的物理过程。在整个起动过程中，转子会受到多种转矩的作用，而在励磁投入前，起主要作用的就是由起动绕组所产生的异步转矩和由励磁绕组引起的单轴转矩。异步转矩的 $T—s$ 曲线与普通笼型异步电动机相同，如图 3-27 中的虚线所示。单轴转矩是励磁绕组在定子旋转磁场作用下产生的转矩。异步转矩和单轴转矩之和就是合成的起动转矩。合成

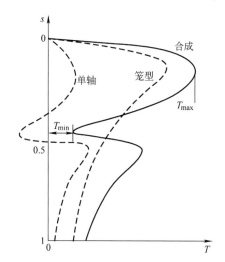

图 3-27　单轴转矩对于同步
电动机起动时的影响

的起动转矩在 $s = 0.5$ 附近发生明显的下凹，形成一个最小转矩 T_{min}，有可能将电动机转速"卡住"在半同步转速附近而不能继续升速。因此，为了限

制单轴转矩对起动的不利影响，励磁绕组不能短路。通常的做法是在励磁回路中串入 10 倍于励磁绕组电阻值的限流电阻，尽量减小励磁绕组中的感应电流。在起动时，励磁绕组也不能开路，因为这时转差率很大，感应电动势很高，如果励磁绕组开路，可能破坏绕组的绝缘。

异步起动使同步电动机达到准同步转速，为了把转子拉入同步，这时需要靠同步转矩起作用，在电动机转子转速达到准同步转速后，应及时给直流励磁绕组加入励磁电流。再加上励磁电流后，转子磁极有了确定的极性，在半个周期内旋转磁场对转子一直是拉力，这一转矩加上这段时间的异步转矩，完全有可能把转子由准同步转速牵入到同步转速。电动机轴上负载越轻，电动机就越容易牵入同步。

异步起动法需要降低定子侧的电压，一般采用晶闸管软起动器或者水电阻减低定子电压。

工业用大型同步电动机必须有独立的直流励磁装置。励磁装置分为三类：第一类是采用直流发电机提供励磁电流；第二类是交流整流励磁装置；第三类是无刷励磁装置。

直流发电机励磁装置是一种经典的励磁方式。直流发电机与同步发电机同轴旋转，或者采用另外的专用电动机带动直流发电机旋转。输出的直流电流经电刷、集电环输入同步电动机的转子励磁绕组（见图 3-28a）。

交流整流励磁装置是通过晶闸管整流器将交流电变为直流电后提供励磁电流（见图 3-28b），其优点是消除了直流发电机的整流子和电刷的火花。

最近比较流行的是无刷励磁装置。把建立励磁电压的旋转电枢式同步发电机 G 和同步电动机 MS 同轴连接。二极管整流器、辅助晶闸管 VTH、放电电阻 R_2、R_3 也都放置在同步电动机轴上，与轴同时旋转。改变同步发电机 G 的励磁电流，就可以调节同步电动机 M 的励磁电流。当转速达到准同步转速时，断开放电回路，接通直流励磁电源，将电动机牵入同步转速。由于省却了同步电动机的集电环和电刷，故称之为无刷励磁。

如果采用晶闸管整流器作为励磁装置，在起动时励磁绕组必须接入放电电阻及其控制的晶闸管。

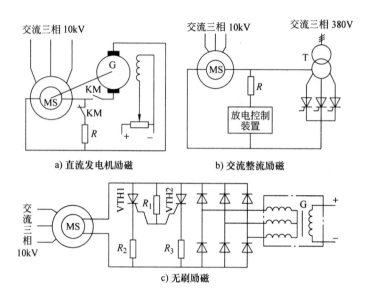

图 3-28　同步电动机励磁方式

3.3.3　同步电动机的励磁电流调节

　　调节同步电动机励磁电流具有两项功能：第一项功能是保证电动机稳定工作在同步转速。当机械负载增大或者电源电压降低时，励磁电流控制系统将自动增加励磁电流，使同步电动机在同步运行时有足够的最大转矩值（见图 3-26）。第二项功能是调节定子回路的无功功率。

　　同步电动机电气传动最可贵的优点就在于做功的同时还可以补偿电网的无功功率。电网上主要负载是异步电动机和变压器，它们都是感性负载，需要从电网吸收感性无功功率，使电网的功率因数降低。如能在适当地点装上同步电动机，就地补偿负载所需的感性无功功率，就能显著地提高电力系统的经济性与供电质量。因此大型同步电动机得到了较多的应用。

　　改变同步电动机的励磁电流调节定子回路的无功功率的原理如图 3-29 所示。根据同步电动机电压方程式（3-40）得到

$$\dot{U}_1 = \dot{E}_1 + j\dot{I}_1 x_1$$

　　图 3-29a 对应于欠励磁的情况，励磁电流小于额定值。定子电流 $\dot{I}_1$ 滞后于定子电压 $\dot{U}_1$ 角度 φ，即定子侧呈感性无功功率。随着励磁电流逐步增加，

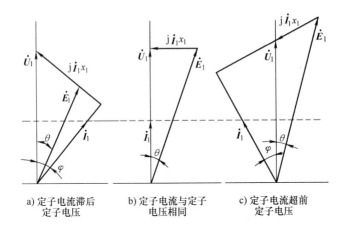

图 3-29 同步电动机在相同负载不同励磁情况下的矢量图

感应电动势 $\dot{E}_1$ 增大，电流 $\dot{I}_1$ 向 $\dot{U}_1$ 靠拢，直至与 $\dot{U}_1$ 相重合，这时 $\cos\varphi = 1$（见图 3-29b）。因为电动机轴上的机械负载不变，负载角 θ 略有减小，$\dot{I}_1$ 也略有减小，但是 $\dot{I}_1$ 在 $\dot{U}_1$ 的投影不变，如图中虚线所示。这种工况对于同步电动机最为有利，因为这时定子的损失最小。

如果进一步增加励磁电流，定子电流 $\dot{I}_1$ 将超前定子电压 $\dot{U}_1$，同步电动机发出无功功率（见图 3-29c）。这时 $\dot{I}_1$ 的值又有所增大，可见增加同步电动机定子侧的容性无功功率的代价是加大了定子侧的有功功率。

同步电动机在有功功率恒定、励磁电流变化时，调节曲线 $I_1 = f(I_f)$ 的形状呈 "V" 字，被称为同步电动机的 V 形曲线，如图 3-30 所示。由于减小励磁电流时，最大转矩值减小，过载能力降低。当励磁电流减小到一定程度时，电动机将会失步，不能稳定运行。图 3-30 中的虚线表示电动机不稳定区域的界限。

这里需要强调一点，通过交－交变频器向同步电动机供电的电气传动系统，在电网侧的功率因数依然很低，不能依靠同步电动机补偿电网所需求的感性无功功率。这是因为同步电动机定子侧的容性无功功率无法通过交－交变频器传递到电网侧。

例题 3.2 异步电动机 AM 和同步电动机 SM 由同一段 6kV 高压母线供电。电动机 AM 的机械负载不变，并等于额定值。电动机 SM 的机械负载也

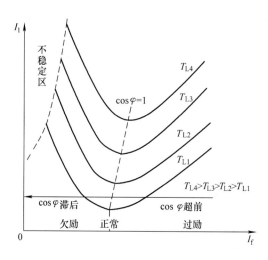

图 3-30 同步电动机的 V 形特性曲线

不变，并等于 50% 额定值。两台电动机都是连续工作制。调节同步电动机励磁电流，使供电母线的功率因数等于 1。

两台电动机的技术数据为

笼型异步电动机定子电压（线）$U_{1l} = 6000\text{V}$，定子额定电流 $I_{1N} = 80\text{A}$，额定转速 $n_N = 592\text{r/min}$，$\cos\varphi = 0.8$。

同步电动机（隐极）定子线电压 $U_{1l} = 6000\text{V}$，额定功率 $P_N = 800\text{kW}$，定子额定电流 $I_{1N} = 90\text{A}$，额定转速 $n_N = 1000\text{r/min}$，额定励磁电流 $I_{fN} = 175\text{A}$，额定效率 $\eta_N = 0.95$，额定功率因数 $\cos\varphi_N = 0.9$（超前），过载倍数 $\lambda = 2$。

解： 异步电动机定子侧的无功功率

$$Q_{AM} = \sqrt{3}U_{1l}I_{1N}\sin\varphi_N = \sqrt{3} \times 6000 \times 80 \times 0.6 = 500\text{kvar}$$

为了补偿这部分无功功率，同步电动机应当工作在超前功率因数的工况。同步电动机定子的无功电流（超前）为

$$I_{1r} = \frac{Q_{AM}}{\sqrt{3}U_{1l}} = \frac{500000}{\sqrt{3} \times 6000} = 48.2\text{A}$$

同步电动机的机械负载为 50% 的情况下，定子的有功电流为

$$I_{1a} = \frac{0.5P_{N\cdot SM}}{\sqrt{3}U_{1l}\eta_{N\cdot SM}} = \frac{0.5 \times 800 \times 10^3}{\sqrt{3} \times 6000 \times 0.95} = 40.6\text{A}$$

同步电动机定子的视在电流为

$$I_1 = \sqrt{I_{1a}^2 + I_{1r}^2} = \sqrt{40.6^2 + 48.2^2} = 63\text{A}$$

同步电动机的功率因数为

$$\cos\varphi_{SM} = \frac{I_{1a}}{I_1} = \frac{40.6}{63} = 0.644\,(\text{超前})$$

为了利用同步电动机矩角特性式（3-41）确定这个条件下励磁电流值，首先要求出电动机额定的参数 x_1 和 E_{1N}。根据式（3-41）有 $T_N = \dfrac{3U_1 E_1}{\omega_0 x_1}\sin\theta_N$

和 $T_{\max} = \dfrac{3U_1 E_1}{\omega_0 x_1}$。由 $\lambda = 2$ 可以得到

$$\sin\theta_N = 0.5 \text{ 和 } \theta_N = 30°$$

由相量图 3-25 可得

$$U_1\sin\theta = I_1 x_1 \cos(\varphi - \theta) \tag{3-43}$$

在额定工况下

$$x_1 = \frac{U_1\sin\theta_N}{I_{1N}\cos(\varphi_N - \theta_N)} = \frac{(6000/\sqrt{3}) \times 0.5}{90\cos(-\arccos 0.9 - 30°)} = 34.3\,\Omega$$

$$E_{1N} = \frac{T_N\omega_0 x_1}{3U_{1\cdot\Phi}\sin\theta_N} = \frac{800 \times 10^3 \times 34.3}{3 \times (6000/\sqrt{3}) \times 0.5} = 5281\text{V}$$

由式（3-43）还可以得到

$$U_1\sin\theta = I_1 x_1(\cos\varphi \cdot \cos\theta + \sin\varphi \cdot \sin\theta)$$

$$\tan\theta = \frac{I_1 x_1\cos\varphi}{U_1 - I_1 x_1\sin\varphi} = \frac{63 \times 34.3 \times 0.644}{(6000/\sqrt{3}) \times 63 \times 34.3 \times (-0.765)} = 0.272$$

$$\sin\theta = 0.262$$

根据矩角特性公式（3-41）得到给定工况的电动势

$$E_1 = \frac{T\omega_0 x_1}{3U_1\sin\theta} = \frac{3820 \times (6.28 \times 1000/60) \times 34.3}{3 \times (6000/\sqrt{3}) \times 0.262} = 5036\text{V}$$

式中 $T = 0.5T_N = 9549\dfrac{0.5P_N}{n_N} = 9549 \times \dfrac{0.5 \times 800}{1000} = 3820\text{N} \cdot \text{m}$

因为感应电动势 E_1 和励磁电流成比例，所以可以求出相应工况的励磁电流

$$I_f = I_{fN}\frac{E_1}{E_{1N}} = 175 \times \frac{5036}{5281} = 167\text{A}$$

3.4 单相异步电动机

很多家用电器和电动工具都采用单相异步电动机作为动力源，因为这些地方只有单相交流 220V 的民用电源。一般单相异步电动机的功率较小，一般在 5kW 以下。

单相异步电动机的定子有两个绕组：起动绕组和工作绕组（见图 3-31a）。转子是鼠笼形式。起动绕组只在起动时接入，起动完毕从电源断开。在正常运行时只有工作绕组接在电源上。工作绕组接在单相交流电源上，不能像三相异步电动机那样建立旋转磁场，而只能建立脉动磁场。脉动磁场可以分解为幅值相同、转速都是 $\omega_0 = 2\pi f_1 / p_n$，而转向相反的二个旋转磁场。

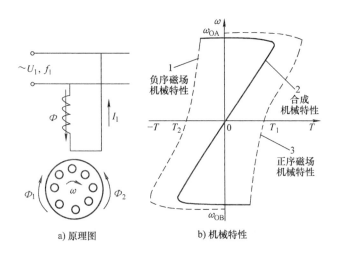

a) 原理图　　b) 机械特性

图 3-31　单相异步电动机的原理图和机械特性

这两个旋转磁场分别对应机械特性（见图 3-31b）中的虚线 1 和 3。二者之和是单相异步电动机的合成机械特性 2。由电动机的合成机械特性 2 可以得到如下结论：

（1）单相异步电动机（工作绕组）起动转矩为零，不能自起动（当 $\omega = 0$ 时，$T = 0$）；

（2）该电动机在起动后，能带一定负载，但过载能力小（合成机械特性 2 中 T 的拐点）。

所以单相异步电动机必须有起动绕组。起动绕组在定子槽内和工作绕组相差90°。起动时用接触器使起动绕组接通电源，起动后接触器断开起动绕组的电源。

某些情况下只有单相电源，但是必须使用三相笼型异步电动机。这时可以采用电容移相的方法构建三相交流电源。对于普通单相交流220V的电源，10kW以下三相异步电动机，每千瓦的移相电容量为30μF。要使用耐压值不低于600V的交流电容器。

小知识　　　　　　**频敏变阻器**

绕线转子异步电动机转子回路串接电阻的起动是逐段减小电阻，电流和转矩会突变，产生机械冲击。同时，由于串接电阻起动电路复杂，可靠性低，而且电阻本身比较笨重，能耗大。在20世纪60年代，中国学者提出用频敏变阻器代替起动电阻方法，简化了起动方式。

频敏变阻器实质上是一个铁损非常大的三相电抗器。它由E形钢板叠成，具有铁心、线圈两部分，并采用星形接线，将其串接在转子回路中，相当于转子绕组里接人一个铁损很大的电抗器。

频敏变阻器的等效电路如图3-32所示。图中R_d为线圈直流电阻，R为铁损等值电阻，L为等值电感，R、L值与转子电流频率相关。

在起动过程中，转子频率是变化的。刚起动时，转速为零，转子电动势频率最高，等于电源频率。此时频敏变阻器的电感与电阻均为最大，相当于转子绕组串入很大的电阻和电感，限制了转子起动电流。随着转速逐渐增高，转子电动势的频率随之逐渐降

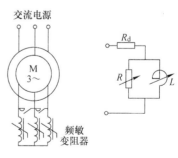

a)电路图　　　　b)等效电路

图3-32　频敏变阻器的起动
电路和等效电路

低，频敏变阻器的等效电阻和等效电抗随之同步变小，因而转子电路的功率因数基本不变，从而保证有足够的起动转矩。起动过程结束后，转子电动势的频率为转差频率，约为1~3Hz，可用接触器短接频敏变阻器。

频敏变阻器的优点是构造简单、电路简化，起动平滑、有足够的起动转矩。

1. 怎样改变三相异步电动机的旋转方向？

2. 一台异步电动机的额定转速是 735r/min，这台电动机的磁极对数是多少？

3. 一台绕线转子异步电动机的额定转子电动势为 240V，当转速是多少时，集电环上的电压达到这个值？

4. 异步电动机的最大转矩和电源电压之间是何种关系？

5. 怎样改变异步电动机的临界转差率？

6. 异步电动机回馈制动时的转差率是多少？反接制动时的转差率是多少？

7. 什么因素决定异步电动机转子绕组的感抗值？

8. 为什么笼型异步电动机的起动电流是额定电流的 5 ~ 7 倍，而起动转矩只是接近额定转矩？

9. 如何实现异步电动机的能耗制动？

10. 解释多速异步电动机通过改变极对数来改变转速的原理。

11. 当负载转矩为额定转矩时，异步电动机工作在同步转速的 70% 之处，转子的损失是多少？

12. 为什么绕线转子异步电动机在起动时转子回路要串入附加的起动电阻？

13. 什么是同步电动机的矩角特性？

14. 为什么同步电动机的转子上装有笼型的绕组？

15. 同步电动机的励磁电源有几种形式？

16. 调节同步电动机励磁电流的目的是什么？

17. 怎样能使同步电动机定子侧具有超前的功率因数？

18. 如果同步电动机的负载不变，使工作在 $\cos\varphi = 1$ 的工况。问：定子电流应如何变化？

19. 异步电动机的额定转速为 980r/min，在额定工况下转子电流的频率是多少？

20. 某车间所消耗的总功率为 200kW，$\cos\varphi = 0.7$（滞后）；其中有两台感应电动机，其平均输入为

$P_A = 40\text{kW}$，$\cos\varphi_A = 0.625$（滞后）

$P_B = 20\text{kW}$，$\cos\varphi_B = 0.75$（滞后）

今欲以一台同步电动机代替此两台感应电动机，并把车间的功率因数提高到 0.9，试求该同步电动机的容量。

第 4 章

电气传动调速的性能指标

4.1 基本概念

一般具有如下情况之一的工作机械，就可以采用调节转速的电气传动系统：

　　– 工艺过程需要调速的机械，例如起重机、电铲、可逆轧机等机械；

　　– 需要精确运动控制的机械，例如连轧机、造纸机、冷轧带钢后处理线等机械；

　　– 有计量要求的机械，例如给料机、计量泵等计量装置；

　　– 自动控制的加工机床，如数控机床等；

　　– 希望通过调速节能的机械，如水泵、风机等。

调速的电气传动系统的最明显的特点就是在电源和电动机之间装有自动控制的变流器。

随着技术的不断发展和降低成本的需要，很多原本不需要调速的机械提出调速的要求，而且这种趋势呈上升的势头。由于计算机技术的发展，使得新工艺、新技术层出不穷，而且自动控制理论中的新思想也在电气传动系统中得到应用。目前调速的电气传动系统正在方兴未艾地快速发展，以满足日新月异的工艺要求。

自动控制的电气传动系统可以更好地实现两项功能：第一，借助于变流器，使得电能转变成机械能的手段更加灵活，简化了机械传动机构，效率更高；第二，通过调节速度、转矩等功能，提高了运动控制的精度，达到提高产量、提高产品质量、改善加工精度的目的。工作机械的运动控制包括速度控制、转矩控制和位置控制。虽然利用机械传动机构或液压装置也能实现运动控制，但是在技术性和经济性方面都没有太大的优势。

调速型电气传动系统不仅要保证在稳态时速度（或转矩）调节精度，而且还要保证在过渡过程时速度（或转矩）实现最优的调节质量。如果电动机直接与电源相连接，无法保证调速的性能。只有在电源和电动机之间装有能量变换的半导体变流器，并且变流器由复杂的自动控制系统控制其工作，才能保证很高的调节性能。变流器的调节量是电压、频率或脉冲宽度等电能参数，变流器的控制系统通过这些可调参数对电动机的电流、频率和励磁电流进行控制。

控制系统内部的主要部分是被控制量的调节器，大多数工作机械采用速度调节器进行速度控制，也有对转矩或者位置进行控制的情况。通常这些调节器都是采用闭环控制，即采用被控量作为调节器的负反馈参数。典型的速度调节器的结构框图如图4-1所示。

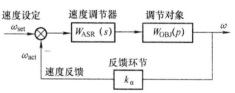

图4-1 速度调节器的结构框图

速度设定值 ω_{set} 可以由操作工手动设定（如电铲、起重机），也可以由工作机械本身的自动控制系统设定（如数控机床的CNC），还可以由上一级的工艺自动控制系统设定（如连轧机的基础自动化系统）。

由速度检测装置测出速度反馈值 ω_{act}。常用的测速装置有测速发电机、脉冲编码器或者利用数学模型计算电动机的转速。速度反馈系数 k_α 是把实际速度值转变成与速度设定值同样量纲的系数。严格讲，反馈系数还应当考虑时滞因素。

速度调节器通常是比例调节器或者是比例积分调节器，它的传递函数 $W_{ASR}(s)$ 参数对于静态调速性能（如调速范围、调速精度）和动态性能指标（如快速性、超调量、振荡次数等）的影响是非常重要的。

调节对象是由变流器、电动机、工作机械组成。反馈通道是由速度传感器构成。设定值、调节器、调节对象和反馈通道共同构成电气传动系统。不同类型的电气传动系统的主要区别就在于使用不同类型的电动机，变流器的类型也要随之改变。

速度控制的本质是使实际速度跟随设定值的变化，其关键在于利用实际速度作为负反馈量。如果速度设定值保持不变，实际速度也应当不变，这就是所谓的恒速控制。在这种情况下，调节器的作用是对系统的扰动量如电压波动、负载变化等实现响应，以维持速度稳定。

4.2 调速性能指标

描述调速型电气传动系统稳态调速性能的两个重要指标是调速范围和静差率。

调速范围 D 的定义可以由图 4-2 说明。图中的直线 1 是电气传动系统在最高速度时的机械特性。假定机械特性在不同速度时硬度相同（这种假设与现代大多数电气传动系统的特性相一致）。当速度降低时机械特性将平行于直线 1 向下移动，直至与最大转矩 T_{max} 相交，成为最低速度时的机械特性 2。最大转矩 T_{max} 和最小转矩 T_{min} 的中间值 T_{LP} 所对应的最高速度为 ω_{max}，最低速度为 ω_{min}。调速范围 D 为 ω_{max} 和 ω_{min} 之比，即

$$T_{LP} = \frac{T_{max} - T_{min}}{2}$$

$$D = \frac{\omega_{max}}{\omega_{min}} = \frac{\omega_a}{\omega_b} \quad (4\text{-}1)$$

根据图 4-2 还可以得到

$$\omega_{max} = \omega_0 - \frac{T_{max} + T_{min}}{2\beta}$$

$$\omega_{min} = \frac{T_{max} - T_{min}}{2\beta}$$

$$D = \frac{2\beta\omega_0 - T_{max} - T_{min}}{T_{max} - T_{min}} \quad (4\text{-}2)$$

式中 β——机 械 特 性 硬 度 的 绝

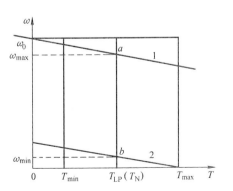

图 4-2 调速范围的定义

对值。

式（4-2）表明，调速范围和机械特性的硬度有关，硬度越大，调速范围就越大。

在多数情况下电动机的额定转矩 T_N 的值和中间转矩 T_{LP} 的值很接近，有时为了方便起见，用 T_N 代替 T_{LP}，上述调速范围的公式依然有效。

另一个重要的调速性能是调速精度，调速精度是用静差 $\Delta\omega_L$ 和静差率 S 来表示的。静差表示传动系统再加上额定负载时的速度降落值。如果传动系统的机械特性是线性的，硬度的绝对值 β 就是常数（见图4-3），那么静差等于

$$\Delta\omega_L = \frac{T_L}{\beta} \tag{4-3}$$

在整个调速范围内，静差 $\Delta\omega_L$ 恒定不变。

静差的相对值是静差率，它是静差与理想空载转速之比。静差率是用来衡量调速系统在负载变化时转速的稳定程度的。静差率 S 的公式是

$$S = \frac{\Delta\omega_L}{\omega_0} \tag{4-4}$$

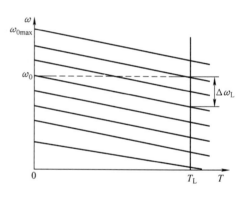

图4-3　静差和静差率的定义

由式（4-3）和式（4-4）可知，静差率和机械特性的硬度成反比关系，特性越硬，静差率越小，转速的稳定度就高。对于同样硬度的机械特性，理想空载转速越低，静差率越大，转速的相对稳定度也就越差。

在设定的静差率 S_{set} 的条件下，考虑到 $\Delta\omega_L = (T_{max} - T_{min})/2\beta$，调速范围的公式为

$$D = \frac{\omega_{max}}{\omega_{min}} = \frac{S_{set}(2\beta\omega_0 - T_{max} - T_{min})}{T_{max} - T_{min}} \tag{4-5}$$

调速范围 D 和静差率 S 这两项指标不是相互孤立的，必须同时提出才有意义。静差率主要指在最低速时的静差率；调速范围是指满足最低速时的静

差率条件的速度变化范围。

开环控制的传动系统的机械特性硬度不够，导致调速范围和调速精度不能达到预期的要求，所以，可调速型电气传动最好采用闭环控制系统。

下面分析负反馈对于调速系统机械特性的影响。图4-4是开环调速控制系统和带有速度闭环的控制系统的结构框图。

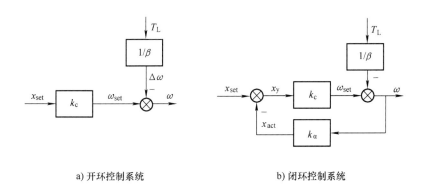

a) 开环控制系统   b) 闭环控制系统

图4-4　开环调速控制系统和闭环调速控制系统结构框图

在开环控制系统中，速度设定值为 $\omega_{\text{set}} = k_{\text{c}} x_{\text{set}}$。当负载转矩为 T_{L} 时，静差与机械特性的硬度有关。开环控制系统无法减小因负载变化引起的速度静差。

在闭环控制系统中，速度作为被控制量，通过速度传感器检测出速度值。经过速度反馈系数将检测出的速度值作为负反馈送到调节器的输入侧。这时有

$$x_{\text{act}} = k_{\alpha} \omega \qquad (4\text{-}6)$$

速度调节器是针对速度设定值和速度实际值之间的偏差值进行调节的。速度设定值和实际值之间的偏差值为

$$x_{\text{y}} = x_{\text{set}} - x_{\text{act}} \qquad (4\text{-}7)$$

现用图 4-5 说明负反馈的原理。直线 1 是开环控制传动系统的机械特性。如果负载转矩 $T_{\text{L}} = 0$，并且速度设定值为 $\omega_{0.\,\text{set}}$ 时，电动机的工作在速

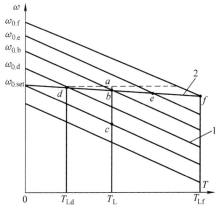

图4-5　速度闭环的调节原理

度设定点。当负载转矩增加到 T_L，工作点沿着直线 $\omega_{0.\,set} - c$ 由 $\omega_{0.\,set}$ 移至 c 点，电动机的速降为 $\Delta\omega$，相当于图中的线段 ac。此时的速降值为 $\Delta\omega = T_L/\beta$。

而在闭环控制的情况则完全不同，当电动机加上负载后，速度开始下降，速度反馈信号 $x_{act} = k_\alpha\omega$ 也随之减小。于是调节器输入端的偏差值 $x_y = x_{set} - x_{act}$ 增大，相当于控制系统的速度设定值 $\omega_{set} = k_c(x_{set} - x_{act})$ 增大。在空载时增加的速度设定值为 $\omega_{0.\,b}$，电动机机械特性自动移到直线 $\omega_{0.\,b} - b$ 上。如果这时负载转矩为 T_L，在过渡过程结束时，工作点移到 b 点。虽然还存在闭环稳态的偏差 $\Delta\omega_{C.\,L}$（相当于线段 ab），但是已经比开环控制时的偏差 $\Delta\omega$（相当于线段 ac）小得多。

在闭环控制系统中，如果负载转矩为 T_{Ld}，电动机的工作点在 d 点；如果负载转矩是 T_{Lf}，电动机的工作点移到 f 点。由此可见，闭环控制系统将使传动系统的机械特性变硬，其特性如直线 2 所示。经过简单的推导可以得到闭环控制电气传动系统的机械特性硬度为

$$\beta_{CL} = (1 + K)\beta \tag{4-8}$$

式中 K——闭环控制系统的开环比例增益，$K = k_c \cdot k_\alpha$。

这说明闭环控制使得电动机的机械特性硬度增大为 $(1 + K)$ 倍。稳态速度偏差值也减小为开环系统的 $1/(1 + K)$。即

$$\Delta\omega_{CL} = \frac{\Delta\omega}{1 + K}$$

相应图 4-5 中的线段之比也有

$$\frac{ab}{ac} = \frac{1}{1 + K}$$

例题 4.1 一台电动机具有线性的机械特性，其机械特性硬度为 $\beta = 10\text{N} \cdot \text{m} \cdot \text{s}$。电动机的额定转矩为 $T_N = 50\text{N} \cdot \text{m}$，最高空载转速 $\omega_0 = 104.7\text{rad/s}$（即 1000r/min）。如果负载转矩的变化范围为 $0.15T_N \leq T_N \leq 1.2T_N$，并要求静差率达到 10%，求出该电动机所能达到的调速范围。如果希望调速范围达到 $D = 100$，机械特性的硬度应当是多少？

解：1. 静差率为 10% 时的调速范围，根据式（4-5）得到调速范围为

$$D = \frac{\omega_{\max}}{\omega_{\min}} = \frac{S_{\text{set}}(2\beta\omega_0 - T_{\max} - T_{\min})}{T_{\max} - T_{\min}}$$

$$= \frac{0.1 \times (2 \times 10 \times 104.7 - 1.2 \times 50 - 0.15 \times 50)}{1.2 \times 50 - 0.15 \times 50} = 3.86$$

2. 为了求出调速范围为 $D = 100$ 时的机械特性硬度，需要把式（4-5）稍加变化，即

$$\beta = \frac{D(T_{\max} - T_{\min}) + S_{\text{set}}(T_{\max} + T_{\min})}{2\omega_0 S_{\text{set}}}$$

$$= \frac{100 \times (1.2 \times 50 - 0.15 \times 50) + 0.1 \times (1.2 \times 50 + 0.15 \times 50)}{2 \times 104.7 \times 0.1} = 251$$

由此例题可以看出，只有采用速度闭环控制的电气传动系统，并且有足够大的开环比例增益，才能提高机械特性的硬度，满足设定的调速范围。

小知识   从属控制系统

电气传动典型的闭环控制方式是速度-电流双闭环控制系统。速度环为外环，转矩环为内环。在磁场恒定的条件下，可以把电流环作为内环，速度调节器的输出值作为电流环的给定值。这种控制方式的好处是可以有效地控制电流，既防止出现过电流，又可以充分发挥电流的作用。这种由外环和内环组成的控制系统称为从属控制系统。一般说来，从属控制系统的外环调节量是内环调节量的积分关系。如果给电流环加上一个内环，那么调节量就是电流变化率或者是电压。运动控制的伺服系统在速度环外加有位置环，位置调节器的输出值作为速度环的给定值。

自检思考题

1. 为什么需要采用调速型的电气传动系统?

2. 什么是调速范围?

3. 调速型电气传动系统的调速范围与哪些参数有关?

4. 绝对静差和相对静差（静差率）有什么区别?

5. 怎样的反馈可以提高电气传动系统的硬度?

6. 相对于开环系统，速度闭环控制后机械特性硬度提高到几倍？

7. 相对于开环系统，速度闭环控制后速度静差是多少？

8. 速度闭环控制的电气传动系统的机械特性有什么特点？

9. 如何提高调速系统的调速范围？

10. 引进速度负反馈的控制系统对于改善静差率有什么作用？

第 5 章 ▶▶▶▶▶

直流电动机电气传动系统

5.1 他励直流电动机的机械特性

直流电动机的发明在人类的技术史上具有划时代的意义。直流电动机一直是传统的调速手段,应用十分广泛。尽管近几年交流电动机调速的发展势头已经超过直流电动机,但是,直流电动机是天然的矢量控制原理,调速的理论和技术仍然是交流电动机调速的基础。考虑到交流变频电动机在通电瞬间需要数百毫秒的建立励磁时间,有些频繁起动的电动机仍然需要使用直流电动机,所以直流电动机在电气传动领域中仍占有一席之地。

直流电动机的励磁方式有他励、永磁、并励、串励和复励等方式(见图5-1)。不同励磁方式的直流电动机特性差异很大。永磁方式也可以归类于他励方式,只是没有弱磁功能。稀土永磁直流电动机作为高动态性能电动机,用作数控机床和机器人的伺服电动机,最大功率已达到数十千瓦。

可以使电动机正反方向旋转的电气传动系统称为可逆电气传动系统。改变直流电动机电枢电压的极性或者改变励磁电压的极性都可以改变旋转方向。

直流电动机在旋转时,在励磁磁场的作用下,电枢绕组产生旋转的反电动势 E_a(简称反电势)。电枢电压 U_a、反电势 E_a 和电枢回路电阻 R_a 之间的关系为电压平衡方程:

$$U_a = E_a + R_a I_a \tag{5-1}$$

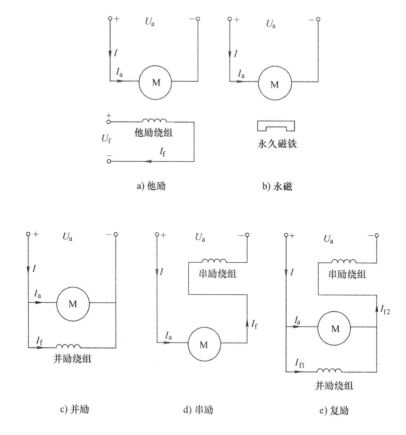

图 5-1　直流电动机分类示意图

这里的电枢回路电阻 R_a 应当包括电枢回路的全部电阻，例如：电枢电阻、补偿绕组的电阻、电枢回路电缆的电阻和电源的内阻等。

直流电动机的电枢反电势为

$$E_a = C_e \Phi n \quad \text{或} \quad E_a = k\Phi\omega \tag{5-2}$$

式中　Φ ——气隙磁通；

　　C_e，k——电动势常数 $C_e = \dfrac{p_n N}{60a}$，$k = \dfrac{p_n N}{2\pi a}$；

　　p_n ——电动机的极对数；

　　N——电枢绕组的有效导体数；

　　a——电枢绕组的并联支路数。

直流电动机的电磁转矩正比于电枢电流和气隙磁通

$$T = C_T \Phi I_a = k \Phi I_a \tag{5-3}$$

式中　$C_T = \dfrac{p_n N}{2\pi a} = k$。

这里可以看出，当我们采用 ω 作为转速的变量时，常用的转矩常数和电动势常数在数值上相等，这会使计算更加方便。

由式（5-1）、式（5-2）和式（5-3）很容易得到他励直流电动机的机电特性 $\omega = f(I_a)$ 和机械特性 $\omega = f(T)$：

$$\omega = \frac{U_a}{k\Phi} - \frac{R_a I_a}{k\Phi} \tag{5-4}$$

$$\omega = \frac{U_a}{k\Phi} - \frac{R_a T}{(k\Phi)^2} \tag{5-5}$$

如果气隙磁通恒定，可以认为 $k\Phi$ 是常数，并令 $k\Phi = C$，上面的公式可以简化成为

电磁转矩　　　　　　　　　$T = C I_a$

电枢电动势　　　　　　　　$E_a = C\omega$

机电特性　　　　　　$\omega = \dfrac{U_a}{C} - \dfrac{R_a I_a}{C} \tag{5-6}$

机械特性　　　　　　$\omega = \dfrac{U_a}{C} - \dfrac{R_a T}{C^2} \tag{5-7}$

严格说来，气隙磁通并不是恒定的。这是因为负载变化时电枢电流随之变化，由于电枢电流对气隙磁通起到去磁作用（电枢反应），使得气隙磁通随着电枢电流变化。为了消除电枢反应的影响，在大型直流电动机的磁极下面增加了与电枢绕组串联的补偿绕组。补偿绕组的作用是抵消电枢电流的去磁作用。所以在工程计算时往往不考虑电枢反应的去磁影响，认为他励直流电动机的机械特性是直线特性。永磁直流电动机的电枢反应实际上很不明显，机械特性相同。

他励直流电动机的机械特性如图5-2所示。

直流电动机机械特性的硬度 β 很高，并等于

$$\beta = \frac{C^2}{R_a} = \frac{(k\Phi)^2}{R_a} \tag{5-8}$$

他励直流电动机的机械特性是一条直线，它与纵轴相交于理想空载转速 ω_0 之处。

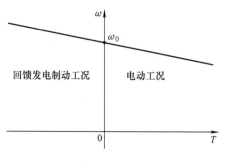

图5-2 他励直流电动机的机械特性

$$\omega_0 = \frac{U_a}{k\Phi} = \frac{U_a}{C} \qquad (5\text{-}9)$$

由式（5-8）和（5-9）可以得到机械特性公式

$$\omega = \omega_0 - \frac{T}{\beta} \qquad (5\text{-}10)$$

根据机械特性表达式（5-5）可以得到他励直流电动机的三种调速方法：

（1）调压调速——气隙磁通不变，改变电枢的电压，改变理想空载转速；

（2）弱磁调速——减小励磁电流，减小磁通，使转速上升；

（3）串电阻调速——在电枢回路增加附加电阻，使机械性变软进行调速。

1. 调压调速

改变加到直流电动机电枢上的电压是目前最流行的调速方法。一般只向额定转速（基速）以下进行调压调速。调压调速的机械特性如图5-3所示，第Ⅰ和第Ⅱ象限加到电枢上的电压为正，第Ⅲ和Ⅳ象限加到电枢上的电压为负。降低电枢电压只是降低理想空载转速 ω_0，而机械特性的硬度不变。高于额定电压的调压调速是不允许的，因为这样做将使整流子工作恶化，火花加大。

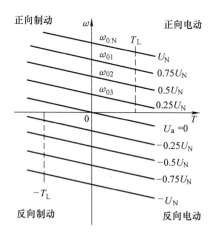

图5-3 直流电动机调压调速的机械特性

直流电动机调压调速的优点是调速平滑、机械特性硬度大、能量损失很小。

2. 弱磁调速

在反电势恒定的情况下，根据公式 $E_a = k\Phi\omega$ 可知转速和磁通成反比，减小磁通会使转速上升。根据公式（5-9），减小气隙磁通 Φ 实际上是提高理想空载转速 ω_0，也就是说弱磁调速使机械特性变软。减小磁通或者减小励磁电流就可以实现在额定速度以上调速。

由式（5-4）得到弱磁调速的机电特性 $\omega = f(I_a)$ 如图 5-4b 所示。各机电特性与横轴相交于一点，这点对应于电动机转速 $\omega = 0$ 时的情况，即短路电流 $I_{sc} = U_a/R_a$。这里需要注意的是图 5-4 的 a 和 b 图中坐标的起点与常规不同。

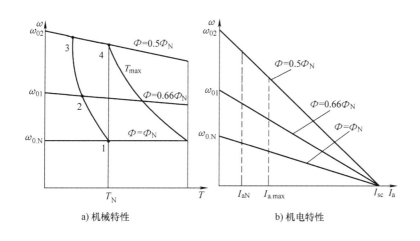

a) 机械特性　　　　　b) 机电特性

图 5-4　直流电动机弱磁调速的机械特性和机电特性

当直流电动机的负载转矩不变的情况下，由弱磁调速的机械特性可以看出，随着磁通减弱，速度随之增加。为了维持原有的电磁转矩，电枢电流相应随之增加。如果电动机的负载转矩等于额定转矩，在电枢电压等于额定电压值时，则电动机的工作点在图 5-4a 中的点 1 处。如果磁通减弱为额定磁通的一半，空载转速增加到 2 倍为 ω_{02}。如果这时负载转矩仍然是额定转矩，电动机的工作点将会在点 4 处。根据电动机功率的公式 $P = T\omega$，电动机的功率将超过额定值，这是不允许的。由此可见，在弱磁提高转速的同时，必须减小负载转矩。在弱磁调速时允许的额定负载转矩值如图 5-4a 中的曲线 1 - 2 - 3 所示（和额定电流相对应）。同样，受整流子（换向器）和电刷所能承受的电流的限制，电动机的最大可能过载的转矩值也受到限制，不能超过图中的 T_{max} 曲线所示的界限。

弱磁调速时的转速大约与弱磁深度成反比，最大允许的转矩大约与弱磁深度成正比。电动机的功率保持基本不变，所以弱磁调速又叫作恒功率调速方式。为了加以区别，把恒定磁通调节电枢电压的调速方式叫作恒转矩调速方式。

直流电动机的机械特性可以分为两个调速区域，恒转矩调速区和恒功率调速区（见图 5-5）。在恒转矩调速区中，电动机的调速范围是从 0 到额定转速 ω_{0N}。在这个区域中，磁通保持不变，通过改变电枢电压来调速，额定转矩不变。在恒功率调速区域，电枢电压保持在额定值，通过减小励磁电流（即减小磁通）来调速，额定转矩随着磁通减小而成比例减小。弱磁调速的最高允许转速由转子的机械强度和整流子火花所限制。在电动机产品目录上可以查到最高允许转速的数据。

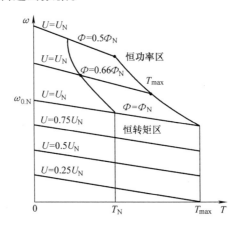

图 5-5 直流电动机的恒转矩调速区和恒功率调速区

3. 串电阻调速

在电枢回路串入附加电阻的方法不改变理想空载转速，只是改变机械特性的斜率，也就是减小了机械特性的硬度（见图 5-6）。由于较多的能量损失在附加电阻上，很不经济，目前已经很少使用。

前文提到的交流同步电动机和异步电动机都有与工频相对应的额定转速。而直流电动机的额定转速没有硬性规定，在电动机的产品目录中只列出额定转速和最高转速。例如，一台电动机的功率为1000kW，额定转速为1000r/min，最高转速为2000r/min。可以在1000～2000r/min之间选择基速，例如选择适当的励磁电流，以转速1600r/min作为基速，这时电动机的功率仍然是1000kW。这种选择基速的方法对于工作机械的力学设计带来很大的方便。

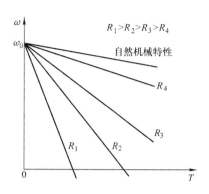

图5-6 电枢回路串入附加电阻的机械特性

在数控机床、机器人等高动态性能的电气传动系统中，经常使用小功率（20kW以下）大转矩的稀土永磁直流伺服电动机。这种电动机具有大起动转矩，在低速时也可以输出较高转矩。稀土永磁直流电动机的起动转矩能够达到额定转矩的8～10倍，而普通由励磁绕组励磁的直流电动机的起动转矩只有额定转矩的2～4倍。

有些场合他励的直流电动机的主磁极上还装有一个匝数很少的串励补偿绕组，这个绕组与电枢绕组相串联。当电枢电流达到额定电流的20%左右，串励补偿绕组开始起增磁作用，其结果使转速稳定。这种混合励磁的直流电动机适用于多台电动机同轴驱动的场合，例如用多台电动机驱动一台皮带运输机，这时要求各台电动机的速度相同。但是，由于电动机特性的分散性以及负载分配的不均匀性，各台电动机的速度不能相同。由于有了串励补偿绕组，负载较大的电动机的电枢电流增大，相应的串励磁场增强，电枢反电动势增加，使得电枢电流减小，转速下降。反之，对于负载较小的电动机，串励补偿绕组的作用使得电枢电流和转速上升。串励补偿绕组的增磁作用使得各台电动机的电枢电流和速度趋于均衡一致。

5.2 直流电动机的制动

直流电动机有三种制动方式：回馈制动、能耗制动（亦称动力制动）和反接制动。

1. 回馈制动

当电动机转速大于空载转速（$\omega > \omega_0$）时进入回馈制动工况。这时电动机的电动势大于电枢供电电压（$E_a > U_a$），电枢电流 I_a 的方向和电动势 E_a 的方向相同，和电枢电压 U_a 的方向相反。这意味着制动能量流向为电枢供电的直流电源。只有满足下述的三个条件时，直流电动机才能进入到回馈制动工况。

（1）为电枢供电的直流电源必须是能够流入电流的电压源。这对于半导体整流电源来说，是非常重要的，因为有些半导体整流电源只能单方向流出电流。在这种情况下，回馈制动就不能实现。

（2）为电枢供电的直流电源必须能把来自电动机的制动能量回馈到电网或蓄电池。如果这个直流电源是由一台柴油机驱动的直流发电机，回馈制动也无法实现。

（3）改变电枢的供电电压，就可以改变空载转速 ω_0。这样就可以在宽调速范围内实现回馈制动。

回馈制动的主要优点是能量效率高、机械特性硬度高、电动工况和制动工况间可以平滑过渡。

因为在回馈制动工况时电枢电流 I_a 和转矩 T 的符号为负号，考虑到式（5-1）和（5-5），直流电动机回馈制动工况的电压平衡方程和机械特性方程可以写成如下形式

电压平衡方程 $$E_a = U_a + R_a I_a$$

机械特性方程 $$\omega = \frac{U_a}{k\varPhi} + \frac{R_a T}{(k\varPhi)^2}$$

直流电动机回馈制动的机械特性如图 5-7 所示。假定恒定负载转矩为 T_L，电动机起动后工作在点 1 之处。如果想要减小速度，就应当把电枢电源电压由 U_{a1} 减小到 U_{a2}。因为电动机转子具有惯性，所以转速不会立即改变。电动机的工作点由点 1 跳到点 2，进入到回馈制动工况。在制动转矩和负载转矩的共同作用下，电动机的转速逐渐降低到 ω_{02}，重新进入到电动工况。在负载转矩的作用下，电动机的转速进一步降低，最终稳定运行于工作点 3

之处。

2. 能耗制动

直流电动机的能耗制动是把电枢与供电电源断开，而把制动电阻 R_{zd} 接入电枢回路。这时励磁绕组务必保持原来的励磁状态。在电动机轴上动能的作用下，直流电动机成为发电机，它的负载是制动电阻 R_{zd}。制动能量以热能的形式消耗在制动电阻 R_{zd} 和电枢回路电阻 R_a 上。

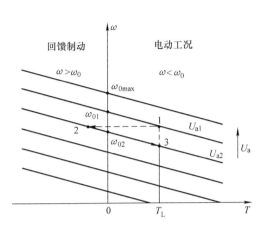

图 5-7　直流电动机回馈制动的机械特性

能耗制动的机械特性如图 5-8 所示。如果制动电阻 $R_{zd} = 0$，相当于电枢回路短路。机械特性对应于自然机械特性，硬度最大。如果 R_{zd} 增大，机械特性的硬度 $\beta = \dfrac{C^2}{R_a + R_{zd}}$ 将会随之降低。机械特性的直线随 R_{zd} 增大绕坐标原点呈扇形展开。

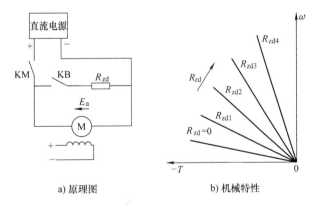

a) 原理图　　　　　　　　b) 机械特性

图 5-8　直流电动机的能耗制动的原理图和机械特性

由式（5-5）得到 $U_a = 0$ 时的机械特性

$$\omega = -\frac{(R_a + R_{zd})}{(k\Phi)^2}T$$

能耗制动不需要外部电源，因而可靠性很高，常用于作为紧急制动的手段。能耗制动的第一个缺点是能量损失大，第二个缺点是不能制动到静止状态。

3. 反接制动

反接制动是在保持励磁电流不变的条件下，利用反向开关把电枢两端反接到直流电源上进行制动的方式。此时电源电压与反电势同向，电枢电流很大，并且与原来的方向相反，随之产生强烈的制动作用。

反接制动能够使电动机很快地停止转动，但是电流过大，必须串入电阻进行限流。当转速接近零速时，应及时断开电源，否则电动机将反向起动。

反接制动经济性不好，不是直流电动机的常用的制动手段，只是在小型直流电动机脉宽调制调速方式中有所应用，而且必须对制动电流值进行限制。

5.3 晶闸管-直流电动机调速系统

5.3.1 晶闸管-直流电动机调速系统的基本数据

常用的直流电动机可调压直流电源的有三种方式：

（1）发电机-电动机机组（G-D机组）。采用交流电动机驱动直流发电机，向直流电动机电枢供电。依靠调节直流发电机的励磁电流改变发电机发出的电压。这种方式占地面积大，效率低，维护不便，现在已经很少使用。

（2）脉宽调制-直流电动机调速系统（PWM-D）。用于小型直流电动机。

（3）晶闸管整流器-直流电动机调速系统（SCR-D系统）。常用的整流器有单相桥式整流器、三相桥式不可逆整流器和三相桥式可逆整流器。这种调速方式效率较高，应用广泛（见图5-9）。

晶闸管是一种半可控的功率半导体器件。所谓半可控的含义是指：晶闸管只能在阳极和阴极之间为正向电压时，由控制极的脉冲触发而导通；晶闸

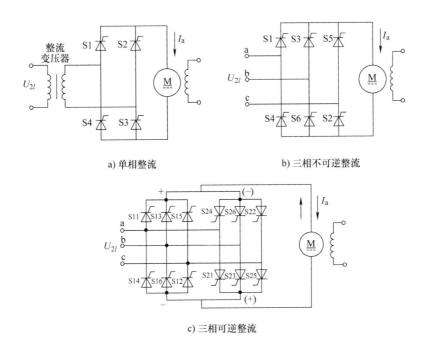

a) 单相整流

b) 三相不可逆整流

c) 三相可逆整流

图5-9 晶闸管-直流电动机调速系统的主回路

管一旦导通后，只能依靠阳极和阴极之间电压小于零时才能关断。也就是说，晶闸管可以由控制极的脉冲控制其导通，而无法由控制极使其关断。虽然现在已经有各种可关断半导体器件，但是这种元件多用于交流电动机的变频器，而在晶闸管-直流电动机调速系统中还是使用普通的晶闸管。

晶闸管整流器在直流电动机调速系统中实现两个功能：把交流电整流成为直流电和调节整流电压的平均值。调节整流电压的平均值的原理是相控整流。触发脉冲发出的顺序是：单相桥式整流器 S1—S2—S3—S4；三相桥式整流器 S1—S2—S3—S4—S5—S6。对于三相可逆整流器不能对两组桥同时发出触发脉冲，电动机正转时，对正组桥（Ⅰ桥）发出触发脉冲；电动机反转时对反组桥（Ⅱ桥）发出脉冲。触发脉冲的顺序是 S11—S12—S13—S14—S15—S16（正组桥），或者是 S21—S22—S23—S24—S25—S26（反组桥）。控制向正组或反组整流器发出脉冲的电路叫做无环流逻辑电路，现在已经由数字化软件实现这个功能。

为了使直流电动机具有四个象限的机械特性，必须采用正反两组整流装置，以保证电枢电流能够正反方向流过。具体地说，是由一组整流器工作在整流状态，为电动机电动运行供电；另一组桥工作在逆变状态，为电动机工作在发电工况供电。

晶闸管整流器输出电压的波形跟整流器的负载有关。通常整流器的负载分为纯电阻负载、电感性负载和电势负载三种。对于晶闸管-直流电动机电气传动系统属于电势负载，而且还有较大的电感成分。下面以电枢回路具有较大电感的电势负载为例，说明整流器输出的平均电压。

下面介绍整流电压的平均值（见图5-10）。

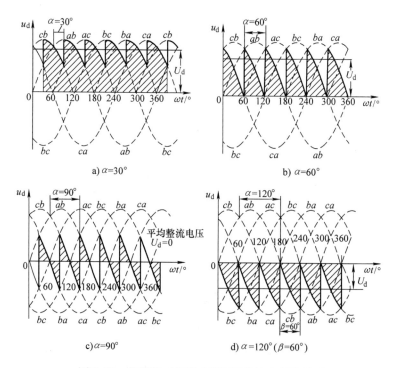

图5-10 晶闸管三相桥式整流器整流电压的波形

触发角 $\alpha = 0°$ 位于自然换相点时，这时整流器输出的电压平均值为理想空载直流电压 U_{d0}。当触发角为 α，并且 $0° < \alpha < 90°$ 时，整流器输出为正电压，整流电压大于电动机的电动势（$U_d > E_a$），整流电压和电流方向相同。整流器输出的直流电压平均值为

$$U_d = 0.9U_{2l}\cos\alpha \qquad 单相桥式$$
$$U_d = 0.675U_{2l}\cos\alpha \qquad 三相零式 \qquad (5-11)$$
$$U_d = 1.35U_{2l}\cos\alpha \qquad 三相桥式$$

式中　U_{2l}——三相整流器输入侧交流电源的线电压；对于单相桥来说，U_{2l}是输入电压。

当 $90° < \alpha < 180°$ 时，整流器工作在逆变状态，输出为负电压，电动机电流流入整流桥，可以使直流电动机工作在回馈制动工况。用逆变角 β 代替整流角 α，则整流电压的平均值为

$$
\left.
\begin{aligned}
U_{\mathrm{d}} &= -0.9 U_{2l}\cos \beta & \text{单相桥式} \\
U_{\mathrm{d}} &= -0.675 U_{2l}\cos \beta & \text{三相零式} \\
U_{\mathrm{d}} &= -1.35 U_{2l}\cos \beta & \text{三相桥式}
\end{aligned}
\right\}
\tag{5-12}
$$

当 $\alpha = 90°$ 时，整流电压的平均值为零。

表 5-1 是几种形式整流器的主要参数，供设计时查阅。

表 5-1　整流器的主要参数

整流器形式	整流电压系数 $\dfrac{U_{\mathrm{d}0}}{U_{2l}}$	变压器电压系数 $\dfrac{U_{\mathrm{S.\,max}}}{U_{2l}}$	整流电流系数 $\dfrac{I_{2l}}{I_{\mathrm{d}}}$	变压器功率系数 $\dfrac{S_{\mathrm{T}}}{U_{\mathrm{d}0}I_{\mathrm{dN}}}$	变压器内阻 $\dfrac{R_{\mathrm{s}}}{R_{\mathrm{T}}}$	重叠角电阻 $\dfrac{R_{\gamma}}{X_{\mathrm{T}}}$	整流相数 m	功率因数 $\dfrac{\cos \varphi}{\cos \alpha}$
单相桥	0.9	$\sqrt{2}$	1.0	1.11	1	0.638	2	0.901
三相零	0.675	$\sqrt{2}$	0.471	1.48	1	0.478	3	0.826
三相桥	1.35	$\sqrt{2}$	0.816	1.05	2	0.955	6	0.955

表中　I_{2l}——变压器二次线电流；

　　　S_{T}——变压器容量，单位 V·A；

　　$U_{\mathrm{S.\,max}}$——晶闸管承受的最高电压；

　　　R_{T}——变压器的电阻（折算到二次侧）；

　　　X_{T}——变压器的感抗（折算到二次侧）；

　　　$U_{\mathrm{d}0}$——最高的整流电压的平均值。

5.3.2　晶闸管-直流电动机调速系统的逆变工况

因为晶闸管是单方向导电的器件，反向电流不能流入，所以只有满足下述三个条件，逆变工作方式才能成立。

（1）回路中有两个电源，整流平均电压 U_{d} 和电动机的电动势 E_{a}。逆变

时必须是 $E_a > U_d$ ；

（2）在 E_a 的作用下晶闸管呈正向电压，电流可以正向流过整流器；

（3）触发角必须大于 90°，整流电压的平均值为负值，与电动机的电动势相适应。

这三个条件满足了，直流电动机就可以工作在发电工况，通过整流器（逆变工况）把直流电流转变为交流电流回馈至电网。这种具有两个反并联的整流桥叫作可逆整流器（见图 5-9c）。

当逆变桥工作时，它的触发角要大于 90°，为了计算方便，提出逆变角 β 的概念。简单说 $\beta = 180° - \alpha$ ，即 α 的 180° 相当于 β 角的 0°，而且 β 角是由后向前计量的（见图 5-10d）。在由整流桥向逆变桥切换时，要使整流桥的触发角等于逆变桥的触发角，即 $\alpha = \beta$ 触发方式，以使切换前后的平均电压 U_d 相等，实现平稳过渡。尽管如此，考虑到整流电压和逆变电压的瞬时值并不相等，必须解决两桥之间的环流问题。几十年来，提出过很多抑制环流的方案，如可控小环流、错位无环流、逻辑无环流等。经过多年工业现场的考验，只有逻辑无环流方案原理简单，可靠性高，适于数字化控制，最具有生命力。

所谓逻辑无环流触发方式，就是只给工作桥组提供触发脉冲，封锁待机桥组的触发脉冲。这就需要一套逻辑电路实现脉冲控制。

为了理解无环流逻辑电路的工作原理，先介绍电动机由正转向反转的切换过程。正转时正组桥得到脉冲，处于整流工况；如果这时要电动机反转，首先改变转矩给定值的方向，封锁正组桥的脉冲，但是此时已经导通的晶闸管还要继续导通，电流逐渐减小到零，这为本桥逆变。确认电流确实为零后再向反组桥发出脉冲，反组桥工作在逆变工况，β 角等于切换前的 α 角；逆变电压 U_d 略小于电动势 E_a，电枢电流通过反组桥流向电源变压器。这时电动机产生制动力矩，速度逐渐降低为零（β 角移向 90°）。此后反组桥依然工作，只不过由逆变工况过渡到整流工况，触发角由 90° 减小，整流电压升高，电动机反方向起动到给定速度。

综上所述，无环流逻辑有 2 个输入的开关量，2 个接通延时器，2 个输出的开关量。

输入开关量:

转矩方向——正组桥（Ⅰ桥）工作 =1，反组桥（Ⅱ组）工作 =0；

零流信号——电流等于零 =1，有电流 =0。

接通延时器:

关断延时——正组桥脉冲封锁之后等待本桥逆变结束的时间，约3.3ms；

导通延时——零电流信号到来并等待真正的电流为零的延时时间，约6.7ms。

输出开关量:

开放正组桥信号——有脉冲 =1，无脉冲 =0；

开放反组桥信号——有脉冲 =1，无脉冲 =0。

现在无环流逻辑已经数字化，而且借助于双脉冲变为单脉冲技术和提高零电流检测精度，使得第一段关断延时减小到 1.7ms，第二段导通延时减小到 3.3ms。大大减小了死区时间。

逆变工况还有一个重要的概念就是**逆变颠覆**。所谓逆变颠覆，是指在逆变工况时，由于晶闸管不能正确地换流，使加到电动机上的电压与电动势顺向相加，造成直流回路短路的现象。逆变颠覆的原因是:

（1）触发脉冲丢失，造成换流失败，导致逆变颠覆；

（2）交流电源突然出现断电、缺相或电压过低；

（3）最小逆变角 $\beta_{\min}$ 过小，换相时间不足，导致换流失败；

（4）晶闸管本身原因不能导通和关断，致使换流失败。

以上诸原因中以（1）和（2）最为多见；原因（3）并不多见，这是因为控制系统已经对 $\beta_{\min}$ 有足够的裕量，可逆系统的 $\beta_{\min}$ 不得小于 30°。现以触发脉冲丢失导致逆变颠覆的情况用图5-11予以说明。

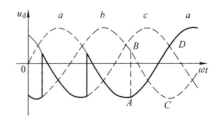

图 5-11　换流失败造成逆变颠覆

正常逆变时整流器输出电压为负，与电动势 E_a 相抵消。晶闸管本应在 A 点进行换流，由 a 相换至 b 相，正常电压波形如虚线 $A-B-C$ 所示。但是，由于相应的 b 相触发脉冲丢失，b

相晶闸管无法导通，则 a 相晶闸管继续导通，换流失败的电压波形如实线 $A - D$ 所示。这时整流器输出电压上升为正值，与 E_a 相加，造成短路过电流故障。

5.3.3 整流器的内阻和重叠角

晶闸管整流器是一个电压源，表征它的特性的主要参数有两个：整流平均电压 U_d 和整流器的内部阻抗 R_n。R_n 由交流侧电源的内电阻 R_s 和整流器等效内部电阻 R_γ 两部分组成。

$$R_n = R_s + R_\gamma \tag{5-13}$$

R_s 包括变压器、进线电抗器的电阻和线路有功电阻。R_γ 同晶闸管换相过程的电压降有关。

整流器通过变压器与电网相连，变压器的作用是为整流器提供合适的电压。在不用变压器的场合，整流器要通过进线电抗器与电网相连。进线电抗器的作用是限制短路电流和减小电源对整流器的不利影响。变压器和进线电抗器都要有合适的电阻值与电抗值。

R_s 的主要部分是整流变压器的电阻 R_T。折算到二次侧的变压器的相电阻可以用铭牌数据求出。

$$R_T = \frac{\Delta P_K}{3I_{2\Phi}^2}$$

式中　$I_{2\Phi}$——变压器二次侧额定相电流；

ΔP_K——变压器的短路损耗。

整流器等效内部电阻 R_γ 与换相重叠角有关。晶闸管换相不是瞬时完成的，因为变压器和进线电抗器都有漏感，原来导通的元件的电流不会马上变为零，原来不导通的元件的电流也不会马上变成最大。现在以三相零式整流电路予以说明。三相零式整流器的晶闸管换相过程如图 5-12 所示。假定整流器的触发角为 α，整流电流 I_d 不变。在 θ_1 时刻之前是晶闸管 S1 导通，今在 θ_1 时刻触发 S2，如果没有变压器的漏抗，S1 到 S2 的换流瞬间完成。但是由于电源侧具有电感，流过 S1 的电流不能瞬间减小为零，S2 的电流也只能逐渐增大，需要经过一小段时间后 S1 和 S2 的换流才能完成。这一小段时间

就是换相重叠角 γ。在换相重叠角 γ 时间内，两个晶闸管都有电流流过，并联为负载提供电流。重叠角时间内整流电压是电源电压 a 相和 b 相的平均值 u_{d}'，其结果使整流平均电压降低，降低的值正比于图中阴影的面积。电压降低的值 ΔU_{γ} 还和整流电流 I_{d} 成比例，也和变压器的漏抗值 X_{T} 成正比。从物理意义来说，I_{d} 和 X_{T} 越大，电感中储存的能量越多，换相时间也就越长，达到较高的整流电压所需时间越长，故电压损失加大。

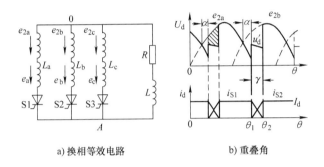

a) 换相等效电路   b) 重叠角

图 5-12　三相桥式整流器晶闸管换相的等效电路和重叠角

$$\Delta U_{\gamma} = \frac{m}{2\pi} X_{\mathrm{T}} I_{\mathrm{d}}$$

式中　X_{T} ——整流器变压器折算到二次侧的漏抗，可由变压器的短路电压的百分值求出，

$$X_{\mathrm{T}} \approx \frac{U_{2\Phi}}{I_{2\Phi}} \frac{U_{\mathrm{K}}\%}{100}$$

$U_{2\Phi}$ ——整流变压器二次相电压；

$I_{2\Phi}$ ——整流变压器的二次相电流；

$U_{\mathrm{K}}\%$ ——整流变压器的短路电压的百分值；

m ——整流相数，三相零式电路 $m = 3$，三相桥式电路 $m = 6$。

整流器的等效内部阻抗 R_{γ} 是源于换流重叠角，相当于内部阻抗，即

$$R_{\gamma} = \frac{m}{2\pi} X_{\mathrm{T}} \tag{5-14}$$

需要注意的是，整流器等效内部电阻 R_{γ} 只是形式上代表换相重叠角 γ 引起的电压降，并不产生有功功率损失（不能认为在 R_{γ} 上产生热量 $R_{\gamma}I_{\mathrm{d}}^2$），因

为它仅代表交流侧的感抗值,只会恶化整流器的功率因数。

把整流器看作一个具有内阻的电压源,整流平均电压的公式可以写成

$$U_d = U_{d0} \cos \alpha - R_n I_d \qquad (5\text{-}15)$$

考虑换相重叠角时的等效电路和电压-电流特性如图 5-13 所示。

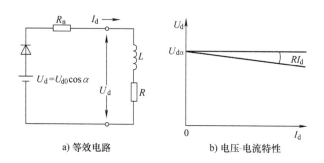

a) 等效电路　　　　　b) 电压-电流特性

图 5-13　考虑换相重叠角电压降时的等效电路和电压-电流特性

5.3.4　电流断续对机械特性的影响

在晶闸管-直流电动机调速系统中,如果整流回路中的电感量足够大,电流就是连续的。如果直流电动机的电枢电流不连续,电气传动系统的机械特性呈非线性(见图5-14),在电流不连续的区域,机械特性变软;整流区特性曲线上翘,逆变区特性曲线下垂。

晶闸管-直流电动机调速系统的机械特性公式为

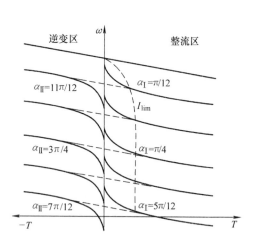

图 5-14　晶闸管-直流电动机调速系统的机械特性

$$\omega = \frac{U_{d0} \cos \alpha}{k\Phi} - \frac{R_a + R_n}{k\Phi^2} T \qquad (5\text{-}16)$$

由此式可以得到机械特性曲线如图5-14所示。图中的虚线是电流连续和不连续的分界电流 $I_{\lim}$,该电流由下式确定

$$I_{\text{lim}} = \frac{U_{d0}\sin\alpha}{\omega L_d}\left(1 - \frac{\pi}{m}\cot\frac{\pi}{m}\right) \tag{5-17}$$

需要注意的是，不可逆的晶闸管-直流电动机调速系统的机械特性曲线只在第 I 象限，也就是说不能改变电枢电流的方向，也无法进行回馈制动。电动机需要反向转动也只能依靠改变励磁电流的方向来改变转向（简称励磁反向）。可逆的调速系统可以工作在四个象限，其中 I、III 象限是电动（整流）工况，II、IV 象限是发电（逆变）工况。

5.3.5　晶闸管整流器的高次谐波和功率因数

晶闸管整流器使交流电源电流波形产生畸变，成为周期性非正弦函数。利用傅里叶级数可以把非正弦函数展开成为电源频率整数倍的各次正弦函数。交流电源侧的高次谐波序次为

$$n = km \pm 1 \qquad (k = 1、2、3\cdots)$$

式中　m——整流相数，三相零式整流电路 $m = 3$，三相桥式整流电路 $m = 6$。

例如，三相桥式整流电路 $m = 6$，那么在交流电源侧就有 5、7、11、13、17、19…序次的高次谐波电流。谐波电流的理想有效值（即不考虑重叠角，认为直流电流为矩形波）为

$$I_n = \frac{1}{n}I_1$$

即电流 5 次谐波的有效值是基波分量有效值的 1/5，7 次谐波为 1/7，其余依次类推。

考虑到高次谐波，三相桥式整流器交流侧电流的表达式为

$$i = \frac{2\sqrt{3}}{\pi}I_d\Big[\sin\omega t + \frac{1}{5}\sin(5\omega t + \varphi_5) + \frac{1}{7}\sin(7\omega t + \varphi_7) +$$
$$\frac{1}{11}\sin(11\omega t + \varphi_{11}) + \cdots\Big]$$

在这些谐波电流中，5、7、11、13 次谐波的影响较大，序次再高些的谐波电流，幅值很小可以忽略。高次谐波电流和基波电压形成的功率是谐波畸变功率，其本质是无功功率。谐波畸变功率对于电网和其他并联运行的晶闸

管设备十分有害，必须加以治理。对于大功率的整流器，可以增加整流相数减少高次谐波，也常常采用带有滤波器的动态无功补偿装置（SVC）。

有些现场使用电容柜对晶闸管整流器进行功率因数补偿，这样做是很危险的。没用串联电感的电容器将与电网中其他感性负载构成并联谐振，而且是有源发散振荡，将产生数十倍的极高的过电压，可能造成过压、过流跳闸，严重时电网的高压侧过压、烧毁晶闸管主柜，并且危及附近的变频器和PLC系统。笔者曾经数次遇到 LC 并联谐振造成的巨大破坏力，在此提醒读者注意。正确的办法是在补偿电容上串入电感，形成对3、7、11等高次谐波的串联滤波器，并且 LC 电路的谐振频率略低于理论计算值（即有足够大的电抗率），同时电路的Q值不要过高。这样既提高滤波的效果，又降低了并联谐振的危险性。

评价电流畸变程度的系数是畸变系数 v：

$$v = \frac{\text{基波电流的有效值}}{\text{基波与总谐波的有效值}} = \frac{I_1}{\sqrt{I_1^2 + I_5^2 + I_7^2 + \cdots}} \tag{5-18}$$

三相桥式整流器的畸变系数等于0.955，功率因数等于基波的功率因数（也称作位移因数）乘以畸变系数，即

$$\cos\varphi = v\cos\varphi_1 = v\cos\alpha \tag{5-19}$$

工程上常用 $\cos\alpha$ 近似整流器的功率因数 $\cos\varphi$。在晶闸管-直流电动机调速系统中，因为 $\cos\alpha = U_d/U_{d0}$，当直流电动机的转速较高时，相应的 U_d 较高，$\cos\varphi$ 随之升高；当直流电动机的转速较低时，相应的 U_d 较低，$\cos\varphi$ 随之降低。所以，可以近似认为整流器的功率因数等于实际整流电压的相对值。

5.3.6　电抗器和整流变压器的选择

在电枢回路中经常串有平波电抗器，其作用是使电流连续、限制电流脉动、抑制电流上升率等。

晶闸管整流器所得到的整流电压带有脉动成分，而且在电流较小时电流不连续。这些现象会使电动机转速波动、整流子换向恶化、火花增大。

直流侧平波电抗器 L_d 的作用是使整流电压的交流分量限定在某一规定

值，降低电流断续的临界值，限制故障电流和故障电流上升率。对于三相桥式整流器，电抗器可以按照电流连续的角度选择，也可以按照电流脉动率小于20%的观点来选择。

从电流连续角度设计的平波电抗器的电感量（mH）计算公式为

$$L_{d} \geqslant \frac{U_{d0} \times 10^{3}}{\omega I_{d}}(1 - \frac{\pi}{m}\cot \frac{\pi}{m})\sin\alpha - L_{a} \tag{5-20}$$

按照电流脉动率的角度设计的平波电抗器，电流脉动率按照20%计，平均触发角取40°，则电枢回路的电感量为（电动机的电感量可以忽略）。

$$L_{d} \geqslant \frac{0.296 \times 1.35 U_{2l}}{0.2 I_{dN}} \approx \frac{2U_{2l}}{I_{dN}} \tag{5-21}$$

经验表明，利用式（5-21）选择电抗器，利用式（5-20）进行校核，可以得到较好的效果。

直流电动机电枢电感量（mH）由下面的公式确定

$$L_{a} = k_{L}\frac{U_{N}}{p_{n}I_{N}n_{N}} \times 10^{3} \tag{5-22}$$

式中　　k_{L}——电动机的结构系数，一般无补偿电动机取 5~6，有补偿电动机取 1.5~2.5；

U_{N}、I_{N}、n_{N}——电动机的额定电压、电流、转速；

　　　　p_{n}——电动机的极对数。

三相桥式整流器所用的整流变压器的容量（kVA）由下式计算：

$$S_{T} \geqslant \frac{1.05}{\cos\alpha_{min}\eta_{T}\eta_{S}}U_{dN}I_{dN} \times 10^{-3}$$

$$\approx 1.4U_{dN}I_{dN} \times 10^{-3} \tag{5-23}$$

式中　U_{dN}、I_{dN}——整流器的额定电压、电流，一般取直流电动机的额定电压和额定电流；

　　η_{T}、η_{S}——变压器和整流器的效率，η_{T} 取 0.9~0.95，η_{S} 取 0.95~0.98。

　　α_{min}——整流器的最小触发角，可逆整流取 30°，不可逆整流取 5°。

顺便提到晶闸管-直流电动机电气传动系统总的效率是变压器效率、整流器的效率和电动机效率之乘积，一般达到0.8左右，这是按直流电动机的效率为0.9计算的。

因为桥式整流器同时只有两只晶闸管导通，所以晶闸管整流器的损失为

$$\Delta P = 2I_{dN} \cdot \Delta U_{SCR}$$

式中　ΔU_{SCR}——晶闸管的管压降，取值2V。

在无整流变压器的情况下，或者采用一台变压器为几台整流器供电的情况下，或者整流变压器的短路阻抗不足的情况下，要在交流进线侧加装进线电抗器。进线电抗器的作用是限制晶闸管导通时的 di/dt，限制短路故障时的短路电流值，此外还可以改善电源电压波形，减轻整流器对电源的谐波污染。进线电抗器的电感量计算原则是在额定整流电流情况下，电抗器的电压降为2%（不可逆）或4%（可逆）。因此三相桥式进线电抗器的电感量（H）为

$$L = \frac{(0.02 \text{ 或 } 0.04) \ U_{2\Phi}}{2\pi f \times 0.816 I_{dN}} \tag{5-24}$$

5.4　串励直流电动机

串励直流电动机的电路图如图5-15所示。串励直流电动机的励磁绕组与电枢串联，励磁电流等于电枢电流。励磁电流建立的磁通 Φ 是电枢电流的函数，这种函数关系基本是比例关系，只不过比例系数不是常数，是随电枢电流的大小有所不同，即

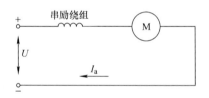

图 5-15　串励直流电动机的电路图

$$\Phi = aI_a \tag{5-25}$$

式中　a——与磁化曲线和电枢反应的去磁效应有关的非线性系数，$a = f(I_a)$。

当电枢电流大于0.7~0.8倍额定电枢电流时，这两个非线性因素表现的比较明显；而在小电枢电流时，系数 a 可视为常数。在电枢电流大于2倍额

定电枢电流值时，磁路饱和，磁通值基本不随电枢电流变化。

如果像普通直流电动机那样，希望用改变电源电压的方向来改变电动机的转向，在串励直流电动机的场合是行不通的。因为这时 Φ 和 I_a 同时改变方向，旋转方向不会改变。因此，为了改变串励直流电动机的旋转方向，Φ 和 I_a 只能有一个改变方向，这个电路如图5-16所示。

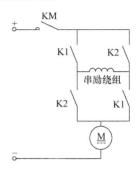

图5-16 串励直流电动机的
换转向电路图

根据直流电动机转矩和电动势的公式（5-2）和（5-3），可以得到串励直流电动机的电动势和转矩的基本公式

$$E_a = kaI_a\omega \tag{5-26}$$

$$T = kaI_a^2 \tag{5-27}$$

串励直流电动机的机电特性和机械特性为

$$\omega = \frac{U_a}{kaI_a} - \frac{R_{\Sigma a}}{ka} \quad \text{或简化为} \quad \omega = \frac{A_I}{I_a} - B \tag{5-28}$$

$$\omega = \frac{U_a}{\sqrt{kaT}} - \frac{R_{\Sigma a}}{ka} \quad \text{或简化为} \quad \omega = \frac{A_T}{\sqrt{T}} - B \tag{5-29}$$

首先来看机械特性，如果不考虑磁路饱和，机械特性为双曲线形状，与纵坐标渐近而不相交。

如果 $R_{\Sigma a} = 0$，机械特性曲线与横坐标渐近而不相交（见图5-17）。这条机械特性称为理想机械特性，不存在位于这条曲线之上的机械特性曲线。实际的自然机械特性在电枢回路短路（转矩 T_k）之处穿过横坐标。如果考虑到磁路饱和，在转

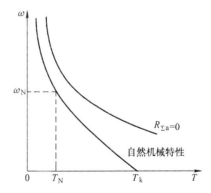

图5-17 串励直流电动机的机械特性

矩小于 $0.8T_k$ 时，机械特性具有双曲线的特点；当转矩大于 $0.8T_k$ 时，由于磁路饱和，磁通近于不变，机械特性具有直线的特点。串励直流电动机的机

械特性的一个重要特点就是没有理想空载转速点。如果负载转矩很小，转速将急速升高甚至飞车。因此，这种电动机不允许空载运行。

　　串励直流电动机的主要优点是低速过载能力强。当过载电流在2.25～2.5倍额定值时，转矩过载能力可达3.0～3.5倍额定值。有轨电车在起动过程需要很大的转矩，串励直流电动机这个优点在有轨电车起动时就很实用。串励直流电动机另一个优点是无需专门的励磁电源。

　　改变串励直流电动机机械特性的方法有三种：在电枢回路串入附加电阻；改变电源电压；在电枢绕组并联分流电阻。

　　电枢串入附加电阻使机械特性变软，同时也使 T_k 减小。电动机起动时可以利用接触器 K1、K2、K3 分段切换串入附加电阻（见图5-18）。这种方法因为电阻上的能量损失大，不适于长期工作制。

　　改变电源电压是对串励直流电动机调速的最经济的方法，其机械特性如图5-19所示。如果在额定电压值以下改变电源电压，所谓的人造机械特性将在自然机械特性下方平行移动。从外形来看，改变电源电压的机械特性和电枢串入电阻的机械特性很相似，但是，这两种调速方法有着本质的区别。改变电源电压的方法没有额外的能量损失。

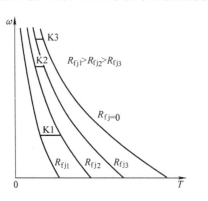

图5-18　串励直流电动机分段
串入电阻的机械特性

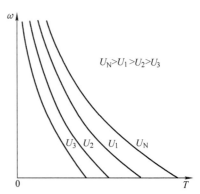

图5-19　串励直流电动机在
改变电源电压时的机械特性

　　有时串励直流电动机只有公用的直流电源，电源的电压是不能改变的。这时可以采用脉宽调制的方法调节电压，简化的电路图如图5-20所示，详细的原理在下节叙述。

在电枢绕组并联分流电阻的方法如图5-21所示。这种方法可以改变串励直流电动机的磁通，在这种情况下串励绕组的电流为

$$I_f = I_a + \frac{U}{R_B}$$

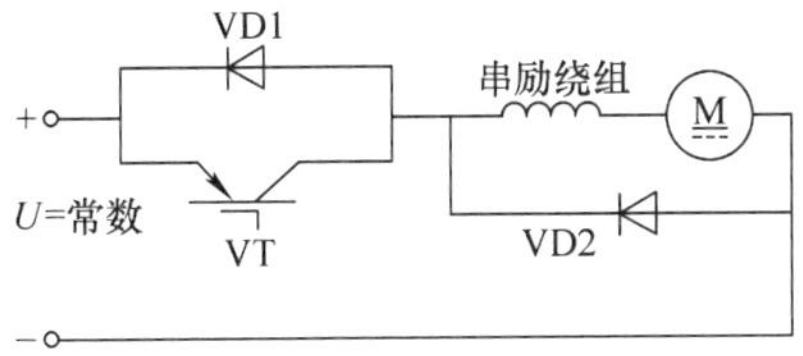

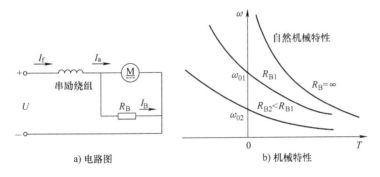

图5-20 串励直流电动机电压脉宽调制调速的电路图

a) 电路图   b) 机械特性

图5-21 串励直流电动机电枢并联电阻调速的电路图和机械特性

即励磁电流由电枢电流和分流电阻的电流构成，与负载电流的相关性减弱。

这种方法的机械特性如图5-21b所示，其特点是硬度变大，穿过纵坐标。对电枢绕组并联分流电阻进行分流，可以在没有负载的情况下降低空载转速。这种调速方式能够使电动机在 $\omega > \omega_{01}$ 或 $\omega > \omega_{02}$ 情况下进入再生回馈制动工况。因为在分流电阻上消耗大量的能量，所以这种调速方式的效率低下。

串励直流电动机的制动只有**反接制动**和**能耗制动**两种方式。

反接制动分为转矩反接制动和转速反接制动。反接制动必须在电枢回路接入附加电阻。图5-22所示为两种反接制动方案的机械特性。机械特性曲线1是转矩反接的机械特性。当电动机正转时改变转矩的方向，同时接入附加电阻，这时工作点由点c跳变至第Ⅱ象限的a点。这时电动机仍然是正转，因转矩反向后进入发电工况，该点的制动转矩为 T_c。电动机将沿着机械特性

曲线 1 减速直至速度为零。需要注意的是，为了改变转矩的方向，Φ 和 I_a 只应有一个改变方向，通常是将电枢反接，使 I_a 反向。如果同时改变电源的方向，则 Φ 和 I_a 同时反向，就不能得到反方向的制动转矩了。

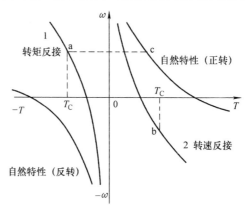

图 5-22　串励直流电动机电枢反接制动的机械特性

转速反接制动的机械特性如图 5-22 的特性曲线 2。当电动机电枢回路接入较大的附加电阻，相应的机械特性变软为曲线 2。如果电动机的负载是位势负载，在负载转矩 T_C 的作用下，电动机被拖入第Ⅳ象限的发电制动工况，电动机反转，最终平衡于工作点 b。这种速度反接制动方式也叫作倒拉反接制动。反接制动时附加电阻上的发热量很大。

能耗制动也有两种方案——他励磁能耗制动和自励磁能耗制动。他励磁能耗制动是正当电动机具有一定转速时，把电枢绕组用电阻短接，而励磁绕组通过附加电阻接到直流电源上，并应保持原来 Φ 的方向不变，如同他励直流电动机的励磁方式。这种制动工况的机械特性与他励直流电动机的能耗制动的机械特性相同。

自励磁能耗制动方案的电路图如图 5-23 所示。这时电动机如同一台自励磁直流发电机。这种制动方式的特点是：在由电动工况向能耗制动工况过渡时，必须保持原来的励磁电流方向不变，以增加剩磁，避免去磁效应。自励磁的过程叙述如下：接触器 KM1 分断，接触器 KM2 闭合。由于电动机内磁路中具有剩磁，在电动机的转速大于临界转速 ω_{min} 的情况下产生旋转电动势 E_a。E_a 通过电动机 M—接触器 KM2—串励绕组—电阻 R—接触器 KM2—电动机 M 构成的回路产生自励磁电流。这种自励磁能耗制动的机械特性如图 5-24 所示。

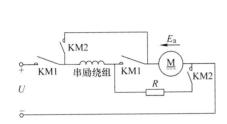

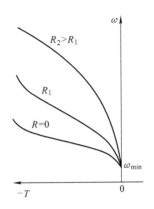

图 5-23 串励直流电动机自励磁
　　　　能耗制动的电路图

图 5-24 串励直流电动机自励磁能
　　　　耗制动的机械特性

常规的串励直流电动机不具备再生回馈制动的能力，这是因为 E_a 无法超过 U。若想实现回馈制动，必须增加单独的他励绕组，这就是所谓的复励直流电动机。复励电动机的特性介于他励和串励电动机之间。

5.5 直流电动机的脉宽调制调速

功率半导体技术的发展，特别是绝缘栅双极型晶体管（Insulated Gate Bipolar Transistor，IGBT）的发展，为直流电动机开辟了新的调速方向。直流电动机脉宽调制（Pulse Width Modulation，PWM）调速技术就是其中的一种。脉宽调制调速技术适用于城市电车、地铁、电动汽车和电瓶车等采用公共直流电源或由蓄电池供电的直流电动机。

IGBT 的主要优点是功率参数高，耐压高达 1500V，工作电流可达 500A，易于并联使用；控制功能好，驱动功率低，开关频率可达数十千赫兹；IGBT 具有模块化结构，由一个晶体管、一个快速续流二极管和驱动保护电路构成。这种理想的开关元件适用于高频开关电路。

直流电动机电压型脉宽调制电气传动的原理图如图 5-25 所示。电源侧一般采用二极管不可控整流，这对改善电网功率因数和减少谐波都是有利的。

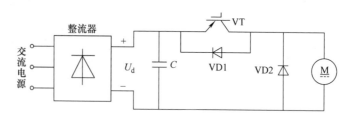

图 5-25　直流电动机电压型脉宽调制电气传动的原理图

这种调速方式中整流器输出固定电压 U_d，电动机的电枢周期性地接到整流电源上。晶体管 VT 作为开关周期性接通/切断电枢的电源，当开关管 VT 导通时，电源电压 U_d 直接加在电枢两端，$U_a = U_d$；当开关管 VT 关闭时，当电流连续时，二极管续流，$U_a = 0$。当电流为零时，U_a 等于电动势 E_a。开关的频率等于 $f_k = 1/t_k$。

加到电枢上的电压平均值 U_A 和晶体管导通的占空比 γ 有关。由图 5-26 可以看出，脉冲的开关周期为 $t_k = t_1 + t_0$，占空比为 $\gamma = t_1/t_k$。晶体管导通的占空比越大，电枢上的平均电压就越高，即

$$U_A = \frac{t_1}{t_k} U_d = \gamma U_d \tag{5-30}$$

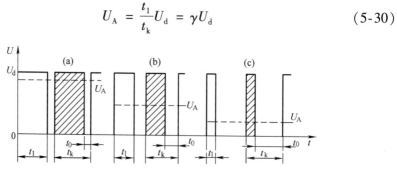

图 5-26　脉宽调制的平均电压和占空比的关系

当晶体管开关 VT 断开时，因为电枢回路具有较大的电感，电流不会马上中断。在电枢自感电动势的作用下，电流流过续流二极管 VD2。电枢电流在由三极管 VT 过渡到二极管 VD2 的过程如图 5-27 所示。电流的纹波的大小值与开关动作的频率 f_k 有关，f_k 越高，电流的纹波就越小。目前脉宽调制的频率多为 2 ~ 10kHz。在开关频率较高的场合，电流的纹波比晶闸管相控整流器的纹波小得多，可以忽略不计。

因为加到电枢绕组上的平均电压 $U_A = \gamma U_d$，所以直流电动机脉宽调制调速系统的机械特性为

$$\omega = \frac{U_d \gamma}{k\Phi} - \frac{R_{\Sigma a} T}{(k\Phi)^2}$$

$$(5-31)$$

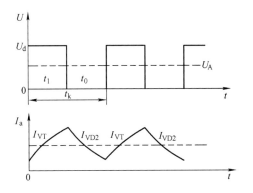

图 5-27　脉宽调制的电压和电流

需要注意的是占空比 γ 的变化范围是 $0 \sim 0.95$。整流电压 U_d 的值与整流方式有关，通常这种整流器都带有足够大滤波电容器，这将使整流电压值接近交流电源电压的幅值。

直流电动机不可逆脉宽调制调速系统的机械特性如图 5-28 所示。这种机械特性类似于不可逆的晶闸管-直流电动机调速系统的机械特性。

为了提高功率因数，电压脉宽调制方式中的直流电源最好采用不可控整流器。因为不可控整流器基波的功率因数接近 0.95。

为了实现直流电动机脉宽调制的可逆调速，可以采用 H 型桥式晶体管逆变电路（见图5-29）。在这个

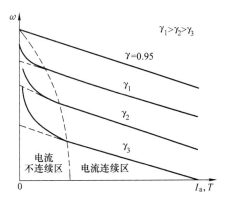

图 5-28　直流电动机不可逆脉宽调制调速
系统的机械特性

方案中，当晶体管 VT1 和 VT4 导通时，电流正向流过电枢，电动机正转；当 VT2 和 VT3 导通时，电流反向流过电枢，电动机反转。每个晶体管都带有续流二极管 VD，它们的作用是保证电枢电流连续。

单极型和双极型

根据各晶体管控制方法的不同，这种 H 型桥式可逆调速电路可以分为单极性脉宽调制和双极性脉宽调制两种控制方式。

　　单极型脉宽调制的输出波形如图 5-27 所示。加到电枢绕组上的平均电压 U_A 的极性是可控的，当 VT1 与 VT2 交替导通，VT4 一直导通，VT3 关断，此时，B 点总是为正，A 点总是为负。当 VT3 与 VT4 交替导通，VT2 一直导通，VT1 关断，此时，B 点总是为负，A 点总是为正。虽然电动机可以正反两个方向旋转，但是在同一旋转方向时，加到电枢绕组的电压极性不变。

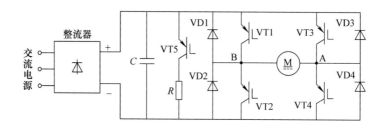

图 5-29　H 型桥式晶体管可逆调速的主回路原理图

　　双极型脉宽调制的输出波形如图 5-30 所示。把四个晶体管分为两组：一组为 VT1 和 VT4，另一组为 VT2 和 VT3，同组中两个晶体管同时通断，不同组晶体管相互交替通断。在一个开关周期中的 t_1 时间段内，VT1、VT4 导通，VT2、VT3 关

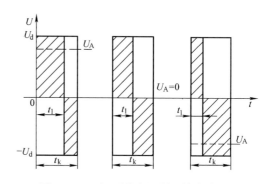

图 5-30　双极型脉宽调制的输出波形

断，B 为正，A 为负，电枢电流经 VT1、VT4 从 B 流到 A，电动机处在电动工况。在 (t_k-t_1) 时间段内，VT1、VT4 关断，二极管 VD2、VD3 续流，A 为正，B 为负，但是电枢电流方向不变，电机仍处在电动工况。如果电流连续，则电机始终处于电动状态。

　　若在 (t_k-t_1) 时间段内的某一时刻，电枢电流衰减到零，在电枢电压和电枢电动势的共同作用下，使晶体管 VT2、VT3 导通，电枢电流反向，并经过晶体管 VT2、VT3 从 A 流到 B，电机进入反接制动状态。

　　在 VT1、VT4 再次导通之前，必须关断 VT2、VT3，电枢电流由极管

VD1、VD4 续流，电动机进入再生回馈制动。制动能量为电容 C 充电。为了防止电容电压过高，当电容电压达到限制值时，使晶体管 VT5 导通，把制动能量通过电阻 R 释放掉。

如果需要电动机反向，应将上述两组晶体管的通断关系互换。

加到电枢绕组上的平均电压 U_A 与图 5-30 中上下阴影面积之差成比例。如果 $t_1 > 0.5t_k$，平均电压 U_A 为正；如果 $t_1 = 0.5t_k$，则平均电压 $U_A = 0$；如果 $t_1 < 0.5t_k$，则平均电压 U_A 为负。

双极型脉宽调制的平均电压波形为

$$U_A = U_d(2\gamma - 1) \tag{5-32}$$

式中　$\gamma = t_1/t_k$ ——开关组 VT1 ~ VT4 导通时间与开关周期 t_k 之比，即占空比。

单极型和双极型的调制方式各有优缺点，单极型方式控制简单，但是性能不如双极型方式优良。双极型调制方式在输出平均电压等于零时，电枢回路中存在的交变电流增加了电动机的损耗，但它所产生的高频微振能起到动力润滑的作用，有利于克服机械静摩擦。而单极型调制方式在输出电压平均值为零时电枢回路中没有电流，不产生损耗，也没有动力润滑作用。双极型调制方式开管损耗较大。

还有采用复合算法的脉宽调制方式，即当 $U_A < 0.5U_d$ 时，采用双极型算法；当 $U_A > 0.5U_d$ 时，采用单极型算法。

✎ 小 知 识　　**串联谐振和并联谐振**

RLC 串联电路如附图 5-31a 所示，电路的阻抗 Z 为

$$Z = \sqrt{R^2 + \left(\omega L - \frac{1}{\omega C}\right)^2} \; (\Omega)$$

当电源的频率从 0→无穷大变化时，在 $\omega L = \frac{1}{\omega C}$ 情况下，合成阻抗成为 $Z = R$，只有电阻成分。这种状态叫做串联谐振。串联谐振时电流最大，$I_0 = \frac{E}{R}$。

串联谐振点的频率为

$$f_0 = \frac{\omega_0}{2\pi} = \frac{1}{2\pi\sqrt{LC}}$$

图 5-31b 所示为 RLC 串联电路的阻抗曲线。当频率等于 f_0 时，电路呈阻性；当频率大于 f_0 时电路呈感性；频率小于 f_0 时，电路呈容性。

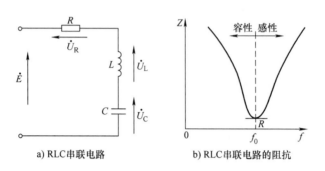

a) RLC串联电路　　　　　　　b) RLC串联电路的阻抗

图 5-31　串联谐振电路和阻抗曲线

由于串联谐振点的阻抗值最小，所以 LC 串联电路常常用来做高次谐波吸收装置。L、C 的取值应使谐振点等于各次谐波的频率，例如 150Hz（3 次）、250Hz（5 次）、350Hz（7 次）等。由阻抗曲线可以看出，高次谐波的滤波器对于基波呈现容性，成为无功补偿的电容。对于同一个 f_0，可以有无数种 L、C 的组合值。作为 n 次谐波滤波器的基波感抗值与基波容抗值的比值，叫作电抗率 K，一般要求 $K > 1/n^2$。

工程实际中，要使谐振工作点的频率略小于（2%～3%）理论值，这是因为电网的基波频率随着有功负荷增大而稍有下降，即使这样也不至于使工作点移到容性区域。过大容性将会使电路处于并联谐振状态，导致过电压。

RLC 并联电路并联谐振的频率也是

$$f_0 = \frac{\omega_0}{2\pi} = \frac{1}{2\pi\sqrt{LC}}$$

RLC 并联电路的阻抗情况和串联电路相反，在谐振点阻抗最大，理论值为无穷大。所以并联电路中只要有很小的电流，就会产生极高的电压。

如果在供电线路中投入较大的补偿电容，或者谐波吸收电路的工作点位于容性区域，极易与线路上其他感性负荷形成并联关系，其谐振点的频率较高，而且会产生极高的过电压，导致很多设备不能正常工作，甚至成片烧毁设备，危害极大。尤其是在富有谐波的供电线路中投入只串联限流电感的电容器组，危害就更大，造成的损失远远超过节省的电费。

1. 他励直流电动机主要调速方式有几种?

2. 怎样对他励直流电动机进行弱磁调速?

3. 为什么直流电动机在弱磁调速时，电动机的最大转矩下降?

4. 解释恒转矩和恒功率调速的差异。

5. 说明 SCR-D 系统四个象限的工作状况。

6. 直流电动机回馈制动时，电动机应当达到什么速度?

7. 直流电动机有几种制动方式?

8. 用于直流电动机调速的晶闸管整流器是如何分类的?

9. 说明晶闸管整流器的相控原理?

10. 电流断续对晶闸管-直流电动机机械特性有什么影响?

11. 直流电动机可逆电气传动所使用的晶闸管整流器具有什么特点?

12. SCR-D 可逆电气传动控制系统中的无环流逻辑起什么作用?

13. 发生逆变颠覆的原因有哪些? 怎样避免?

14. 说出重叠角对直流电动机电气传动的影响。

15. 晶闸管-直流电动机电气传动系统的机械特性具有哪些特点?

16. 说出平波电抗器的作用。

17. 怎样估算晶闸管-直流电动机电气传动系统的功率因数?

18. 用电容器补偿功率因数时怎样才能避免发生并联谐振过电压?

19. 怎样才能改变串励直流电动机的旋转方向?

20. 串励直流电动机的调速方法有几种? 哪种方法最经济?

21. 为什么串励直流电动机不能运行在空载状态?

22. 说明直流电动机脉宽调制调速的原理。

23. 什么是脉宽调制的占空比?

24. 说明直流电动机脉宽调制的可逆调速的原理。

25. 说明单极型和双极型脉宽调制方式的原理和特点。

第 **6** 章 ▶▶▶▶▶

交流电动机的调速系统

6.1 异步电动机的调速方式

异步电动机结构简单，价格低廉，应用几乎遍布所有的行业。异步电动机的容量范围很宽，小型的异步电动机只有 0.1kW，而大型的异步电动机功率可达数 MW。

异步电动机转速 ω 跟同步转速 ω_0 和转差率 s 有关

$$\omega = \omega_0 - \omega_0 s \tag{6-1}$$

由此可见，异步电动机的调速方式分为改变同步转速 ω_0 和改变转差率 s 两大类，具体的调速方式分类如图 6-1 所示。

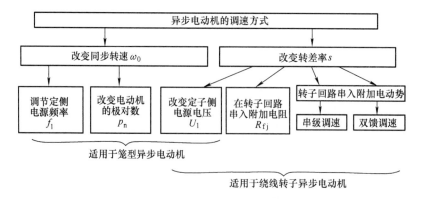

图6-1 异步电动机调速方式的分类

改变同步转速的方法有两种：改变电动机的极对数 p_n（变极调速）和改变定子侧电源的频率 f_1（变频调速）。变极调速已在第 3 章讲述过，本节主要讲述变频调速。为了改变定子供电的频率，需要在定子绕组和供电电源之间接入变频器。

对于笼型异步电动机，只能依靠改变定子侧电源电压（调压调速）的方法改变转差。对于绕线转子异步电动机，除了改变定子侧的电源电压之外，还有在转子回路串入附加电阻和在转子回路串入附加电动势两种改变转差的方法。后者还分为串级调速和双馈调速两种方式。

由于变频器技术迅速发展，异步电动机的变频调速的应用得到普及。变频调速的优点是：

（1）调速范围宽，机械特性硬度高，可以平滑调速；

（2）调速的经济性好，电动机的工作点在转差值很小之处，电动机的损失不超过额定值。

变频调速的缺点是技术复杂，成本较高。

变极调速不能平滑调速，应用范围有限，已有被变频调速取代之势。

异步电动机调压调速的经济性很差，能量损失大，不宜用于长期工作制。目前用于泵类和风机类非调速异步电动机的软起动器，属于这种调速方式。

在绕线转子异步电动机的转子回路采取措施可以实现调速。在转子回路串入附加电阻的方法能量损失大，只可用于起动过程。

为了避免在转子回路串入附加电阻的能量损失，改用在转子回路串入附加电动势，这种方法提高了调速的经济性。无论是串级调速还是双馈调速，从能流的角度来看，都是把转差能量送回电网。这两种调速方式的调速范围通常不超过 2∶1，适用于泵类和风机类负载的调速。

6.2 异步电动机变频调速的基本原理

异步电动机旋转磁场的转速 ω_0（同步转速）和定子侧供电电源的频率 f_1 成正比

$$\omega_0 = \frac{2\pi \cdot f_1}{p_n} \tag{6-2}$$

式中　p_n——异步电动机的极对数。

这就是异步电动机变频调速的理论依据。为了保值气隙磁通 Φ_1 恒定，在改变定子侧电源频率的同时，还要按比例改变电压的值，简称保持压频比恒定。说明这一观点的公式如下所示

$$\Phi_1 = \frac{E_1}{kf_1} \approx \frac{U_1}{kf_1} \tag{6-3}$$

实际上气隙磁通 Φ_1 是与定子电动势 E_1 成比例，所以在低频时还要适当提高压频比以补偿定子绕组的电阻压降，这就是低频电压提升作用。在额定频率以上变频调速时，由于电压不能超过额定值，只能升高频率而不提高电压，这将使气隙磁通 Φ_1 减小成为恒功率的弱磁调速。

为了实现笼型异步电动机变频调速，需要在工频电源和电动机定子绕组之间接入变频器。工频电源的电压 U_C 和频率 f_C 都是常数，而通过变频器加到定子绕组的电压和频率是可变的 U_{1j} 和 f_{1j}。为了分析变频调速的情况下异步电动机的特性，引入相对频率 $f_{1\cdot}$ 和相对转差率 s_j 的概念

相对频率
$$f_{1\cdot} = \frac{f_{1j}}{f_{1N}} \tag{6-4}$$

相对转差率
$$s_j = \frac{\omega_{0j} - \omega}{\omega_{0j}} \tag{6-5}$$

$$s_j = 1 - \frac{\omega}{\omega_{0N} \cdot f_{1*}} \tag{6-6}$$

式中　ω_{0j}——变频调速异步电动机的同步转速；

　　　f_{1N}、ω_{0N}——异步电动机的额定频率和额定转速。

现用异步电动机的 T 形等效电路（见图 6-2）入手分析电动机的机械特性。在使用变频电源的情况下，不但要考虑电源电压要随频率而改变，而且还要考虑绕组的电抗值随频率变化（参考 3.2.2 节）

$$x_{1j} = x_{1N} \cdot f_{1*} \qquad x_{\mu j} = x_{\mu N} \cdot f_{1*}$$
$$x_2' = x_{2N}' \cdot f_{1*} \qquad x_k = x_{kN} \cdot f_{1*} \tag{6-7}$$

在工频情况下，励磁回路的感抗值 $x_{\mu N}$ 要比定子电阻 r_1 大一个数量级

（小功率电动机）或两个数量级（大功率电动机）。因此，在分析工频情况下异步电动机机械特性时，通常忽略定子电阻 r_1。

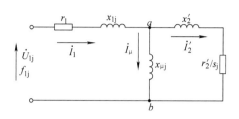

图 6-2　变频调速异步电动机的 T 形等效电路

在变频情况下，特别是在低于额定频率调速的情况下，绕组的感抗值减小，r_1 和感抗值具有可比性。因此，在分析机械特性时，必须考虑定子电阻 r_1 的作用。

异步电动机的转差功率 P_s 代表转子回路的损耗，最终转变成为热能使电动机发热，由式（3-36）可以得到

$$P_s = T\omega_{0j}s_j = 3I_2'^2 r_2'$$

$$T = \frac{3I_2'^2 r_2'}{\omega_{0j}s_j} \tag{6-8}$$

根据异步电动机的等效电路，相对值 $x_{1N}/x_{\mu N}$ 和 $x_{2N}'/x_{\mu N}$ 远小于 1，可以忽略，于是

$$I_2' = \frac{U_{1j}}{\sqrt{x_{kN}^2 f_{1*}^2 + \left(r_1 + \dfrac{r_2'}{s_j}\right)^2 + \left(\dfrac{r_1 r_2'}{s_j x_{\mu N} f_{1*}}\right)^2}} \tag{6-9}$$

由式（6-8）和式（6-9）可以得到变频调速异步电动机的机械特性

$$T = \frac{3U_{1j}^2 r_2'}{\omega_{0j}s_j\left[x_{kN}^2 f_{1*}^2 + \left(r_1 + \dfrac{r_2'}{s_j}\right)^2 + \dfrac{r_1 r_2'}{s_j x_{\mu N} f_{1*}}\right]} \tag{6-10}$$

请注意，如果令上式中的 $r_1/x_{\mu N} = 0$、$f_{1*} = 1$，则式（6-10）就和普通的异步电动机的机械特性完全相同（见式 3-21）。

仍然用 $dT/ds_j = 0$ 的方法求出变频调速的临界转矩和临界转差率

$$T_k = \frac{3U_{1j}^2}{2\omega_{0j}\left[r_1 \pm \sqrt{(r_1^2 + x_{kN}^2 f_{1*}^2)\left(1 + \dfrac{r_1^2}{x_{\mu N}^2 f_{1*}^2}\right)}\right]} \tag{6-11}$$

$$s_{kj} = \pm r_2' \sqrt{\frac{1 + \left(\dfrac{r_1}{x_{\mu N}f_{1*}}\right)^2}{r_1^2 + x_{kN}^2 f_{1*}^2}} \tag{6-12}$$

公式中的正号对应于电动工况，负号对应于发电制动工况。普通异步电动机的临界转矩和临界转差率是这两个公式的特殊形式（见式（3-24）和式（3-25））。

对式（6-11）进行分析可以证明：当忽略定子绕组的电阻（$r_1 = 0$），在额定频率以下进行变频调速时，只要保持压频比为常数（式（6-13）），临界转矩就不变。

$$\frac{U_{1*}}{f_{1*}} = \text{const} \qquad (6-13)$$

式中　$U_{1*} = U_{1j}/U_{1N}$——变频调速时电源电压的相对值。

在压频比恒定和忽略 r_1 的条件下，异步电动机变频调速的机械特性如图6-3中的实线所示。保持压频比恒定的目的是使气隙磁通恒定，但是在频率很低的情况下（$f_{1*} < 0.3$），定子电阻 r_1 上的电压降使得励磁支路中的电流 I_μ 减小，气隙磁通无法保持恒定。通过计算可以得到低频时的机械特性如图6-3中的虚线所示。从图中可以看到，随着频率的降低，r_1 上电压降的影响越来越显著，临界转矩 T_k 的值也越来越小。由式（6-11）和式（6-12）可以计算出低频时的临界转矩值和临界转差率值。

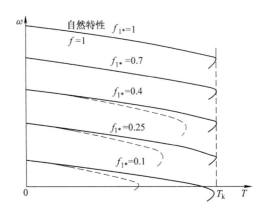

图6-3　在 U_{1*}/f_{1*} = 常数时异步电动机变频调速的机械特性

为了使低频时临界转矩保持不变，所以要求低频时电压值略有提升，要高于正常压频比的程度（图6-4中的直线2）。考虑到低频时电压提升的作用，定子电压和频率之间的近似关系应为

$$U_1 = U_{1N} \cdot f_{1*} + I_{1N}r_1(1 - f_{1N}) \qquad (6-14)$$

这种不同于压频比恒定的变频调速的方法叫作低频时的电压提升补偿，补偿值与$I \cdot r_1$成比例。通过补偿后，图6-3中低频的机械特性由虚线形状恢复到实线形状。

功率大于100kW的异步电动机r_1的影响微不足道，无须对电压降$I \cdot r_1$进行低频补偿；对于15kW以下的电动机，必须采取低频补偿措施。

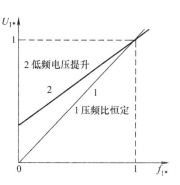

对于泵类和风机类负载，没有必要保持低速时的临界转矩等于额定值。在这种情况下保持T_L/T_k = 常数更为合理，具体的做法是根据下式来改变定子电压

图6-4 异步电动机变频调速时电压与频率的关系

$$U_{1*} = f_{1*} \cdot \sqrt{T_{L*}} \qquad (6-15)$$

式中 $T_{L*} = T_L/T_N$——负载转矩的相对值。

对于风机类负载，转速降低一半，负载转矩降低到1/4。根据式（6-15），当速度和频率减低一半时，电压应当降低到1/4，这将减小定子绕组和励磁方面的损失。

在标准的50Hz频率电源的情况下，异步电动机的转速不能达到3000r/min。若想使异步电动机的转速达到或超过3000r/min，必须提高供电电源的频率超过50Hz。一些纺织机械、磨床、离心机要求转速高达6000r/min、9000r/min、12000r/min甚至更高。在这种情况下就要求变频器的输出频率远远大于50Hz。如果这时一成不变地根据式（6-13）依照频率范围成比例地提高电源电压是不可行的，即使在基速以上也只能在提高频率的同时保持电源电压等于额定值，即保持$U_{1*} = 1$。

很显然在这种情况下励磁电流I_μ随频率增加而减小，气隙磁通也随之减小。根据式（6-11），临界转矩随频率增加而按平方关系反比例减小。但是，由于转子电流I_2'可以长期等于额定值，随着频率增加，长期允许的转矩成反比例减小。

既希望在额定频率以上调速以提高转速，又不希望电动机的长期功率超过额定值，所以只能使电压保持在额定值实现恒功率调速。异步电动机全频段调速的机械特性如图6-5所示。在额定速度以下调速时，电压与频率同时变化，为恒转矩调速方式；在额定频率以上调速时，电压等于额定值，为恒功率调速方式。这个特点和直流电动机的弱磁调速道理相同。

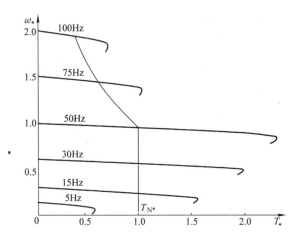

图6-5　异步电动机变频调速的机械特性

例题 6.1　一台笼型异步电动机参数为：$P_N = 11kW$，$U_N = 380V$，$n_N = 1455r/min$，$\lambda = T_k/T_N = 2.2$，$r_1 = 0.43\Omega$，$r'_2 = 0.32\Omega$，$x_k = 1.5\Omega$，$x_\mu = 32\Omega$。在如下两种工作状况下，计算该电动机的机械特性。

1. $U_1/f_1 = $常数，$f_1$ 的范围 5～50Hz；

2. $U_1 = $常数，$f_1$ 的范围 50～100Hz。

解：1. 额定角速度：$\omega_N = n_N \dfrac{2\pi}{60} = 1455 \times \dfrac{2\pi}{60} = 152rad/s$

2. 额定转矩：$T_N = \dfrac{P_N}{\omega_N} = \dfrac{11000}{152} = 72N \cdot m$

3. 额定转差率：$s = \dfrac{n_0 - n_N}{n_0} = \dfrac{1500 - 1455}{1500} = 0.03$

4. 计算机械特性，计算值列于表 6-1。角速度的基值是 $\omega_0 = 152rad/s$，转矩的基值是 $T_N = 72N \cdot m$。计算公式分别是：ω_{0j}——式（6-2），T——式（6-10），T_{kj}——式（6-11），s_{kj}——式（6-12）。需要注意，电动机的相电压为220V。

表 6-1 计算异步电动机的机械特性

特性值	f_{1*} (P.U)	U_{1j} /V	ω_{0j} /(rad/s)	s_{kj} (P.U)	T_{k*} (P.U)	ω_{0j*} (P.U)	s_{j*} (P.U)	ω_{j*} (P.U)	T_* (P.U)
自然特性	1.0	220	152	0.155	2.35	1.0	0.0	1.0	0.0
220V	1.0	220	152	0.155	2.35	1.0	0.03	0.97	1.0
50Hz	1.0	220	152	0.155	2.35	1.0	0.155	0.845	2.35
U_1/f_1	0.6	132	94.2	0.20	1.98	0.6	0.0	0.6	0.0
=常数	0.6	132	94.2	0.20	1.98	0.6	0.1	0.54	1.56
30Hz	0.6	132	94.2	0.20	1.98	0.6	0.2	0.48	1.98
$U_1/f_1=$	0.3	66	47.1	0.4	1.54	0.3	0.0	0.3	0.0
常数	0.3	66	47.1	0.4	1.54	0.3	0.2	0.24	1.21
15Hz	0.3	66	47.1	0.4	1.54	0.3	0.4	0.18	1.54
$U_1/f_1=$	0.1	22	15.7	0.6	0.6	0.1	0.0	0.1	0.0
常数	0.1	22	15.7	0.6	0.6	0.1	0.3	0.07	0.485
5Hz	0.1	22	15.7	0.6	0.6	0.1	0.6	0.04	0.6
$U_1=220\mathrm{V}$	1.5	220	235.5	0.1	1.1	1.5	0.0	1.5	0.0
	1.5	220	235.5	0.1	1.1	1.5	0.05	1.42	0.9
$f_1=75\mathrm{Hz}$	1.5	220	235.5	0.1	1.1	1.5	0.1	1.35	1.1
$U_1=220\mathrm{V}$	2.0	220	314	0.08	0.72	2.0	0.0	2.0	0.0
$f_1=100\mathrm{Hz}$	2.0	220	314	0.08	0.72	2.0	0.04	1.9	0.55
	2.0	220	314	0.08	0.72	2.0	0.08	1.85	0.72

计算出的机械特性如图 6-5 所示。从图中可以看出：在 $U_1/f_1 =$ 常数时，临界转矩随着频率降低而减小，这与定子电阻 r_1 的电压降有关。为了使临界转矩保持不变，$U_1\cdot$ 降低的程度应当略小于 $f_1\cdot$ 降低的程度，即按照式（6-14）进行电压提升补偿。在额定频率以上调节频率时，应当保持电压等于额定值。随着频率升高，转速也会升高，但是最大转矩的值随之减小。

6.3 交-交变频器—交流电动机变频调速

6.3.1 交-交变频器

交-交变频器的主电路如图 6-6 所示。从图中可以看出，它实质是由三套晶闸管可逆整流桥构成，每个整流桥的输出电压相差120°电角度。所以它的原理和直流整流电路相同，只不过直流整流器的控制信号 u_k 是直流信号，而交-交变频器的 u_k 是频率较低的交流信号。交-交变频器最大输出频率为1/2工频以下，对于50Hz的工频电源，一般情况下最大输出频率为16~20Hz的程度。因为大多数电动机的绕组是星形联结，所以必须使用独立的三套电源变压器向各个整流桥供电；如果电动机采用独立的三相绕组，则可使用一套变压器副边。

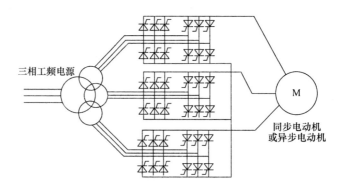

图6-6　交-交变频器—交流电动机变频调速的主电路

交-交变频器的晶闸管是自然换流，不需要强制关断，可靠性很高，加之没有中间直流环节，效率高、过载能力强，所以在低速大功率电气传动领域，最能发挥它的作用。目前交-交变频器—同步电动机的单机功率，最大可达10MW的数量级，超过直流电动机一倍之多。

交-交变频器主电路使用的器件大部分和直流传动的器件相同，在制造方面可以减少很多开发工作。交-交变频器也是采用相控原理，触发脉冲发生原理和装置也与直流传动相同，可以方便地移植过来。凸极的同步电动机也完全国产化，国内的大型电机厂都能生产这类同步电动机。基于这些有利条件，我国的交-交变频器—同步电动机电气传动系统在工业中的应用已经达到百套以上，具有很强的竞争力。需要努力的是核心控制的数字系统，依然依赖进口，希望早日开发出自己的核心控制系统来。

交-交变频器中单相的输出电压、电流波形如图6-7所示，在三相输出的场合各相电压、电流波形相同，相位上互差120°。

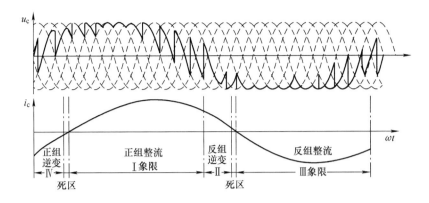

图 6-7　单相交-交变频器的输出电压和电流

余弦交叉法

交-交变频器的一相就相当于一组晶闸管可逆整流电路，输出的相电压是由各段电源线电压依次相连而成的分段相连的包络线，它的平均值就是低频正弦波电压。按照怎样的移相触发规律才能得到正弦波的包络线呢？结论是采用余弦交叉法得到的电压波形最接近正弦波。

余弦交叉法就是把移相控制电压 u_k 与余弦形的同步电压相比较，二者相等时产生触发脉冲，对于交-交变频器来说，脉冲的间隔是不相等的。当 u_k 是一个频率为 ω_k 的低频正弦波，其表达式为

$$u_k = U_{km}\sin\omega_k t$$

同步电压 u_T 是工频的余弦波

$$u_T = U_{Tm}\cos\omega t$$

当 $u_k = u_T$ 时产生触发脉冲，这时触发角为

$$\alpha = \arccos\left(\frac{U_{km}}{U_{Tm}} \cdot \sin\omega_k t\right)$$

可逆整流桥的输出电压平均值 U_d 为

$$U_d = U_{d0}\cos\alpha = \frac{U_{km}}{U_{Tm}} \cdot \sin\omega_k t \tag{6-16}$$

式（6-16）表明，把一个频率为 ω_k 的正弦电压 u_k 作为移相控制电压 u_k，代替直流系统中的直流移相控制电压，整流桥输出的平均电压就是放大了的正弦电压 u_k。+A 相的晶闸管用滞后其 120° 的 B 相作为同步电压，从而

保证 $u_k = 0$ 时，触发角 $\alpha = 90°$。晶闸管导通的顺序依然是 1—2—3—4—5—6，但是每个晶闸管导通角各不相同，有长有短，频率越高，差异越大。这就是余弦交叉法的基本原理。

全关断检测器

交-交变频器工作时正反两组整流桥交替工作，每个周期切换两次，假设输出频率为 25Hz，每秒钟就要切换 50 次，每小时就是 18 万次，切换非常频繁。其次切换的死区时间不能过大，否则严重影响输出波形。传统直流整流装置的死区时间约为 5ms，这对于直流传动是无关紧要的。但是这对于一个 25Hz 的交-交变频器来说，两次切换的死区时间居然占到整个周期的 1/4，导致波形变坏，控制失控。解决死区时间过长的办法就是使用全关断检测器代替电流互感器检测零电流信号。晶闸管上的电压波形如图 6-8b 所示，晶闸管导通时管压降很小（2V 左右），不导通时它承受电源电压。全关断检测电路能够区分这两种情况，当 6 个晶闸管都关断时，用与门把信号综合，输出全关断信号。

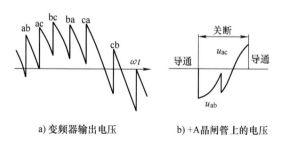

a) 变频器输出电压   b) +A晶闸管上的电压

图 6-8   交-交变频器输出相电压波形和晶闸管上的电压波形

在图 6-9 所示的电路中，R_1 是为适应不同电压等级而设；C_1 是为晶闸管关断时恢复正向阻断能力而设，相当于关断延时，时间取 100μs。由于采用了全关断检测，无环流逻辑中的导通延时也缩短为 0.35ms，大大降低了死区时间，从原来的 5ms 降低到为抗干扰而设置的 0.5ms 左右，明显改善了输出波形。

另外，当晶闸管不导通时，它承受的是交流的电源电压，而交流的电源电压的过零点会产生一个误判的关断信号。在最终形成的全关断信号中，要用逻辑电路把这个误判的关断信号剔除。

为了使交-交变频器的输出电压波形不失真，输出频率的上限一般应小于

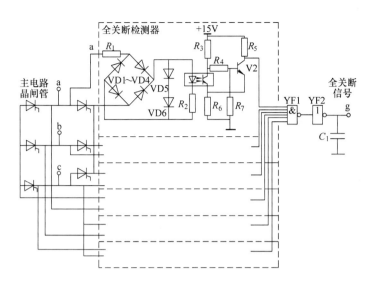

图6-9 全关断检测器电路图

1/2工频。交-交变频器可以实现整流和逆变两种工况,可以把制动能量回馈到电网。

交-交变频器的主要优点是晶闸管形成自然换相效果,无需用采用强制关断措施。实际使用的交-交变频器的晶闸管主柜就是利用三组直流可逆调速所用的晶闸管主柜,在技术上没有过多的难点。而交-直-交变频器需要强制关断阀组元器件,只能采用可关断的半导体器件。

梯形波电压输出

实现梯形波电压输出的好处是

(1) 可以使变频器输出能力提高15%;

(2) 触发角 α 较长时间工作在较小值,变频器很少深控,平均功率因数随之提高15%;

(3) 虽然加到电动机上的相电压是梯形波,但是线电压是正弦波,增加基波分量。

改变变频器控制电压 u_k 为梯形波就可实现梯形波电压输出。梯形波电压输出的波形图如图6-10所示。

交-交变频器的功率因数和谐波

在第5章已经介绍过,考虑到波形畸变的因素,晶闸管整流器的功率因

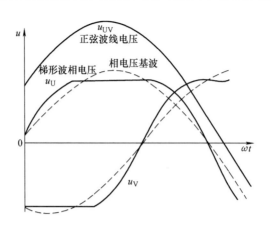

图 6-10 梯形波输出电压及其线电压波形

数等于基波的功率因数乘以畸变系数（见式（5-19）），三相桥式整流器的畸变系数等于 0.955，基波的功率因数约等于 $\cos\alpha$，这个结论也适用于交-交变频器。

对于交-交变频器，还要考虑负载的功率因数对于电源侧功率因数的影响。如果交-交变频器带的是容性电动机——例如过励磁的同步电动机——变频器输入侧仍然是感性。阀侧的超前的无功功率不能通过变频器送到网侧，反而只会增加变频器的无功负担。所以，最好使同步电动机工作在功率因数等于 1 的状态。

交-交变频器的谐波也和直流整流器相似，三相桥式交-交变频器主要的谐波次数为 5、7、11、13、17、19…；各序次的谐波有效值与基波有效值之比，是谐波序次的倒数。

值得提出的是交-交变频器要比直流整流器的"旁频谐波分量"要丰富很多，其原因是稳态时直流整流器的触发角 α 处于基本不变状态，只在改变整流电压的时刻 α 角处于变动状态；而交-交变频器的触发角 α 总是处在变动状态，所带来的谐波就不仅仅是 5、7、11、13、17、19…特征序次的谐波分量，还带来许多非整数倍的谐波分量，这就是分数次谐波或旁频分量。交-交变频器的快速傅里叶分析的谐波分量如图 6-11 所示，这张图是西门子公司在铝板轧机交-交变频器——同步电动机定子实测电流值的快速傅里叶分析结果，横轴频率是对数坐标。在治理谐波时要充分考虑这些旁频分量，比较有效的措施就是降低各次滤波器的 Q 值，使串联谐振曲线变得更加平缓，频带更宽些。更为先进的办法是采用 SVG 谐波发生器，发出与电网畸变波形互补的波形，达到谐波补偿的作用。

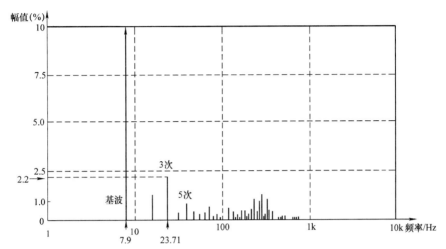

FFT Analysis of measured stator phase current
OPEN CIRCUIT
Example:Hot Strip Mill Finishing Stand Four,ALUNORF/Germany
F=7.9Hz

在德国阿卢诺夫铝板带工厂的第4架精轧机电动机定子侧检测的开环电流波形进行快速傅里叶分析的结果。交-交变频器输出频率为7.9Hz。

图 6-11　交-交变频器的谐波分量分布图

6.3.2　交-交变频器—异步电动机电气传动

利用交-交变频器作为变频电源可以开环控制异步电动机调速，这是交-交变频器最简单的应用，该系统的机械特性如图 6-12 所示。

虽然交-交变频器的频率范围不宽，但是控制大功率的电动机很有优势。对于同步速度小于 1500r/min 的工作机械，如果在选择电动机时把额

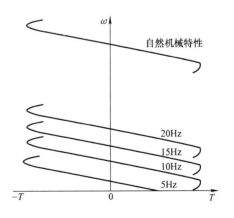

图 6-12　交-交变频器—异步电动机的机械特性

定转速放大一倍，功率也放大一倍，再用交-交变频器按照25Hz水平供电，就可以在零速到工作机械的额定转速范围内工作了。有人会怀疑选用功率大一倍的电动机造价是否会上升？结论是价格不会上升，其原因是额定转速大一倍，功率也大一倍，说明额定转矩是相同的，也就是说两台电动机的重量、尺寸接近，故价格基本相同。例如功率为1000kW，同步转速为375r/min的冶金异步电动机和功率为2000kW，同步转速为750r/min的同样类型电动机重量都是9.5t，价格也很接近。

6.3.3 交-交变频器—同步电动机电气传动

交-交变频器的优势在于运用矢量控制技术控制同步电动机调速，控制精度很高，应用范围非常广泛。为了了解交-交变频器—同步电动机矢量控制的知识，需要普及一下坐标变换、标幺值和同步电动机矢量图的知识。

交流电动机的坐标轴系

（1）定子坐标轴系（a-b-c 和 α-β 轴系）

以定子三相绕组轴线为坐标轴，各轴之间相差120°。在空间上a-b-c坐标轴系和定子绕组相对静止，又称为静止坐标轴系。把三相静止坐标轴系转化称为直角坐标的形式，就是静止的 α-β 坐标轴系。

（2）转子坐标轴系（d-q 轴系）

d 轴位于转子轴线上，对于同步电动机来说就是与转子磁极相一致；q 轴超前 d 轴90°。

（3）磁链坐标轴系（ϕ_1-ϕ_2 轴系）

ϕ_1 轴与气隙磁链相重合，ϕ_2 轴超前 ϕ_1 轴90°，和感应电动势重合。此轴系在空间转速为同步转速。同步电动机矢量控制以 ϕ_1-ϕ_2 轴系作为**定向坐标轴系**，即把各种电磁量都投影在 ϕ_1-ϕ_2 轴系上。由于各个电磁量在空间的转速是同步转速，所以在此坐标轴系上的投影可以理解为变化的直流量。

坐标轴系之间的关系如图6-13所示，其中三个角度很重要，它们之间的关系为

$$\varphi_s = \varphi_L + \lambda \tag{6-17}$$

式中　φ_L——负载角，从转子 d 轴到磁链轴 ϕ_1 的夹角，随负载大小变化；

φ_s——磁链位置角，从定子 α 轴到链

轴 ϕ_1 的夹角，随磁链旋转做

周期性变化；

λ——转子位置角，从定子 α 轴到转

子 d 轴的夹角，随转子旋转做

周期性变化。

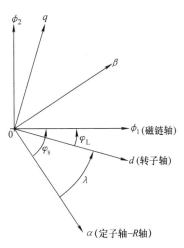

图 6-13　坐标轴系之间的关系

同步电动机的矢量图

通过绘制同步电动机的矢量图可以得到

电动机在工作状态下的定子电压、电流值，

以及它们在 ϕ_1 - ϕ_2 坐标轴上的分量，作为

设计和调试的依据。在计算中各个变量都采

用相对值（标幺值），最后折算成为实际值。下面以例题的形式，给出绘制

同步电动机矢量图的步骤。

例题 6.2　绘制同步电动机的矢量图，电动机的参数如下表所示。

额定线电压	$U_{LN} = 1000\,\text{V}$	
额定相电压	$U_N^s = 577\,\text{V}$	电压基值 $U_B = 577\,\text{V}$
额定电流	$I_N^s = 720\,\text{A}$	电流基值 $I_B = 720\,\text{A}$
功率因数	$\cos\varphi_N = 1$	阻抗基值
额定励磁电压	$U_N^E = 120\,\text{V}$	$Z_B = \dfrac{577\,\text{V}}{720\,\text{A}} = 0.8\,\Omega$
额定励磁电流	$I_N^E = 280\,\text{A}$	电流变比
无负载励磁电流	$I_0^E = 156\,\text{A}$	$g = \dfrac{I_0^E}{I_N} \cdot x_{hd \cdot pu} =$
额定转速	$n_N = 250\,\text{r/min}$	$\dfrac{156}{720} \times 1.341 = 0.3$
最大转速	$n_{max} = 250\,\text{r/min}$	
额定频率	$f_N = 8.33\,\text{Hz}$	
极对数	$p_n = 2$	相对值
定子电阻	$r^s = 0.0314\,\Omega$	$r_{pu}^s = 0.0314/0.8 = 0.0392$

（续）

定子漏抗	$x_\sigma^s = 0.053\Omega$	$x_{\sigma \cdot pu}^s = 0.053/0.8 = 0.066$
直轴电抗	$x_d^h = 1.073\Omega$	$x_{d \cdot pu}^h = 1.073/0.8 = 1.341$
交轴电抗	$x_q^h = 0.992\Omega$	$x_{q \cdot pu}^h = 0.992/0.8 = 1.240$
阻尼绕组直轴漏抗	$x_{d\sigma}^D = 0.038$	$x_{d\sigma \cdot pu}^D = 0.038/0.8 = 0.047$
阻尼绕组交轴漏抗	$x_{q\sigma}^D = 0.038$	$x_{q\sigma \cdot pu}^D = 0.038/0.8 = 0.047$
励磁绕组电阻	$r^E = 0.0105$	$r_{pu}^E = 0.0105/0.8 = 0.0131$
电流变比	$g = 0.3$	$g = \dfrac{I_0^E}{I_N} \cdot x_{hd \cdot pu} = 0.3$

解：绘图的比例 1pu 值 = 10cm。矢量的终点指箭头的一端，起点指没有箭头的一端。

绘图步骤（绘图步骤用①②③表示，与图 6-14 相配合）：

① 在垂直方向绘出定子相电压矢量 $\boldsymbol{u}^s$：577V 对应 1pu 值，长度为 10cm。

② 同样方法绘出定子电流矢量 $\boldsymbol{i}^s$：720A 对应 1pu 值，长度为 10cm，和电压矢量重合。

③ 绘出定子电动势：从 $\boldsymbol{u}^s$ 扣去定子电阻压降：$r_{pu}^s \cdot i_{pu}^s \cdot 10cm = 0.0392 \times 1 \times 10cm = 0.39cm$，接着从电阻电压降终点处沿垂直方向引出定子漏抗的电压降：$x_\sigma^s \cdot i_{pu}^s \cdot 10cm = 0.066 \times 1 \times 10cm = 0.66cm$；从坐标原点引直线到漏抗压降的起点，这就是电动势 $\boldsymbol{e}^h$，它代表了电动机的主磁通。测量 $\boldsymbol{e}^h$ 的长度是 9.63cm，其相对值为 0.963，这就是主磁通的额定值。不论速度和转矩的工作点怎样变化，主磁通的值应当保持不变。

④ 延长 $\boldsymbol{e}^h$ 就形成 ϕ_2 轴。定子电流在 ϕ_2 轴的投影就是电流的转矩分量 $i_{\phi2}^s$。

⑤ 做 ϕ_1 轴，与 ϕ_2 轴垂直，方向朝向右。ϕ_1 轴是磁通轴，电动机的主磁通就在 ϕ_1 轴方向，凸极同步电动机的励磁电流 i_μ 也在这个轴方向。

⑥ 交轴电抗的电压降：终点指到 $\boldsymbol{e}^h$ 的终点，方向和电流 $\boldsymbol{i}^s$ 相垂直，长度为 $x_q^h \cdot i_{pu}^s \cdot 10cm = 1.240 \times 1 \times 10cm = 12.4cm$。

⑦ 直轴电抗的电压降：方向、终点和⑥相同，即起点在⑥的右侧。长度为 $x_q^h \cdot i_{pu}^s \cdot 10cm = 1.341 \times 1 \times 10cm = 13.41cm$。

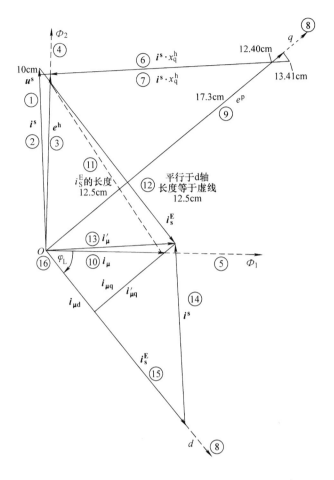

图 6-14 隐极同步电动机额定负载时的矢量图

⑧ 从坐标原点 O 到交轴电抗的电压降⑥的起点连线就是 q 轴；在 q 轴的右侧正交方向做出 d 轴，它和转子磁极方向相重合。

⑨ 由直轴电抗的电压降⑦的起点向 q 轴做垂线，得到电动势矢量 e^{p}。这个矢量是转子励磁电流在定子绕组中感应的电动势。测量其长度为 17.3cm，即实际值为 $1.73 \times 577\mathrm{V} = 998\mathrm{V}$。

⑩ 在电动机空载时，转子直流励磁电流 i_{μ} 产生电动势 e^{h}。无负载励磁电流为 156A，把它折算到定子侧，并以 720A 为基值，则 $i_{\mu} = 156/(0.3 \times 720) = 0.72$，$i_{\mu}$ 矢量的方向是 ϕ_1 轴的方向，长度为 7.2cm。

⑪ 用虚线连接 i_{μ} 和 i^{s} 的终点，并测量其长度为 12.5cm。这个长度就是

总的磁场电流 i_s^E 的大小。

⑫ 真正的 i_s^E 矢量的方向与 d 轴平行，起点是 i_s 的终点，长度为 12.5cm（约合 900A）。

⑬ 从坐标原点 O 到 i_s^E 的终点画直线，这就是隐极同步机的励磁电流 i'_μ（已折算到定子侧），它的测量长度为 7.5cm。i'_μ 要比凸极同步机的励磁电流 i_μ 大些，这是因为隐极同步机励磁电流的 q 轴分量的更大些。

⑭ 把定子电流 i^s 的终点平行移动到 i'_μ 的终点，而且 i^s 的起点应当落到 d 轴上。$i'_\mu - i_s - i_s^E$ 三个电流矢量形成闭合的电流三角形。

⑮ 由 i_s^E 的长度换算成转子侧的直流励磁电流：$i_E^E = \dfrac{720A \times 0.3 \times 12.5cm}{10cm} = 268A$；

⑯ 测量 d 轴和 ϕ_1 轴的夹角为 50°，即负载角 $\varphi_L = 50°$。

图 6-14 所示为额定负载的条件下画出的同步电动机矢量图。定子电流 i_s 必须是已知的，这是画矢量图的必要条件。如果已知负载转矩的相对值，可近似认为负载转矩相对值等于定子转矩电流的相对值，再来画出矢量图。画矢量图时从 e^h 的终点为圆心，以定子漏抗电压降的相对值为半径画圆，再以 e^h 为直径画半圆，两个圆相交于 P 点，连线 OP（使定子漏抗压降与 i^s 相垂直）。在这条直线上画出 u^s 和 i^s。以下步骤重复上述的 ①～⑯ 即可。表 6-2 是不同负载转矩情况下，利用矢量图得到的数据。

表6-2 交-交变频的同步电动机在不同工作点的参数值

变量	符号	单位	工作点		
			0	1	2
转矩	T	pu	0	1	2.99
转速	n	r/min	250	250	250
频率	f	Hz	8.33	8.33	8.33
磁通	e^h	pu	0.963	0.963	0.963
		V	556	556	556
定子电压	u^s	pu	0.963	1	1.06
		V	556	577	612
定子电流	i^s	pu	0	1	3.06
		A	0	720	2203
励磁分量	$i_{\varphi 1}^s$	pu	0	0.07	0.65

（续）

变量	符号	单位	工作点		
			0	1	2
转矩分量	$i_{\varphi2}^s$	pu	0	0.995	2.99
定子励磁电流	i_s^E	pu	0.7	1.24	3.3
		A	500	892	2376
转子励磁电流	i^E	A	156	268	715

掌握同步电动机的矢量图的画法，可以深刻地理解矢量控制的原理。

6.4　交-直-交晶体管变频器—异步电动机变频调速

交-直-交变频器是带有中间直流环节的变频器，其框图见图6-15。

交-直-交变频器中逆变回路中开关器件可以采用 GTR、IGBT、IGCT、IEGT 等具有关断能力的半导体器件，也可以使用无自关断能力的晶闸管，二者的电路原理、控制方式均有所不同，故分别叙述。这一节讲述具有关断能力的交-直-交变频器驱动笼型异步电动机的原理和应用。

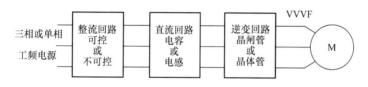

图 6-15　交-直-交变频器的框图

整流回路把工频电压通过可控或不可控整流变成直流电压，再通过逆变单元把直流电压变换成为频率、电压（或电流）均可调节的电源。中间的直流回路可以采用电容器滤波或电感滤波，前者称为电压型变频器，后者称为电流型变频器。电压型变频器应用的较普遍。

脉宽调制变频器（PWM 变频器）是最为通用的变频器。这种变频器多采用不可控整流器，直流环节的电压值是不可调节的，逆变单元利用脉宽调制的原理实现同时实现电压和频率调节。

当电动机工作在发电工况时，逆变电路工作在整流状态，把电动机的能量送到直流回路。如果是可控的整流电路可以把直流回路的能量送回电网；

如果是不可控的整流回路，需要在直流回路加设制动单元和制动电阻。

按照逆变回路电平数不同，可分为：两电平、三电平、多电平变频器。

（1）两电平变频器：两电平变频器的典型电路和输出的线电压波形如图 6-16。假设整流器输出的直流电压为 E，直流母线的中点为参考电位，由于逆变侧同一桥臂上的晶体管不能同时导通。因此每个桥臂的输出电压只有两个状态，$+E/2$ 和 $-E/2$。但是对于变频器的线电压而言，存在着 $+E$、$-E$、0 三个电平状态。

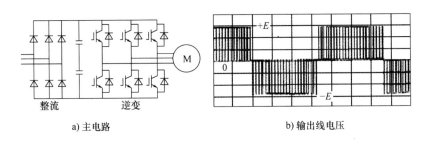

a) 主电路　　　　　　　　　　　b) 输出线电压

图 6-16　两电平变频器的主回路和输出线电压的波形

两电平变频器产品大量应用于通用异步电动机，电压等级为 380V 和 690V 为主。国外的产品如西门子公司的 6SE70、MM440、S120 等系列，ABB 公司的 ASC600、ASC800 等系列占有高端控制方式的主要市场。国产的两电平变频器开始替代进口的变频器。

（2）三电平变频器：三电平 PWM 电压型变频器的逆变桥中采用 12 只 IGBT 晶体管和 6 只钳位二极管构成带有中性点的逆变电路（见图 6-17）。在同一个桥臂中，开关器件的开关状态如表 6-3 所示。由开关表可知，同一时刻总是有两个器件导通，V_1 和 V_3 开关状态互补，V_2 和 V_4 的开关状态互补。假设每个整流桥输出的直流电压为 E，直流母线的中点为参考电位，则每相对中点 Z 的输出的相电压有 $+E$、$-E$、0 三个电平状态，故称为三电平变频器。与两电平变频器相比，因输出的电平数增加，波形更加接近正弦波。而三电平变频器输出的线电压是两个相电压之差，具有 $+2E$、$+E$、0、$-E$、$-2E$ 五个电平状态（见图 6-18）。

表 6-3 三电平逆变器的开关表

V₁	V₂	V₃	V₄	输出相电压
ON	ON	OFF	OFF	$+E$
OFF	ON	ON	OFF	0
OFF	OFF	ON	ON	$-E$

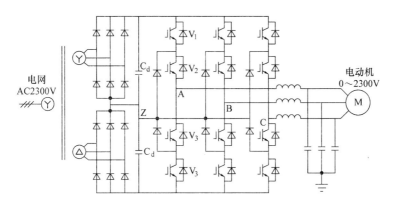

图 6-17 三电平变频器的主电路

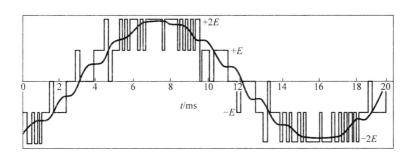

图 6-18 三电平变频器输出线电压的波形

因为输出的线电压为 5 个电平的跳变，跳变的台阶为 E，dv/dt 较大，谐波失真率达到 29%，电流失真率可以达到 17%。为了减小谐波的影响，不使过大的 dv/dt 影响电动机的绝缘，在逆变器输出侧加装了电感 – 电容滤波器。

为了实现能量回馈和改善电网侧能量指标，有些三电平变频器输入侧采用可控 PWM 整流，其优点是输入谐波低、输入功率因数可调、电动机调速动态性能提高，缺点是装置成本增加。

三电平变频器输出电压和现有的电动机标准电压不甚匹配，主要应用范围在一些特种领域，如轧钢机、轮船驱动、机车牵引、提升机等，以为这些领域的电动机都是特殊定制的，电压可以不是标准电压。

西门子公司的 SIMOVERT MV 系列变频器和 ABB 公司的 ASC1000、ASC6000 是典型的三电平变频器。国产的类似产品也正在相继问世。

（3）多电平变频器：当交流电动机的端电压在 6～10kV 范围时，变频器常常采用多电平的形式。变频器由多个低压的功率单元串联而成，每个功率单元做到最大限度利用半导体开关器件的电压能力（IGBT 元件为 690V）。每个功率单元为三相独立变压器输入，变压器采用移相方式，减少对电网侧的谐波污染。多个功率单元的输出相串联，成为单相输出电源。三个这样的单相电源构成三相变频电源（见图 6-19）。在输出高电压的同时，输出电压具有更多的电平，波形更加接近正弦波（见图 6-20）。

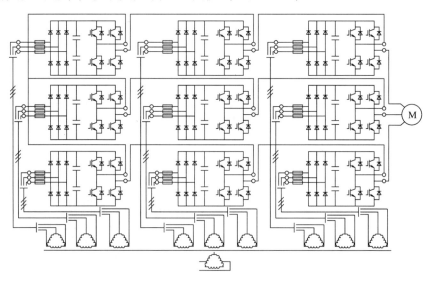

图 6-19　多电平变频器的主电路

多电平变频器对于电网来说可以做到几乎无谐波影响，输出电压可适用于各种高电压等级的电动机。另外在可靠性方面，也具有优势，如果某个功率单元出现故障时，可使其退出工作，利用其余的功率单元继续工作。多电平变频器本质上是把普通两电平变频器做成功率单元，根据电压等级串联使用，把高压变频器的技术难点通过干式进线变压器化解，同时带来谐波小、电平多、可靠性高等正面效果。目前国产的高压多电平变频器已经占据了大

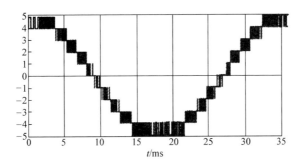

图 6-20 多电平变频器的输出电压波形

部分高压异步电动机调速的市场，主要是针对风机水泵类负载节能的应用，在可靠性、操作性等方面，已经超过进口产品。

按照控制方式不同，变频器可分为：V/F 控制、矢量控制、无速度传感器的矢量控制、直接转矩控制等。

（1）V/F 控制（压频比控制）：交流电动机的电磁关系为

$$E = 4.44fw\Phi$$

式中　E——电动机电动势；

　　　f——电源频率；

　　　w——绕组匝数；

　　　Φ——气隙主磁通。

对异步电动机调速时，希望气隙主磁通 Φ 恒定。对于特定的电动机，绕组的匝数 w 是不变的。所以从公式 $E = 4.44fw\Phi$ 可以看出，只要保持 E/f 为常数，Φ 就基本恒定，就可以实现恒转矩调速。由于 E 不易直接检测，常用定子电压 U 代替。U 和 E 之间相差定子漏抗电压降，在频率较高时定子漏抗电压降的影响不大；在频率较低时，影响不可忽略。在低频时要适当提升定子电压，以保证气隙磁通恒定。

如果频率超过电动机的额定频率，电压降达到最大值，所以在基频以上无法保证压频比恒定。随着频率 f 增加，气隙磁通逐渐减弱，在同样电流的条件下，输出转矩与频率成比例减小，速度和转矩的乘积不变，这就和直流电动机弱磁调速一样，成为恒功率调速。

V/F 控制属于标量控制，只控制电流的大小，不控制其方向，性能一般，适用于对动态性能要求不高的场合。但 V/F 控制不依赖电动机参数，适合于多电动机传动，比如多台电动机并联运行或对多台电动机切换运行方式。

（2）矢量控制：直流电动机具有电枢绕组和励磁绕组，二者可以单独控制。电枢电流是通过换向器和流入电枢绕组，在空间上保证了电枢电流与气隙磁通相互正交，产生的电磁转矩最大。直流电动机的结构使得电枢电流和励磁电流天然解耦，具有良好的转矩控制特性。

三相异步电动机和直流电动机不同，它没有专门的励磁绕组。转矩电流和励磁电流都是由定子电流提供的，二者耦合在一起构成总的定子电流。如果只是简单地控制定子电流的大小，电动机的磁场和转矩总在改变，无法实现良好的转矩控制特性，调速性能也不理想。

在交流电动机控制上引进直流电动机的控制思想，把定子电流分解成为与气隙磁通相一致的励磁分量以及与之正交的转矩分量，实施单独进行闭环控制。这样交流电动机的调速性能就能达到直流机的水平。当然，最终控制的结果终归要落实到电动机的三相电压上，而这个电压的幅值、频率、相位都跟随转矩分量和励磁分量的调节。也就是说，实施矢量控制的结果，使得最终输入到定子上的三相电压能够产生希望的定子电流，这个定子电流的转矩分量和励磁分量是我们预期的结果。

矢量变换的数学运算的核心是坐标变换——把静止坐标轴系上的物理量变换到转速为 ω_0 的转子磁通坐标轴系上，以及相反的坐标变换。从数学意义上来说，就是坐标轴系的旋转变换；从物理意义上来说，就是在转速为 ω_0 的坐标轴系上来看，交流量变成了直流量，对直流量实施闭环调节后，再反变换成为静止坐标轴系上的交流量，经变频器功率放大后加到异步电动机的定子绕组。

矢量控制技术实现了对交流电动机转矩和磁通的单独控制，调速精度高，动态响应快，在高速和低速的情况下，都有良好的控制性能。

由于矢量控制需要检测电动机的电压、电流，然后通过电动机的数学模型计算转子磁通。而异步电动机的参数随着频率变化，必须实时知道电动机的参数，因此其控制精度受电动机的参数影响较大。多数情况下，调速系统和电动机采用一对一的方式。不宜用一台变频器控制多台电动机。另外，需要增加电压、电流的检测装置。在速度闭环的情况下，一般需要使用测速装置（测速机或编码器），才能达到较好的速度控制特性。图 6-21 所示为典型的异步电动机矢量控制原理框图。

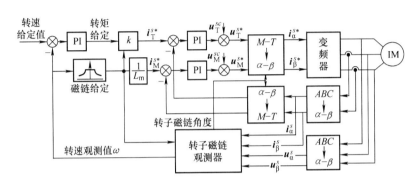

图 6-21　典型的异步电动机矢量控制原理框图

（3）无速度传感器的矢量控制：严格说来，无速度传感器的矢量控制方法属于速度控制的范畴，而矢量控制的本质是控制定子电流的转矩分量和励磁分量，而速度环是转矩电流的外环，有无测速传感器并不影响电流的矢量控制。高性能的交流矢量控制系统需要安装速度传感器（测速机或编码器），才能保证良好的调速性能。有的场合对调速性能要求不高，或者无法安装测速装置，可以仿照直流调速系统中的利用电枢电动势代替速度反馈值，可以省去测速装置，简化系统结构。

异步电动机的定子电动势 e^s 不能直接作为转速反馈的替代量，必须把 e^s 在 φ_2 轴（见图 6-22）上的分量 $e^s_{\varphi2}$ 作为速度反馈的替代量。电动机空载时，$\bar{e}^s$ 与 φ_2 轴重合；电动机加载时，在动态过程中 $\bar{e}^s$ 偏离 φ_2 轴；当加载后速度稳定下来，$\bar{e}^s$ 再度和 φ_2 轴重合。当 $\bar{e}^s$ 和 φ_2 轴不想重合时，$\bar{e}^s$ 在 φ_1 轴上的分量 $e^s_{\varphi1} \neq 0$，把 $e^s_{\varphi1}$ 的积分值用来校正 $e^s_{\varphi2}$，准确计算动态过程中的转速反馈值。值得注意的是在低速时积分的误差较大，切除校正环节，直接采用 $e^s_{\varphi2}$ 作为速度反馈值。

现在的学术界提出很多估算电动机速度辨识方法，主要有利用电动机方

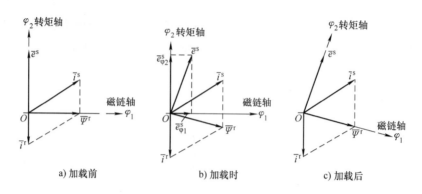

图 6-22　异步电动机加载过程

程直接计算法、模型参考自适应法、扩展卡尔曼滤波法、定子侧快速傅里叶分析法、非线性法等。这些方法基本上都要估算同步速度和转差速度，以此求出电动机的转速。由于依赖于电动机的参数，当工作频率变化、温度变化时，电动机的参数随之变化导致速度估算值失准。于是又需要在此基础之上对电动机参数实施辨识，使速度估算系统过于复杂，失去实用价值。对于普通的设备，工程上的做法是：在调速精度要求较高的情况下，采用编码器作为速度反馈，在调速精度要求不高的情况下，可以采用简单的定子电动势 $e_{\varphi 2}^s$ 分量作为速度反馈。利用定子电动势作为速度反馈值的方法不能用于弱磁调速控制，这是因为弱磁后的定子电动势不随速度而改变的缘故。

（4）直接转矩控制：直接转矩控制不是通过间接控制电流、磁通链等变量来控制转矩，而是把转矩直接作为被控量来控制的。直接转矩控制的特点是以定子磁通链为定向矢量，把定子电流分解为转矩分量和励磁分量。定子磁通链 $\overline{\psi}^s$ 的大小和旋转角度受定子电压控制，并且受电流影响。

在直接转矩控制系统中，也分为转矩通道和励磁通道，转矩、磁通链的检测也和矢量控制系统的检测方式类似。直接转矩控制和矢量控制所不同之处主要有两点：一是直接转矩控制是以定子磁通链作为定向矢量，不像矢量控制那样以转子磁通链作为定向矢量，这样就避开转子参数随频率变化对计算磁通链的影响；二是直接转矩控制根据转矩调节器和磁通链调节器的输出量，直接计算出与定子电压相关的逆变器的开关空间矢量状态（开关函数），而不像矢量控制那样经过旋转变换成为三相交流量，经过电流调节后与三角波比较后生成 PWM 开关状态，这样就简化了控制系统。

这里所说的开关空间矢量是指逆变器中六个半导体开关器件的导通/关断的状态。在普通的 180° 两电平的逆变器中，同一桥臂上下两个开关管的动作是互补的，所以桥臂的中点对地电压只能取两个值：$E_d/2$ 和 $-E_d/2$。可以用开关函数的形式表示加到电动机的空间电压矢量：

$$\overline{u}_s(s_a,s_b,s_c) = \frac{E_d}{2}(s_a + s_b e^{j2\pi/3} + s_c e^{j4\pi/3}) \tag{6-18}$$

式中的 e 指数因子表示直流脉冲电压加到不同相的绕组上所产生的空间磁场的效应。

式中　s_a、s_b、s_c——开关器件的状态，它们具有两种状态：$s_a = 1$，表示 A 桥臂的上开关器件导通；$s_a = 0$，表示 A 桥臂的下开关器件导通，其余依次类推。

所以 $\overline{u}_s$ 有 $2^3 = 8$ 个状态值，即（0，0，0）～（1，1，1，）。其中（0，0，1）～（1，1，0）为非零矢量，而（0，0，0）和（1，1，1，）分别表示 A、B、C 三相下桥臂或上桥臂同时导通，相当于开关器件把电动机的三相绕组短接，电动机端子相当于加上了零电压，故称之为零矢量。在以 α 轴为实轴、β 轴为虚轴的平面上，以开关函数表示的电压矢量如图 6-23 所示。

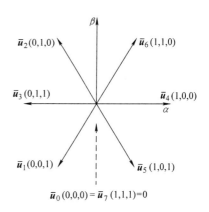

图 6-23　用开关函数表示的电压矢量图

根据计算得到的电压矢量推算出开关器件的导通状态和导通时间，据此驱动开关器件。这就是直接转矩控制的第二个要点。

图 6-24 是直接转矩控制的原理框图，与矢量控制的框图 6-21 相比较，可以看出二者的差别。

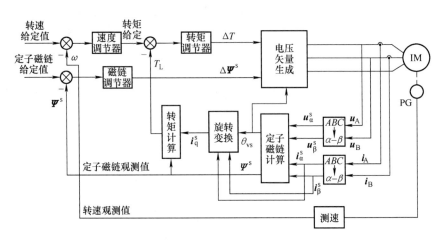

图 6-24　异步电动机直接转矩控制原理框图

6.5　交-直-交晶闸管变频器—异步电动机变频调速

利用晶闸管制作的交-直-交变频器电压等级较高、功率范围较大，可以驱动数 MW 的交流异步电动机，在可关断器件功率较小的历史时期，交-直-交晶闸管变频器占据了大部分应用市场，随着可关断器件功率的不断增大，这种变频器的市场逐渐缩小。但是，在 2000kW 以上异步电动机的场合，这种变频器还是有应用的机会，加之这种变频器的功率单元、控制单元均和直流调速相近，制造技术适于国产化，价格具有优势，因此在一些特定的设备上还是有用武之地，例如驱动高速线材的精轧机的主传动电动机。

交-直-交晶闸管变频器也是由整流单元、直流环节、逆变单元构成（见图 6-15）。整流单元多采用可控整流方式，可以控制直流环节的电压（或电流）值，逆变单元控制输出电压的频率。

直流环节中有一个重要的环节就是滤波器。通常把采用电抗器滤波的变频器叫作电流型变频器；把采用电容器滤波的变频器叫作电压型滤波器。滤波器的作用有两个：一是对整流后的脉动电压（或电流）进行平滑滤波；二是储存和释放能量，以保证电动机绕组和滤波器之间的无功功率流动。由于交-直-交变频器具有中间直流环节，电动机绕组和电网之间无法实现无功功率流动。

交-直-交晶闸管变频器的输出频率范围比同是晶闸管的交-交变频器宽的

多，电气传动所用的交-直-交变频器的频率范围为 0.2Hz 到数百 Hz。限制输出频率上限的因素是逆变器中半导体元件的开关频率；限制输出频率下限的因素是输出电压的波形失真。在频率很低的情况下，非正弦波电压将使电动机非匀速转动，出现转速脉动或转速跳变。

电流型逆变器控制异步电动机的框图如图 6-25 所示。电流型逆变器的显著特点是在直流环节中有一个滤波电感 L。在逆变器的每个桥臂上串有隔离二极管。为了在换流时强制关断晶闸管，在电路中使用了换流电容器 C。晶闸管换流的顺序是从 VS1 到 VS6。假定 VS1 和 VS2 导通，电流流过电动机的 A 相和 C 相绕组，电容 C_{13} 充电，上极板为正。如果这时向晶闸管 VS3 发出触发脉冲，并使之导通。这时就会形成 C_{13}—VS1—VS3—C_{13} 的短路通道，电容 C_{13} 实现反向充电。在 C_{13} 的反向充电的作用下，晶闸管 VS1 关断，VS3 导通。电流流过电动机的 B 相和 C 相绕组，电容继续 C_{13} 反向充电。然后触发的是晶闸管 VS4，电流流过 B 相和 A 相绕组。在指定频率的一个周期内，晶闸管换流 6 次，电动机定子绕组流过指定频率的电流。

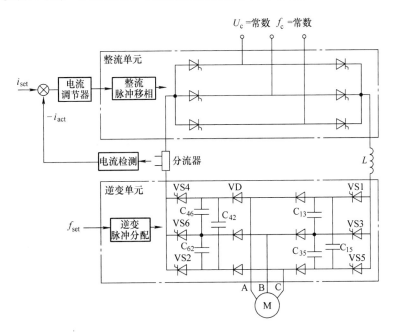

图 6-25　电流型逆变器控制异步电动机的结构框图

电流调节器根据设定电流和实际电流的信号调节整流器晶闸管的触发

角，使得整流器输出电压调节到适当的值。逆变器的频率设定值是 f_{set}，由逆变脉冲分配器发出触发脉冲，使逆变器的输出频率等于设定值。

电流型逆变器的优点是结构简单，可以采用常见的晶闸管制造大功率和高电压的逆变电路。在电气传动领域，可以利用电流型逆变器实现再生回馈制动，因为直流环节的电流方向不可改变，只能把整流器的触发角调节到逆变区，即 $\alpha > 90°$。

电流型逆变器的缺点是输出的电流波形是非正弦波，也不能用一台逆变器为几台电动机供电。低于 5Hz 的非正弦波的电流会使得电动机的转速发生脉动，限制了调速范围。

电压型逆变器克服了上述缺点，不但可以驱动大中功率异步电动机，而且可以驱动多台电动机。典型的电压型晶闸管逆变器的主回路如图 6-26 所示，在直流回路中接有滤波电容器，直流电压比较稳定且输出阻抗较低，类似一个电压源。因为在直流电压作用下，主晶闸管 $VT_1 \sim VT_6$ 无法自行关断，需要采用辅助晶闸管 $VS_1 \sim VS_6$ 和电感 $L_1 \sim L_3$、电容 $C_1 \sim C_3$ 构成的强制关断电路。当需要某个晶闸管换流时，触发相应辅助晶闸管，借助于电感和电容的谐振电压，强制关断正在导通的晶闸管，实现正常顺序的换流。例如需要关断 VT_1 时，触发辅助晶闸管 VS_1，在 L_1 和 C_1 的谐振电压将主晶闸管 VT_1 强制关断。在电压型逆变器中，每一时刻总是有 3 只晶闸管器件导通，一只在正极侧，另外两只在负极侧；或者相反。在这种情况下，每只晶体管开关元件的导通时间为 180°电角度，输出电压为矩形波或阶梯波，输出电流近似正弦波。

普通的电压型逆变器无法将制动能量回馈到电网，解决的办法是加设制动单元和制动电阻，或者采用可逆方式的整流器。

使用可关断开关元件可以省去强制换流的器件，简化了电路。

当电动机为同步电动机时可以采用负载反电势换向的方式，它是同步电动机的一种变频调速的特殊形式，通常称之为晶闸管电动机或无换向器电动机，简称为 LCI（Load Commutated Inverter）。LCI 本质上属于电流型变频器，功率范围大，调速范围宽，原理简单可靠，性价比高。由于晶闸管没有自关断能力，故通常利用同步电动机的反电动势进行换流。根据理论分析，要顺利完成换流，必须保证电动机的输入相电流超前于相电压，这只有在同步电

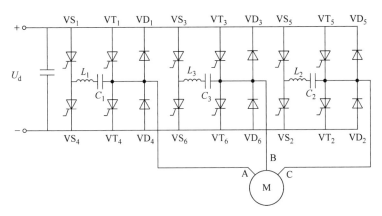

图 6-26　电压型晶闸管逆变器的主回路

动机里才有可能实现。当电动机起动和低速运行时，电动机的反电动势很小，无法利用反电动势换流。为解决低速运行时的换流问题，一般采用电流断续法。所谓电流断续法换流，就是每当晶闸管需要换流的时刻，先设法把逆变器的输入电流下降到零，使逆变器的所有晶闸管均暂时关断，然后再给待机导通的晶闸管加上触发脉冲。在断流后重新通电时，电流将流过这个待机导通的晶闸管，实现从一相到另一相的换流。

有关无换向器电动机的知识还可参考 6.6 ～ 6.7 节。

逆变器的输出频率取决于开关元件的切换频率，输出电压的调节可采用下列的两种方法：

（1）在逆变器的输入侧采用可控整流器以控制直流电压 U_d，功率因数稍低；

（2）采用脉宽调制（PWM）的逆变方法，在这种情况下可以采用不可控整流器。

目前比较流行的办法是采用 PWM 逆变的第二种方法。因为这种方法不仅可以调节输出电压的平均值，而且还可以修正输出电压的波形。电压型 PWM 正弦波逆变器的输出电压 U_n 和输出电流 i_n 的波形如图 6-27 所示。

对于双极型 PWM 逆变器有

$$U_n = \frac{U_d}{2}(2\gamma - 1)$$

所以，只要按照正弦规律连续调节占空比，即 $\gamma = \frac{1}{2}\left[U_1 \cdot \sin\left(2\pi f_{1j}t\right) + 1\right]$，

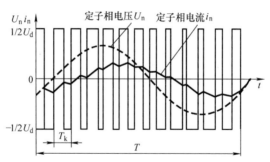

图6-27 电压型PWM正弦波逆变器的输出电压和电流波形

就可以得到正弦变化的平均相电压。在控制系统中同时改变电压幅值 $U_{1\cdot}$ 和角频率 $\omega_{1\cdot} = 2\pi f_{1j*}$ 的值，就可调节逆变器输出电压的频率和幅值。

为了使异步电动机实现再生回馈制动，必须在变频器的整流部分安装两套阀组，形成可逆整流。这样做的结果是增加系统的复杂性和降低了系统可靠性。所以经常在直流环节使用制动单元和制动电阻把制动的动能消耗掉。

电压型和电流型晶闸管逆变器的种类多种多样，在此不能一一介绍，对于这方面技术感兴趣的读者可以查阅相关的文献。

6.6 绕线转子异步电动机的串级调速和双馈调速

6.6.1 串级调速

绕线转子异步电动机的串级调速和双馈调速的原理是在旋转磁场转速不变的情况下，改变转差的调速方式。在这两种调速方式中，电动机的定子绕组直接接到电网，为了把转子侧的转差功率有效地利用起来，需要在转子回路中引进一个附加的电动势。

利用转差能量的难点在于转子电动势 E_2 和转子电流 I_2 的频率是转差频率，这个频率随着转速变化。如图6-28所示，在串级调速方式中，在绕线转子异步电动机的转子回路接入不可控的整流器 UD1 和逆变器 UD2，并通过逆变器 UD2 引进直流的附加电动势。变压器 TR 负责协调电网电压和转子电压。在控制系统的控制下，感应到转子回路的转差能量整流成为直流电流并通过逆变器回馈电网。由于整流器和逆变器是以级联方式串联在转子回路中，所以称之为串级调速。描述串级调速的能量关系的能流图如图6-29所示。

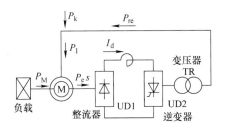

图6-28 绕线转子异步电动机串级调速的原理图

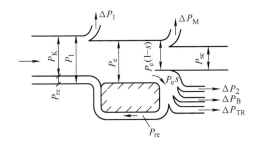

图6-29 绕线转子异步电动机串级调速的能流图

由能流图可以看出，电网提供的有功功率 P_K 与逆变器返送到电网的功率 P_{re} 共同构成定子的输入功率 P_1。从 P_1 中扣除定子回路的损失 ΔP_1（包括定子的铜损和铁损）之后，剩余部分转换成为旋转磁场的电磁功率 P_e。电磁功率 P_e 分为两部分：作用在电动机轴上的机械功率 P_M 和以变压器形式传送到转子绕组的转差功率 P_s。转差功率扣除转子回路的损失，其中包括转子绕组、整流器、逆变器和变压器的损失，剩余的部分 P_{re} 回馈到电网。而从机械功率 P_M 减去机械损失 ΔP_M 后，剩余的部分就是电动机轴上输出的功率 P_{sc}。整个电气传动系统消耗的功率为 $P_1 - P_{re}$。由此可见串级调速的效率很高。

整流后的转差功率为

$$P_s = (1.35sE_{20} - \Delta U_{\gamma})I_d \qquad (6-19)$$

式中 E_{20}——转子额定线电动势（$s=1$ 时）；

I_d——转子侧整流器的整流电流；

ΔU_{γ}——整流器中晶闸管换相的电压降。

$$\Delta U_{\gamma} = \frac{1.35I_d x_p s}{\sqrt{2}} \qquad (6-20)$$

式中 $x_p = x_k / k_T^2$ ——折算到转子侧的绕组漏抗。

把式（6-20）代入式（6-19）得到

$$P_s = 1.35 s \left(E_{20} I_d - \frac{I_d^2 x_p}{\sqrt{2}} \right)$$

因为异步电动机的转矩为

$$T = \frac{P_s}{\omega_0 s} = \frac{1.35}{\omega_0} \left(E_{20} I_d - \frac{x_p}{\sqrt{2}} I_d^2 \right) \tag{6-21}$$

在转矩小于额定转矩时，可以近似认为电磁转矩和整流电流 I_d 成正比。

当转矩增大乃至超过额定转矩时，考虑到式（6-21）中的第二项，转矩和 I_d 就不成正比关系了。

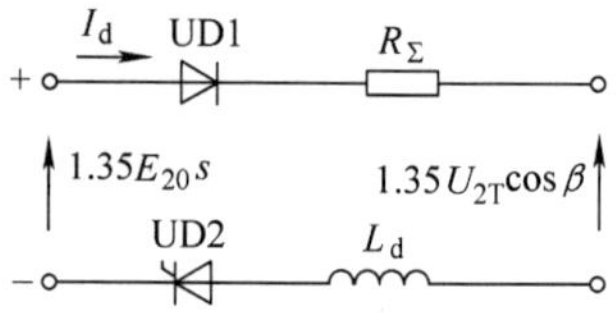

由串级调速时转子等效电路图6-30可知，转子整流电流 I_d 的值取决于整流的电动势 E_{dr} 和逆变器电动势 E_{di} 的差值，还和转子回路的等效电阻 R_Σ 有关，其表达式为

图 6-30　绕线转子异步电动机串级调速时转子回路的等效电路图

$$I_d = \frac{E_{dr} - E_{di}}{R_\Sigma} = \frac{1.35 s E_{20} - 1.35 U_{2T} \cos\beta}{R_\Sigma} \tag{6-22}$$

式中 U_{2T}——变压器二次侧线电压；

β——逆变器中晶闸管的触发角，$\beta = \pi - \alpha$ （$\alpha \geqslant \pi/2$）；$R_\Sigma = \frac{3x_p s}{\pi} + \frac{3x_T}{\pi} + 2r_2 + 2r_1' s + r_d + 2x_{2T}$，$\frac{3x_p}{\pi}$ 和 $\frac{3x_T}{\pi}$ 分别是整流器和逆变器中晶闸管换相的等效电阻。

由式（6-22）可知，调节逆变器的触发角，就调节了转子电流 I_d 的值，也就是调节了电动机的转矩值。

如果 $s E_{20} = U_{2T} \cos\beta$，则转子电流和转矩将等于 0。这时的转差率就是串级调速的空载转差率 s_0，其值为

$$s_0 = \frac{U_{2T}}{E_{20}} \cos\beta = \varepsilon \cdot \cos\beta \tag{6-23}$$

这个公式说明只要改变逆变器的触发角 β，就能调节电动机的空载转差率 s_0。

最大空载转差率的值取决于最大的逆变电动势的值,而最大逆变电动势的值由最小逆变触发角 $\beta_{\min}$ 所决定,一般 $\beta_{\min} = 15°$。所以

$$s_{0 \cdot \max} = \frac{U_{2T}}{E_{20}} \cos \beta_{\min} = \varepsilon \cdot \cos 15° \qquad (6\text{-}24)$$

把式(6-22)稍加变换并考虑到式(6-23),可以得到

$$I_d = \frac{1.35 E_{20}}{R_\Sigma} (s - s_0) \qquad (6\text{-}25)$$

通过联立求解式(6-21)和式(6-25),并且忽略定子电阻 r_1,就可以得到串级调速的机械特性表达式。

$$T = \frac{6 E_{20}^2}{\pi \omega_0 x_p} \Big[\frac{s - s_0}{s + r_{2 \cdot}} - \Big(\frac{s - s_0}{s + r_{2 \cdot}} \Big)^2 \Big] \qquad (6\text{-}26)$$

式中 $r_{2 \cdot} = R_\Sigma / x_p$,转子回路等效电阻的相对值。

异步电动机在自然特性时的临界转矩为

$$T_k = \lambda T_N = \frac{E_{20}^2}{2 \omega_0 x_p}$$

所以机械特性公式(6-26)可以写成相对值的形式:

$$T_* = 3.82 \lambda A_s (1 - A_s) \qquad (6\text{-}27)$$

式中 $A_s = \dfrac{s - s_0}{s + r_{2*}}$。

串级调速的机械特性如图 6-31 所示。

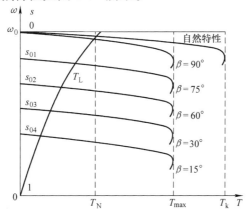

图 6-31 异步电动机串级调速的机械特性

串级调速的机械特性是一族随着逆变器的反电势增加而平行下移的曲线，具有很高的硬度，略比自然特性稍微软些。式（6-26）和式（6-27）的适用范围是在转矩小于 $0.72T_k$ 的区间，这是因为转子电流的波形是非正弦波，所以串级调速的过载能力比自然特性时减小 17%，即 $T_{max}=0.83T_k$。

速度调节的原理说明如下。如果逆变器的触发角 $\beta=90°$，逆变器的反电动势 $E_{di}=0$，相应的机械特性在最上方。如果这时电动机轴上加有负载转矩 T_L，就应当减小逆变器的触发角 β（例如减小到 60°）增大反电动势，并使之大于整流侧的电动势 E_{dr}。这样就使转子逐渐电流减小直至为零（因为使用的是不可控整流器，电流不能为负），电动机的转矩也变为零。在负载转矩的作用下，电动机的转速下降，转差率增大。随着转差率增大，转子的电动势也增大。当这个电动势开始大于 s_{02} 时，转子回路开始流过电流，电动机工作在 s_{02} 的机械特性曲线上。这时的转差率值由负载特性曲线和机械特性曲线的交点处确定。为了进一步降低转速，就应当进一步增加逆变器的反电动势，即进一步减小逆变器触发角 β。

为了提高速度，就应当减小逆变器的反电势 E_{di}，转子电流和转矩随之增加，电动机的速度增加。由于电动机速度增加，使得转子电动势、转子电流和转矩都逐渐减小，直至电动机的转矩与负载转矩相平衡时，加速过程结束。

调速的深度由变压器电压 U_{2T} 与最大转差率 $s_{0.max}$ 之比值决定（见式（6-24））。这种特性决定了串级调速最适合用于调速深度低于 50% 的机械，例如某些高速线材的精轧机或者风机、水泵类机械的传动。这样做的好处是使逆变器和变压器的容量只是电动机容量的一半左右，降低了设备的成本。

可以用下式估算逆变变压器的容量

$$S_{TR}=\frac{P_D s_{max}}{0.965\eta_D}$$

式中的下标 TR 和 D 分别表示变压器和电动机。

串级调速需要解决起动到最低工作速度的问题，最常用的方法是采用起动电阻。具体的起动电路如图 6-32 所示。合闸接触器 KM1（这时 KM2 分断），接通起动电阻使电动机起动并加速。当电动机的转速略高于 ω_0（1 −

$s_{0 \cdot \max}$）时，接通 KM2，然后断开 KM1，电动机切换到串级调速工作方式。

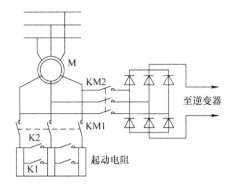

图 6-32 串级调速的起动电路

6.6.2 双馈调速

串级调速中电动机的转差能量只能单方向地由转子绕组流向电网。而绕线转子异步电动机的双馈调速是在转子回路使用交-交变频器（图6-33）。图中所示的是自控式的双馈调速原理，其主要特点是安装了转子位置检测器，根据转子位置来调节加到转子绕组上转子侧附加电压 $\dot{U}_2$ 电压的相位角。他控式的双馈调速不需要转子位置检测器。因为交-交变频器可以双方向传输能量，所以双馈调速中电动机的转差能量是双向流动的，既可以从转子绕组流向电网，也可以从电网流向转子绕组。而且双馈调速中的加到转子绕组的附加电压 $\dot{U}_2$ 既可以与转子电动势相位一致，也可以相差一个角度（$\pi - \delta$）。在大多数情况下，通过交-交变频器加到转子绕组的电压为

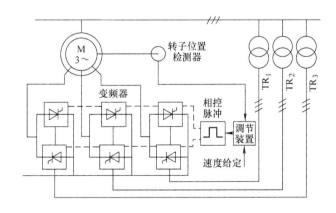

图 6-33 绕线转子异步电动机的双馈调速原理图

$$\dot{U}_2 = U_2 \mathrm{e}^{-\mathrm{j}(\pi - \delta)}$$

电流由转子回路的电压方程确定

$$\dot{I}_2 = \frac{\dot{E}_2 + \dot{U}_2}{Z_2} = \frac{E_{20}s}{z_2}e^{-j\varphi_2} + \frac{U_2}{z_2}e^{-j(\pi-\delta-\varphi_2)}$$

式中　E_{20}——转子开路感应电动势;

　$E_2 = E_{20}s$——转差率为 s 时的感应电动势;

　$Z_2 = r_2 + jsX_2$;　　$z_2 = \sqrt{r_2^2 + s^2X_2^2}$;　　$\varphi_2 = \arccos(r_2/z_2)$。

将 $\dot{I}_2$ 展开成为转子的有功分量 I_{2a} 和无功分量 I_{2r}（相对于转子感应电动势）:

$$I_{2a} = \frac{E_{20}}{z_2}\Big[s \cdot \cos\varphi_2 - \frac{U_2}{E_{20}}\cos(\delta+\varphi_2)\Big] \tag{6-28a}$$

$$I_{2r} = \frac{E_{20}}{z_2}\Big[s \cdot \sin\varphi_2 - \frac{U_2}{E_{20}}\sin(\delta+\varphi_2)\Big] \tag{6-28b}$$

转子电流的有功分量决定了电动机的电磁转矩和机械功率:

$$P_M = T\omega_0(1-s) \tag{6-29}$$

转子电流的无功分量决定了流动于转子和定子之间的无功功率。

双馈调速的异步电动机的空载转速（或空载转差率 s_0）与加到转子绕组的电压的幅值和相位有关,即

$$s_0 = \frac{U_2}{E_{20}}(\cos\delta - \sin\delta\tan\varphi_2) \tag{6-30}$$

公式（6-28）表明:独立地调节转子侧附加电压 $\dot{U}_2$ 的幅值和相位角 δ,就可以控制双馈调速电动机的有功功率和无功功率。或者说,在转差率不变的情况下,如果负载（即 I_{2a}）发生变化,只要按照适当的规律调节 $\dot{U}_2$ 和 δ,就可以保持无功电流 I_{2r} 不变。由式（6-28）还可以知道:若 $\dot{U}_2$ 和 δ 取适当的值,当转差为正值（$0 \leqslant s \leqslant 1$）时,转子电流的有功分量可能出现负值;当转差为负值时,转子电流的有功分量可能出现正值。这说明双馈调速的异步电动机在亚同步速度时,可以工作在发电工况;在超同步转速时,可以工作在电动工况。这一点和普通的异步电动机不同,也和串级调速的特性不同。

双馈调速的异步电动机在亚同步速度电动工况时的能流图和串级调速的能流图相同。亚同步速度发电工况的能流图如图 6-34a 所示;超同步电动工

况的能流图如图 6-34b 所示。现对这两种工况的能流图做简单的解释。

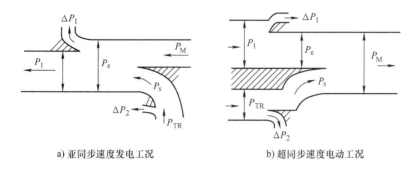

a) 亚同步速度发电工况   b) 超同步速度电动工况

图 6-34 双馈调速的能流图

亚同步速度发电工况时，制动的机械功率 P_M 不足以建立电磁功率 P_e，因此，电网通过转子侧的交-交变频器向转子馈入其余部分的功率，这部分功率正比于转差率，即 $P_s = T\omega_0 s$。机械功率和转差功率之和是电磁功率，即 $P_M + P_s = T\omega s = P_e$。从定子侧回馈到电网的功率是 P_1，考虑到转子侧还有通过变压器和变频器由电网馈入的功率 P_{TR}，真正回馈到电网的功率是 $P_1 - P_{TR}$。

超同步速度电动工况时，电磁功率由定子侧的输入功率 P_1 建立。转差功率 P_s 通过变压器和变频器由电网馈入到转子侧。机械功率是电磁功率和转差功率之和，即 $P_M = P_e + P_s$。因为机械功率大于电磁功率，转子侧馈入的转差功率保证了电动机在超同步速度时的功率需求。当负载转矩为 T 时，超同步速度电动工况的能量关系式为

$$P_1 + P_{TR} - (\Delta P_1 + \Delta P_2) = T\omega_0(1 + |s|) = P_M$$

应当注意，这种工况下转差率是负值，电动机发出的转矩是电动转矩。

转子电动势和电流的频率总是等于转差频率，即 $f_2 = f_1 s$，因此转子附加电压 $\dot{U}_2$ 的频率也要等于转差频率。根据变频电源频率控制方法不同，可以把双馈调速分为他控式和自控式两种频率控制方式。

在他控式工作方式中，变频器的频率是独立控制的。变频器的每一个确定的频率都对应着电动机的一个确定的转速。他控式工作方式具有同步电动机的特点，与同步电动机不同之处在于转速可以调节。$f_2 = 0$ 是他控式双馈调速的特殊频率点，即是传统意义上的同步电动机特性。

在自控式工作方式中，变频器的频率是根据电动机的转速状态自动控制

的。这个频率要随时跟踪电动机的转差频率,需要在电动机轴上安装转子位置检测器(也称为差频信号检测器),实现频率和相位控制。自控式工作方式具有异步电动机的特性,与异步电动机的不同之处在于定子侧的无功功率是可以调节的,甚至对于电网呈现容性。

双馈调速可以在电动机的同步转速 ω_0 上下调节转速。最大调速范围是由转子侧变频器的两个参数确定:$f_{2 \cdot \max}$ 和 $U_{2 \cdot \max}$,即

$$D_{\max} = \frac{\omega_{\max}}{\omega_{\min}} = \frac{1 + s_{0 \cdot \max}}{1 - s_{0 \cdot \max}}$$

最大转差率的绝对值等于

$$|s_{0 \cdot \max}| = \frac{U_{2 \cdot \max}}{E_{2N}}$$

由于双馈调速多采用交-交变频器为转子供电,而交-交变频器最大的输出频率为 20Hz,所以最大转差率 $|s_{0 \cdot \max}| = 0.4$,最大调速范围为 $D_{\max} = (1 + 0.4)/(1 - 0.4) \approx 2.3:1$。

自控式双馈调速异步电动机的机械特性如图 6-35 所示,图中的 $\varepsilon = U_2/E_{2N}$ 是转子附加电压的相对值。双馈调速的异步电动机起动方式和串级调速的电动机起动方式相同。

串级调速和双馈调速的主要优点是效率高。因为通常调速范围不大于 2:1,所以转子侧变频器和变压器的功率只相当于电动机功率的一半,性能价格比很好。

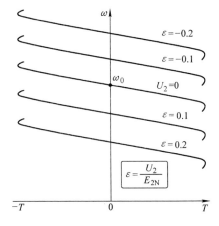

图 6-35 自控式双馈调速异步
电动机的机械特性

6.7 无换向器电动机

无换向器电动机(Commutatorless Motor)是一种采用电子元件换向的直流电动机。又称无整流子电动机。习惯上把直流供电的、逆变器由晶体管构

成的小功率电动机称为无刷直流电动机；把容量较大的叫做无换向器电动机。无换向器电动机有用直流供电的，称直流无换向器电动机；也有用交流供电的，称为交流无换向器电动机。在大功率的无换向器电动机中，其逆变器多用晶闸管构成，所以又称之为晶闸管电动机。晶闸管电动机又可分为直流晶闸管电动机和交流晶闸管电动机。

交流无换向器电动机的结构类似于同步电动机。控制系统根据电动机转子的位置保证电动机绕组正确地换流。直流电动机换流时，电刷和整流子保证了电枢绕组中的导体与磁极的位置关系。从换流的原理来说，这种电动机很像直流电动机。

直流电动机的固有缺点是使用电刷和整流子构成的换向器，换向火花限制了电枢的电压和电流值，既限制了电动机容量和过载能力，也无法提高动态特性。此外还有可靠性和维护的问题。而无换向器电动机就不存在这些问题。这是因为无刷电动机用晶闸管或晶体管的无接触式换向器取代了接触式换向器。电动机运行方式已经不同于同步电动机，已经属于直流电动机的运行方式，即采用改变外加的电压的方法调速，所以这种电动机也称为无刷直流电动机。无换向器电动机的调速性能好，应用广泛。

6.7.1　永磁式交流无换向器电动机

永磁式交流无换向器电动机所使用的电动机类似永磁同步电动机（见图6-36），转子是由稀土永磁材料制成的磁极。定子侧的电源是由直流电源，

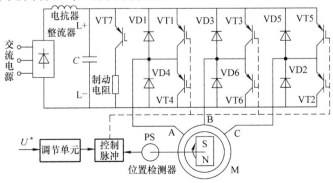

图 6-36　采用晶体管作为开关器件的永磁式交流无换向器电动机

通过晶体管开关器件构成的三相桥式逆变电路向定子三相绕组供电。晶体管开关器件的导通和关断的策略是由转子磁极的位置所决定。

电动机的定子电流建立定子磁通 Φ_1，转子永久磁铁建立的磁通是 Φ_2。这两个磁通的相互作用产生电磁转矩 T，即

$$T = k\Phi_1\Phi_2\sin\left(\frac{\theta}{p_n}\right) \tag{6-31}$$

式中　θ——定子磁通矢量 Φ_1 和转子磁通矢量 Φ_2 的空间夹角。

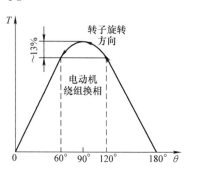

定子磁通吸引着转子磁通，并带动转子磁极转动。形象地打个比方，就像用一个永久磁铁吸引指南针转动。当两个磁通矢量之间的空间夹角为 90°时，电动机产生最大转矩；当两个磁通矢量之间的空间夹角减小，转矩随之减小直至减小为零。转矩和两个磁通矢量夹角的关系如图 6-37 所示。

图 6-37　定子磁通 Φ_1 和转子磁通 Φ_2 之间的夹角与转矩的关系（极对数 $p_n = 1$）

下面我们来分析电动工况时的定、转子磁通的空间矢量图（为了简化起见，以极对数 $p_n = 1$ 为例）。假定当前时刻晶体管 VT3 和 VT4 导通（见图 6-36），这时电流的通路是：电源正极 L + →晶体管 VT3→绕组 B→绕组 A→晶体管 VT4→电源负极 L − 。定子绕组 A、B 产生的合成磁势的空间矢量位于 F_3 的位置（见图6-38a）。如果此时转子的位置如图 6-38b 所示，根据式 (6-31)，电动机将会产生电磁转矩，转子在电磁转矩的作用下按顺时针方向转动。随着 θ 角逐渐减小，转矩也逐渐变小。当转子转过 30°就应当使电动机绕组进行换相（见图 6-38a），电动机的合成磁势应当位于 F_4 的位置。为此，需要关断晶体管 VT3，导通晶体管 VT5。以此类推，换相原则是按晶体管序号递增的顺序依次进行的。由晶体管 VT1 ~ VT6 构成的无触点换相开关的动作受位置检测器 PS 的控制。为了得到最大的转矩的值并且转矩波动最小，角度 θ 应当保持在90° ± 30°的范围之内。如果极对数 $p_n = 1$，则转子每转

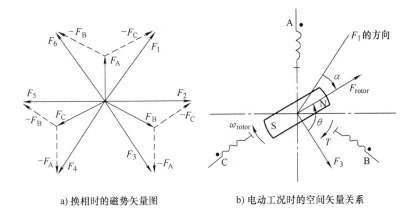

a) 换相时的磁势矢量图   b) 电动工况时的空间矢量关系

图 6-38 电动机绕组换相时的磁势矢量图和空间矢量关系

一周，六个开关元件就动作一次，定子的合成磁势也旋转一周。如果极对数为 p_n，并且 $p_n > 1$，那么同样六个开关器件动作一次，定子磁势旋转 $360/p_n$ 度，转子也旋转同样角度。

改变定子的磁势的大小就可以调节转矩，也就是说改变定子的平均电流就可以改变转矩。定子的平均电流是

$$I_1 = \frac{U_1 - E_a}{2R_1} \tag{6-32}$$

式中 R_1——定子一相绕组的电阻。

定子绕组的感应的电动势 E_a 与转子的转速和转子磁通的乘积成正比，所以定子回路的电压方程为

$$U_1 = k\Phi_2\omega + 2I_1R_1 + 2L_1\frac{dI_1}{dt} \tag{6-33}$$

式中 L_1——定子一相绕组的电感。

因此，调节电动机定子侧的供电电压，就可以改变定子电流，从而达到调节转矩的目的，即

$$T = k_T\Phi_2I_1 \tag{6-34}$$

当开关元件关断后电流不会立即消失，电流将通过续流二极管和滤波电容 C 构成闭合回路。

从式（6-32）~式（6-34）不难看出，永磁式交流无换向器电动机的电

流、电压、和转矩公式与直流电动机的相应公式基本雷同。所以它的机械特性也和他励直流电动机在恒磁条件下的机械特性相同。

永磁交流无换向器电动机的调压调速的方法是通过改变开关器件的控制脉冲的宽度来实现的。即在一个开关周期内改变晶体管 VT1 ~ VT6 的控制脉冲的占空比，就可以调节加到定子绕组上的平均电压。

为了实现制动工况，必须改变开关器件的开关模式，使得定子磁势矢量在空间落后于转子磁势，并使 $U_1 < E_a$，这时电动机的转矩为负值。如果输入侧的整流器是不可控的整流器，制动能量无法回馈到电网，只能向滤波电容 C 充电。为了限制电容 C 上的电压值，这时应当接通晶体管 VT7，使得制动能量通过制动电阻泄放掉。

6.7.2 晶闸管交流无换向器电动机

大中型无换向器电动机一般采用电气励磁的同步机作为传动电动机。大功率的同步电动机的定子电压可以达到 6 ~ 10kV，所以采用晶闸管作为换相的开关器件构成整流器和逆变器（见图 6-39）。逆变器根据转子位置检测器的信号使定子完成换相功能。因为晶闸管是半可控的半导体器件，在逆变工况时必须依靠电动机定子的反电动势才能关断。为了保证逆变器晶闸管能够可靠地换相，根据转矩公式 $T = k\Phi_0 I_1 \sin(\theta - \beta)$，在较小转矩时逆变触发角 β 不能小于 $15°$。

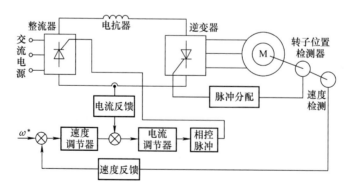

图 6-39 晶闸管交流无换向器电动机的控制系统框图

因为直流回路中接入了电感量很大的电抗器，逆变器如同一个电流源。

电流调节是通过脉冲相位控制整流器的输出电压实现的，即

$$I_1 = \frac{1.35 U_{2l}\cos\alpha - k\Phi_0\omega}{R_\Sigma}$$

式中 R_Σ——定子回路的等效电阻；

$\quad\quad U_{2l}$——整流器的供电线电压；

$\quad\quad \Phi_0$——转子励磁绕组建立的磁通。

调节电动机的定子电流就可以改变转矩。这种晶闸管无换向器电动机的调节方式是双闭环结构——速度外环和电流内环。通过双闭环结构的调节，实现对整流器输出直流电压的调节，达到调节转矩和转速的目的。而逆变器实现对定子绕组的换相控制，必须根据转子磁极的位置确定开关器件动作的策略。如果输入侧的整流器采用了可逆的晶闸管整流器件，当 $k\Phi_0\omega > 1.35 U_{2l}\cos\alpha \cdot \cos\beta$ 时，可以实现再生回馈制动，把制动能量回馈到电网。

晶闸管无换向器电动机在低速时（小于 $0.1\omega_N$）电动势不足以使逆变器的晶闸管换相，必须采用复杂的强制换相方式。这是这种传动方式的主要缺点。图6-40所示为晶闸管交流无换向器电动机的机械特性。

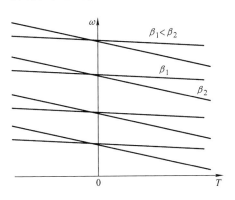

图6-40 晶闸管交流无换向器电动机的机械特性

随着 IGBT 和可 IGCT 器件的发展，可以强制关断的逆变器的应用也越来越广泛。无换向器电动机的调速范围和动态调节性能都得到大幅提高。

小知识 用复变函数描述交流电

用复变函数记述交流电可以得到事半功倍的效果。应用最广泛的就是著名的欧拉公式

$$e^{jx} = \cos x + j\sin x$$

$$e^{-jx} = \cos x - j\sin x$$

式中　e——自然对数的底;

　　　j——虚数单位。

正弦交流电压和电流可以表示为瞬时值的形式

$$u = \sqrt{2}U\sin(\omega t + \theta)$$

$$i = \sqrt{2}I\sin(\omega t + \varphi)$$

如果用复变函数表示为矢量形式为

$$\dot{U} = U\angle\theta = Ue^{j\theta}$$

$$\dot{I} = I\angle\varphi = Ie^{j\varphi}$$

用欧拉公式展开为

$$\dot{U} = U(\cos\theta + j\sin\theta)$$

$$\dot{I} = I(\cos\varphi + j\sin\varphi)$$

也可以这样解释:如果把实数轴上的某个大小为 I 的矢量旋转 φ 相位角,就相当于 I 乘以 $(\cos\varphi + j\sin\varphi)$,这在矢量旋转计算时非常有用。

1. 简述异步电动机调速方式的分类。

2. 当异步电动机工作在较小转差率时,使用哪种调速方式更为合理?

3. 说明在绕线转子异步电动机转子回路串入附加电阻进行调速的优缺点?

4. 说明异步电动机变极调速的原理。

5. 异步电动机的调压调速主要缺点是什么?

6. 异步电动机的绝对转差率采用什么单位?

7. 怎样计算异步电动机定子绕组电阻上的电压降?

8. 异步电动机变频调速时,为什么要保持压频比恒定? 低速时要怎样对电压进行提升?

9. 简述变频器的分类及特点。

10. 简述交-交变频器的输出频率范围和适用范围。

11. 为什么交-交变频器需要使用全关断检测电路?

12. 简述交-交变频器的谐波和功率因数的概念。

13. 经常采用哪些坐标系来分析交流电动机的电磁过程?

14. 找到一台同步电动机,根据它的参数绘出矢量图。

15. 为什么多电平变频器广泛用于高压电动机的调速中?

16. 说出矢量控制和直接转矩控制的区别。

17. 简述开关矢量和开关函数。

18. 电流型和电压型交-直-交变频器在结构和特性方面有何区别?

19. 一台电流型变频器能够为几台异步电动机供电吗?

20. 怎样调节交-直-交电压型变频器的输出电压值?

21. 用什么样的半导体器件构建无换向器电动机的主回路?

22. 简述串级调速的原理。

23. 简述双馈调速的原理和特点。

24. 为什么把无换向器电动机称为无刷直流电动机?

25. 为什么无换向器电动机必须使用转子位置检测器?

第 7 章 ▶▶▶▶▶

磁阻电动机、步进电动机和直线电动机

7.1　开关磁阻电动机

开关磁阻电动机（Switched Reluctance Drive，SRD）是继变频调速系统、无刷直流电动机调速系统之后发展起来的新一代无级调速电气传动系统。开关磁阻电动机兼有异步电动机和直流电动机的优点，应用在工业、牵引运输和家用电器等领域。这种系统是由磁阻电动机、功率变换器、转子位置检测器和控制装置四大部分所组成。图7-1所示为磁阻电动机的结构图。

磁阻电动机是利用磁阻最小原理，即磁通总是沿着磁阻最小的路径闭合，并由磁力带动转子转动。磁阻电动机的定、转子的凸极均由普通硅钢片叠压而成。定子极上绕有类似感应电动机的集中绕组，定子径向相对的两个绕组相连，成为"一相"。各相绕组依次通过直流电流形成旋转磁场。转子制成齿状，既无绕组也无永久磁体，只是被动地随着旋转磁场转动。磁阻电动机的定子齿数和转子齿数不相等，而且可以设计成多种不同齿数结构。如果齿数多、步距角小，有利于减少转矩脉动，但结构复杂，且主开关器件多，成本高。图7-1中示例的磁阻电动机的定子为6齿（3个相绕组），转子为4齿。

常用的相数、齿数、步进角的关系见表7-1。

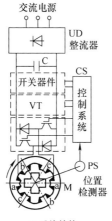

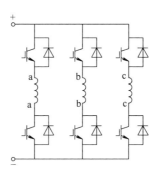

a) 系统结构   b) 相绕组与开关元件

图 7-1   磁阻电动机的结构图

表 7-1   磁阻电动机相数、齿数和步进角之间的关系

相　数	3	4	5	6	7	8
定子齿数	6	8	10	12	14	16
转子齿数	4	6	8	10	12	14
步进角（度）	30	15	9	6	4.28	3.21

磁阻电动机的功率变换器为电动机的定子相绕组供电，并且要根据转子的位置进行换流，因此转子上面必须装有位置检测器（PS）。

磁阻电动机工作时轮流使定子绕组 a-a，b-b，c-c 通电，绕组产生的磁通力图通过磁阻较小的相邻齿隙形成闭合磁路。在电磁力的作用下，转子齿向定子齿靠拢而产生转矩，使电动机转动。随后再根据转子的位置改变定子绕组的导电通路，由于定子和转子的齿数不同，总会形成新的较小磁路的齿隙。于是像这样接连不断地改变导电绕组，形成连续的转矩。

磁阻电动机的定子齿数和转子齿数不相等并且应为偶数，以避免可逆运行时产生不对称的电磁力。磁阻电动机的转矩方向与电流极性无关，只需要单方向的励磁电流。功率变换器中每相中的开关元件与绕组串联，不会出现普通 PWM 逆变器有同一桥臂短路的危险，线路简单，可靠性高。改变绕组通电的顺序，可以改变旋转方向，实现四象限运行，适于频繁起制动和正反向运行。

磁阻电动机的转速为

$$n = \frac{60f_{ph}}{Z_r} \tag{7-1}$$

式中　f_{ph}——相绕组通电的频率；

　　　Z_r——转子齿数。

因为电磁转矩只和相绕组的电流的平均值有关，因此通过改变加到相绕组上的电压就可以调节转矩。图 7-1 所示的电路中，是通过加到相绕组的脉冲电压的占空比实现调压。磁阻电动机的可控参数多，调速性能好。控制开关磁阻电动机的主要运行参数和常用方法至少有四种：相导通角、相关断角、相电流幅值、相绕组电压。可控参数多，意味着控制灵活方便。可以根据对电动机的运行要求和电动机的情况，采取不同控制方法和参数值，即可使之运行于最佳状态（如输出功率最大、效率最高等），还可使之实现各种不同的功能的特定曲线。

开关磁阻电动机的本质是很容易实现无速度传感器控制的。特别是在低速时，由于凸极特性使绕组的电感发生很大的变化，很容易根据这一变化推算出转子的位置。开关磁阻电动机还可以利用逆变器进行弱磁运行。开关磁阻电动机的功率范围从数瓦到数百千瓦，转速可以达到 6000r/min。适用于电动车辆、家用电器、以及各种恶劣环境的工业设备，是一种很有前途的电气传动方式。

7.2　步进电动机

很多机械的执行机构要求做严格定量的位移运动。典型的例子如机床的进给机构、装配流水线、计算机外围设备等。这种运动的特点是，无论平动还是转动，运动都是具有离散的特点。驱动这些机械的最好传动方式就是步进电动机。离散化的电气传动天然地和数字化控制系统结下不解之缘。步进电动机转矩和速度具有步进的特点，步进角度越小控制精度就越高。功率范围从数瓦到数千瓦，应用范围广。

按照转子励磁方式，步进电动机可以分为永磁式、反应式和混合式三种类型。永磁式步进电动机的转子为永磁材料，转子的极数等于每相定子极数，不开小齿，步距角较大，力矩较大。反应式步进电动机的转子为软磁材料，无绕组，定、转子开小齿、步距小，步进角较小，但噪声和振动都很大。混合式步进电动机的转子为永磁式、两段、开小齿，具有永磁式和反应式的优点，转矩大、动态性能好、步距角小。但结构复杂，成本较高。

现以最简单的两相永磁步进电动机来说明步进电动机的原理（见图7-2）。这种电动机的定子有两对凸型磁极，其上有励磁绕组，形成两相结构的定子。转子用永久磁铁制成。步进电动机工作时，是由专门的驱动电源并通过"环形分配器"按照一定的规律向定子绕组通入电压脉冲。当第一个绕组通电时（1H－1K），其定子磁极产生磁场，将转子吸合到图7-2a所示之处。下一步是使第一个绕组断电，向第二个绕组（2H－2K）通电，转子将转过 $\pi/2$（见图7-2b）。第三步是使第二个绕组断电，使第一个绕组反向通电。第四步是使第一个绕组断电，使第二个绕组反向通电。如此循环。

采用这种控制方式时步进电动机的步进角度为 $\theta = \pi/(n \cdot p_n)$（$n$——定子绕组相数（图7-2中 $n=2$）；p_n——转子极对数（图7-2中 $p_n=1$））。

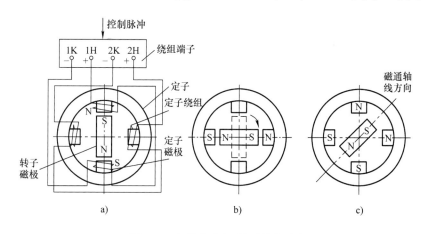

图7-2 永磁步进电动机的原理图

除了上述换流算法之外，还可以采用更加复杂的算法即所谓的"半步进角"算法。例如初始位置为第一个绕组通电（见图7-2a），下一步并不使第一个绕组断电，而使第二个绕组通电，形成两个绕组同时通电的状态。这时定子产生的合成磁势位于 $\pi/4$ 的位置，即合成磁通轴的位置，于是转子转到

π/4 的位置（图 7-2c）。

需要改变步进电动机的旋转方向时可以采用改变脉冲电压的极性的方法。步进电动机可以做角度控制也可以做速度控制。

做角度控制时，每输入一个脉冲，定子绕组就换接一次。每个脉冲对应于转子的步进角 θ，转子角位移量 φ 与输入的脉冲数 N 成正比，即

$$\varphi = \theta \cdot N \tag{7-2}$$

做速度控制时，送入步进电动机的是连续脉冲，各相绕组不断的轮流通电，步进电动机连续运转，平均转速与脉冲频率 f 成正比，即

$$\omega = \theta \cdot f \tag{7-3}$$

脉冲频率是控制步进电动机的重要参数，因为它决定了实施控制的时间。实施控制的最大脉冲频率受到定子绕组的电磁惯性的限制，也受到转子机械惯量的限制。这些惯性值越大，最大脉冲频率则越低。负载转矩增大，也限制了最大脉冲频率值。通常永磁式步进电动机的步进角为 π/12 ~ π/2，最大脉冲频率约为 500Hz。

现代的步进电动机的结构和外形多趋于多样化，定子绕组的相数由单相、两相向多相绕组的趋势发展，转子也由永磁式的主动型向感应式磁极的被动型方向发展。

常见的被动型反应式步进电动机的转子不是用永久磁铁制造，而是使用电工钢加工成有细分小齿形状。定子的凸极上也加工出细分的小齿（见图 7-3）。定子的齿数为 Z_s，转子的齿数 Z_r 应为偶数，且不能是 4 的倍数（因为该电动机的定子极对数为 4，防止定、转子之间形成死区）。通过选择转子移动的齿数实现不同的位移角度，转子的细齿相对于相邻的定子细齿之间的最小位移量为细齿宽度的 1/4。

当定子的某一相绕组通电时，因为气隙中磁通驱使磁路的磁阻变小，在电磁场的作用下，转子的细齿就和最接近的电子磁极上的细齿相互吸引而吻合。当电流换相到下一相绕组时，转子步进到下一个齿位。这时的步进角为

$$\theta = 2\pi \frac{Z_s - Z_r}{Z_s Z_r} \tag{7-4}$$

步进电动机和磁阻电动机的区别在于：步进电动机是开环工作的，在不

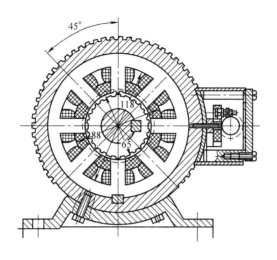

图 7-3 反应式步进电动机剖面图（4 对极）

失步的情况下，其转速由脉冲频率决定的；磁阻电动机由位置反馈控制，是一种自同步电动机，其转速是由驱动的电磁转矩和负载的阻力转矩共同决定的。

步进电动机不会产生累计误差，可用于驱动机床的进给机构或电子钟表。

7.3 直线电动机

绝大多数的电动机都是做旋转运动，而在实际工作的机构多数是做平移运动或往复运动。所以要采用蜗轮-蜗杆、齿轮-齿条或者曲柄-连杆等机械机构把旋转运动变为平移运动或往复运动，于是就萌生出使电动机的转子做平移运动或往复运动的想法。根据这种需求，直线电动机就应运而生了。

目前常用的直线电动机有直线感应电动机、晶闸管式异步直线电动机和步进式直线电动机。从原理上讲，任何形式的直线电动机都是把旋转电动机的圆柱状定子展开成为平面型定子所构成的。

直线感应电动机的概念可以这样建立：把普通异步电动机的定子沿径向切开并展开成为平面，原来定子绕组产生的旋转磁场就变成直线运动的行波磁场了。类似原来异步电动机中的定子称为初级元件，类似笼型转子的元件称为次级元件，也叫作动子。在定子绕组产生的气隙行波磁场与磁极磁场的共同作用下，气隙磁场对动子产生电磁推力。在这个电磁推力的作用下，如果初级元件是固定不动的，那么次级元件（动子）就沿着行波磁场的运动方向做平移运动或往复运动运动。动子的运动速度略低于定子行波磁场的速度。在需要直线运动的场合，采用直线电动机可使装置的总体结构得到简化，故直线电动机多用于各种定位系统和自动控制系统。大功率的直线电动机可用于电气铁路高速列车的牵引及鱼雷的发射装置中。

直线电动机按原理分为直流直线电动机、交流直线感应电动机、直线步进电动机和交流直线同步电动机，其中前三种应用较多。

直线感应电动机定子所产生的直线运动的行波磁场的速度（单位是 m/s）为

$$V_0 = 3\tau \cdot f \tag{7-5}$$

式中　τ——定子相邻磁极的间距。

动子的速度为

$$V = V_0(1 - s_1) \tag{7-6}$$

式中　s_1——直线转差率。

当工频供电的情况下，普通的直线感应电动机的行波磁场的速度可以高达 3m/s。所以很难直接采用这种电动机直接驱动生产机械，一般可以用来驱动运输机械。为了得到更低的速度，并且能够调节速度，通常采用变频器为定子提供变频电源。

一种直线感应电动机的结构如图 7-4 所示。图中的次级元件为动子，在定子行波磁场的作用下，沿着导轨做往复直线运动。由于定子磁场的漏磁严重，故这种结构的电动机功率因数很低。

为了增强定子和动子之间的电磁耦合程度，近来在电动机的结构方面做了很多改进，圆柱状直线电动机就是其中的一种，其结构如图 7-5 所示。图中的 1 是圆筒状的定子，其中分布着定子绕组 2。定子绕组之间填充着由铁磁材料构成的磁路部分 3。动子 4 是一个铁磁材料制成的空心圆杆。当定子绕组顺序通电时，动子在磁场的作用下，沿左右方向平动。因为减小了定子和动子之间的气隙，提高了功率因数。

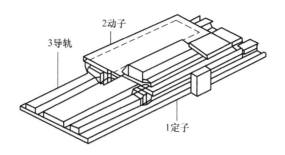

图 7-4　单坐标直线电动机的外形

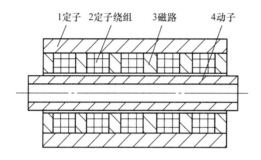

图 7-5　圆柱结构的直线电动机

　　磁悬浮列车的运动就是直线感应电动机的原理。这种车辆没有车轮，它是依靠磁力把列车悬浮起来。推进运动的定子线圈安置在线路的下面，车厢是动子。当定子线圈通电时，电磁力把车厢悬浮起来并使车辆沿着线路运行。

　　直线感应电动机的缺点是效率低，能量损失大，尤其是动子的转差损失最为显著。

　　以同步电动机的原理制成的直线电动机逐渐增多。把这种同步电动机的定子展开成平面形状，就形成直线电动机的定子。动子是由永久磁铁构成。定子绕组的通电顺序取决于动子的位置，为此，在动子上还应当装有位置传感器。根据需要，有时还可以把动子做成固定的结构，而使定子运动。

　　为了实现位置控制，最有效的传动方案就是采用直线步进电动机。这种电动机就是把普通的步进电动机的定子展开为平面形状，转子也做成平面的齿槽形状的动子。如果按照步进电动机的开关规律向定子绕组送电，动子将作步进直线运动。这种步进的步距可以做得非常小，甚至达到 0.1mm 的精度。

直线步进电动机的速度 V 与齿距 τ、相数 m 以及开关切换频率 f 有关，即 V

$$V = \frac{\tau f}{m} \tag{7-7}$$

直线步进电动机的最高速度受到齿距和开关频率的限制，一般情况下，齿距与气隙的比值不小于10。

为了简化单坐标直线电动机的机械结构，并实现用一套传动装置控制多个坐标的直线运动，可以采用正交控制的原理。即在定子驱动部分配置两套正交的绕组，并把动子的导轨也做成垂直方向，那么，在正交控制系统的控制下，运动部分就可以沿着两个相互垂直的方向运动，实现在平面上的位移。实现这种功能的关键在于运动部件的支架结构，现在有利用气囊式支架达到体轻、灵活的目的。

直线式步进电动机的牵引力小，效率低，只适合用于轻量级机器人，轻型机床、测量仪器、激光切割等轻型设备上。

小知识　　　　　磁路的欧姆定律

1. 磁动势 F 由电流在线圈中产生，设线圈的匝数为 N，电流为 I，则有

$$F = NI \text{（单位：A）}$$

2. 磁阻 R_m

$$R_m = \frac{l}{\mu A} \text{（单位：A/Wb）}$$

式中　l——磁路长度；

　　　A——磁路截面积；

　　　μ——磁导率。

3. 磁路的欧姆定律。设磁通为 Φ，则磁路欧姆定律为

$$\Phi = \frac{F}{R_m} = \frac{NI}{R_m} \text{（单位：Wb）}$$

4. 磁通密度 B 为单位面积上的磁通量，H 为磁场强度，单位为 A/m，则有

$$B = \frac{\Phi}{A} = \frac{NI}{R_{m}A} = \mu \frac{NI}{l} = \mu H \quad (\text{单位：T})$$

5. 电路和磁路的对应关系

电路和磁路的对应关系

电　路		磁　路	
电动势	E（V）	磁动势	F（A）
电流	I（A）	磁通	Φ（Wb）
电流密度	J（A/m^2）	磁通密度	B（T）
电阻	R（Ω）	磁阻	R_{m}（A/Wb）
电导率	Σ（S/m）	磁导率	μ（H/m）

自 检 思 考 题

1. 为什么开关磁阻电动机的定子齿数与转子齿数不相等?

2. 开关磁阻电动机中的位置检测器起什么作用?

3. 为什么开关磁阻电动机是一种很有发展前途的电气传动方式?

4. 磁阻电动机和步进电动机的区别是什么?

5. 叙述永磁步进电动机的原理?

6. 什么是步进电动机的最大脉冲频率? 它受哪些因素影响?

7. 阐述直线电动机的优点。

8. 找出直线电动机的实际应用例。

9. 阐述直线异步电动机和直线同步（无刷）电动机的区别。

第 8 章 ▶▶▶▶▶

电气传动系统的过渡过程

8.1 基本概念

所谓电气传动系统的过渡过程是指电动机在起动、停止、加减速、加减负载等动态过程。在这个过程中，电流、转矩、速度等物理量随时间变化，并由一个稳态值变化到另一个稳态值。这种变化是不可能瞬间完成的，电流受到电磁参数的制约不能瞬变，速度受到机械惯量的制约也不能瞬变。

产生过渡过程的原因不外乎以下两种：

–控制原因：通过控制改变电气传动系统的运行状态，例如人为改变电动机的速度；

–扰动原因：外界扰动因素使得电气传动系统的状态发生变化，例如电动机轴上负载的变化。

许多生产机械，如轧钢机、挖掘机、数控机床等必须具有优良的动态特性，具有快速地改变速度的能力，或者对变化的负载特性做出尽快的响应。只有当电气传动系统具有较大的功率储备，才能缩短过渡过程的时间，减小过渡过程的波动。

有些生产机械，如造纸机、胶片机等需要速度稳定。一般情况下速度的设定值都是稳定的常数值，外界的扰动是影响速度稳定的主要因素。对于这类机械的传动系统，应当通过改善调节系统的特性，以使扰动引起的速度偏差值最小。

对于驱动随动系统的伺服电动机，速度和位置的控制精度十分严格。过渡过程的特性就显得更加重要。

图 8-1 所示为阶跃给定时的过渡过程曲线，又称飞升曲线。过渡过程可以简单地分为振荡过程（曲线 1）和单调过程（曲线 2）两种类型。图中还给出描述过渡过程品质的几个指标：

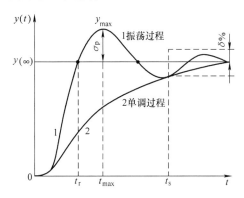

图 8-1 阶跃给定时过渡过程曲线

上升时间 t_r：被调节量 $y(t)$ 第一次达到其稳态值 $y(\infty)$ 的时间，表示消除偏差的速度。它是反映过渡过程快速性的一个指标。

过渡时间 t_s 当 $t \geq t_s$ 时，满足

$$\frac{|y(t) - y(\infty)|}{y(\infty)} \leq \delta\% \tag{8-1}$$

t_s 是指被调节量 $y(t)$ 开始进入并驻留于 $\pm\delta\%$ 的邻域内的时间。式中的 $\delta\%$ 为指定小数，通常取值 2% 或 5%。显然，过渡时间 t_s 也是描述过渡过程快速性的指标，它代表了系统跟随给定值或在扰动后恢复原值的快慢程度。

超调量 σ_p：代表被调节量的过冲程度，即反映了系统的稳定性。可以把超调量定义为是指被调节量 $y(t)$ 和稳态值 $y(\infty)$ 之偏差与稳态值 $y(\infty)$ 的最大相对值，即

$$\sigma_p = \frac{y_{max} - y(\infty)}{y(\infty)}\% \tag{8-2}$$

超调量越大，系统的稳定性就越差，反之亦然。

静差：指过渡过程结束后尚剩余的偏差。对于恒值系统来说，是指在扰动的作用下，最后偏离原稳定值的大小；对于随动系统来说，是指偏离给定值的大小。静差代表静态特性的好坏，又称为稳态精度。

以上这些描述过渡过程品质的指标都是在单位阶跃给定或者单位阶跃扰动的基础上得到的。

为了计算和分析过渡过程的特性，必须建立过渡过程的方程式，即电气传动中各种物理量（如速度、电流、转矩等）与时间的函数关系。这些函数关系通常都是用微分方程来表示的，而微分方程的阶数是由系统中所包含惯性元件的数量所决定。下面叙述电气传动系统中的主要惯性元件。

机械的惯性与储存动能的元件有关；度量转动物体的机械惯性的物理量是转动惯量，其量值取决于物体的形状、质量分布及转轴的位置。对于常规的电气传动系统，我们所关注的是把相关转动物体（电动机和工作机械）的转动惯量折算到同一轴上，即总的转动惯量 J_Σ。在分析电气传动系统的过渡过程时，转动惯量以机电时间常数 τ_m 的形式出现，即

$$\tau_m = \frac{J_\Sigma}{\beta} \tag{8-3}$$

式中 β——电气传动系统的机械特性的硬度。

电磁惯性与储存电磁能量的元件有关；量度电磁惯性的参数是电磁时间常数 τ_e，

$$\tau_e = \frac{L}{R} \tag{8-4}$$

式中，L 和 R 分别是电磁储能元件（例如线圈）的电感值和电阻值。

静电惯性与储存静电的电容器有关；度量这个惯性的参数是静电时间常数 τ_c，

$$\tau_c = RC \tag{8-5}$$

式中 C——电容量；

R——充放电回路的电阻值。

机械惯性、电磁惯性、静电惯性都是各种储能元件的本质属性，这些时间常数在以后研究过渡过程时也会经常用到。

只要系统中有储能元件，能量的储存和释放不能瞬间完成，就会存在惯

性，从一种运动状态过渡到另一种运动状态就不能瞬间完成。时间常数就是
描述这种过渡过程特性的重要参数。

如果能流的方向是单方向的，则过渡过程也是单调的曲线。例如接通直
流电动机的励磁回路的电压，励磁电流随时间变化的过程就是单调上升的曲
线（见图8-2）。可以用微分方程来描述这个电流的变化过程

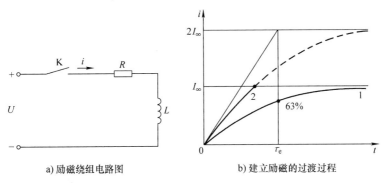

a) 励磁绕组电路图   b) 建立励磁的过渡过程

图 8-2　接通励磁绕组开关时励磁电流的过渡过程

$$U = iR + L\frac{\mathrm{d}i}{\mathrm{d}t}$$

考虑到电磁时间常数，得到

$$\tau_e \frac{\mathrm{d}i}{\mathrm{d}t} + i = \frac{U}{R} = I_\infty \tag{8-6}$$

式中　I_∞——励磁电流的稳态值。

用微分算子 p 代替微分符号 $\mathrm{d}/\mathrm{d}t$，得到

$$i(\tau_e p + 1) = I_\infty$$

解此微分方程得到

$$i = I_\infty - (I_\infty - I_0)\,\mathrm{e}^{-\frac{t}{\tau_e}}$$

式中　I_0——励磁电流的初始值。

当 $I_0 = 0$ 时，上式可以简化成为

$$i = I_\infty\left(1 - \mathrm{e}^{-\frac{t}{\tau_e}}\right) \tag{8-7}$$

励磁电流的过渡过程 $i = f(t)$ 是一个指数特性的曲线（见图8-2b）。对
应于 τ_e 时刻，电流增大到 $0.63I_\infty$，在 $3\tau_e$ 时，电流增大到 $0.95I_\infty$，在 $5\tau_e$ 时，
电流增大到 $0.996I_\infty$。实际工作中，可以近似认为过渡过程的时间是（3~5）

τ_e。若要缩短电流的过渡时间，唯一的办法就是增大励磁绕组的电压，也就是常说的强励作用。例如可以把励磁电压增大一倍，这时励磁电流的过渡过程是曲线 2，电流的稳态值是 $2I_\infty$。当励磁电流达到 I_∞ 时，再把励磁电压减小到正常值。很明显，强励作用加快了过渡过程。工程中强励系数一般取 2～3 倍。

8.2 电气传动系统过渡过程分析

改变电动机的电流、转矩和速度都会引起电气传动系统的过渡过程。电气传动系统的过渡过程的现象是很复杂的。在这个过程中，电磁过渡过程和机电过渡过程同时发生，参与过渡过程的惯性环节的数量以及各个惯性环节的时间常数，都决定着过渡过程的特性。

电气传动系统的过渡过程与系统的特性有关，可以用线性微分方程描述的系统称为线性系统；用非线性微分方程来描述的系统称为非线性系统。很多非线性系统可以采取忽略不重要的非线性因素近似处理成为线性系统。对于线性系统，可以用求解微分方程的方法分析过渡过程的特性；对于非线性系统，可以采用数值计算或计算机仿真的方法得到过渡特性。如果是高阶的微分方程，可以忽略相对较小的时间常数，把微分方程进行降阶化简成低阶微分方程。

电气传动系统中最为关键的元件就是电动机，如果电动机轴与线性机械是硬性连接，就构成典型的线性机电系统。这里所说的线性机械是指转动惯量不会改变，连接轴没有弹性扭变的机械系统。下面就来分析这种机电系统的特性。

首先要写出电气传动系统的运动方程（见 2.3 节）

$$T - T_L = J_\Sigma \frac{d\omega}{dt} \tag{8-8}$$

式中　J_Σ——折算到电动机轴上的转动惯量之和；

　　　T_L——折算到电动机轴上的负载转矩。

电动机的机械特性可以用下面方程来描述：

$$T = \beta \ (\omega_0 - \omega) \tag{8-9}$$

式中 ω_0——电动机的理想空载转速，rad/s；

$\beta = \mathrm{d}T/\mathrm{d}\omega$——电动机机械特性的硬度。

由式（8-8）和式（8-9）可以得到电气传动系统的运动方程

$$\frac{J_\Sigma}{\beta} \cdot \frac{\mathrm{d}\omega}{\mathrm{d}t} + \omega = \omega_0 - \frac{T_\mathrm{L}}{\beta} \tag{8-10}$$

式中的 J_Σ/β 表示负载引起的速度降，相当于式（4-3）所指的静差 $\Delta\omega_\mathrm{L}$。$(\omega_0 - T_\mathrm{L}/\beta)$ 是稳态时的速度值，相当于过渡过程结束时的转速终值 ω_∞（见图8-3a）。

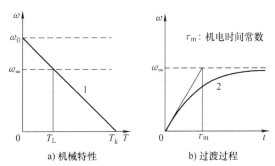

图 8-3 电动机起动时的过渡过程

很显然机电时间常数为

$$\tau_\mathrm{m} = \frac{J_\Sigma}{\beta} \tag{8-11}$$

于是，过渡过程的运动方程可以写成

$$\tau_\mathrm{m} \frac{\mathrm{d}\omega}{\mathrm{d}t} + \omega = \omega_\infty \tag{8-12}$$

把工作机械的转动惯量折算到电动机轴上时，总的转动惯量为 J_Σ，相当于只有一个机械惯性在起作用，微分方程是一阶的。这个微分方程的解也是指数形式，时间常数为 τ_m（见图8-3b）。

$$\omega = \omega_\infty - (\omega_\infty - \omega_0)\,\mathrm{e}^{-\frac{t}{\tau_\mathrm{m}}} \tag{8-13}$$

当初始值 $\omega_0 = 0$，则

$$\omega = \omega_\infty \left(1 - \mathrm{e}^{-\frac{t}{\tau_\mathrm{m}}}\right) \tag{8-14}$$

例题 8.1 一台他励直流电动机，额定数据是：功率 $P_\mathrm{N} = 6.5\mathrm{kW}$，转速 $\omega_\mathrm{N} = 104.7\mathrm{rad/s}$（即 $n_\mathrm{N} = 1000\mathrm{r/min}$），电枢额定电压 $U_\mathrm{N} = 220\mathrm{V}$，电枢额定电

流 $I_N = 33.5A$，电枢回路总电阻 $R_\Sigma = 0.77\Omega$，电枢回路总电感 $L_\Sigma = 10\text{mH}$，转动惯量 $J_\Sigma = 1.0\text{kg} \cdot \text{m}^2$。

电动机空载起动，起动结束后加上额定负载。起动时电枢电压为额定电压，励磁绕组已经通电。为了限制起动电流，在电枢回路串有起动电阻，其作用是把起动电流限制在 2.5 倍的 I_N。起动结束后，起动电阻被短接。

解： 1. 电动机的额定转矩

$$T_N = \frac{P_N}{\omega_N} = \frac{6500}{104.7} = 62.1\text{N} \cdot \text{m}$$

2. 电动机转矩常数（注：$C = C_T \Phi = C_E \Phi$）

$$C = \frac{T_N}{I_N} = \frac{62.1}{33.5} = 1.85\text{N} \cdot \text{m/A} = 1.85\text{V} \cdot \text{s}$$

3. 理想空载转速

$$\omega_0 = \frac{U_N}{C} = \frac{220}{1.85} = 118.9\text{rad/s}$$

4. 起动电阻

$$R_{qd} = \frac{U_N}{2.5I_N} - R_\Sigma = \frac{220}{2.5 \times 33.5} - 0.77 = 1.86\Omega$$

5. 最大起动转矩

$$T_k = 2.5T_N = 2.5 \times 62.1 = 155.3\text{N} \cdot \text{m}$$

6. 自然机械特性的硬度

$$\beta = \frac{C^2}{R_\Sigma} = \frac{1.85^2}{0.77} = 4.44\text{kg} \cdot \text{m}^2/\text{s}$$

7. 起动时的机械特性硬度

$$\beta_{qd} = \frac{C^2}{R_\Sigma + R_{qd}} = \frac{1.85^2}{0.77 + 1.86} = 1.30\text{kg} \cdot \text{m}^2/\text{s}$$

8. 自然机械特性的机电时间常数

$$\tau_m = \frac{J_\Sigma}{\beta} = \frac{1.0}{4.44} = 0.23\text{s}$$

9. 带起动电阻时机械特性的机电时间常数

$$\tau_{m \cdot qd} = \frac{J_\Sigma}{\beta_{qd}} = \frac{1.0}{1.30} = 0.77\text{s}$$

10. 自然机械特性的电磁时间常数

$$\tau_e = \frac{L_\Sigma}{R_\Sigma} = \frac{0.01}{0.77} = 0.013\text{s}$$

11. 起动时的过渡过程特性（这时的稳态转速是理想空载转速）

$$\omega = \omega_0 (1 - e^{-\frac{t}{\tau_{m \cdot qd}}}) = 118.9(1 - e^{-1.30t})$$

12. 起动过程结束后，起动电阻被短接。电动机加上额定负载，即 $T_L = T_N$。这时的稳态转速 ω_∞ 与负载有关，若负载为额定转矩，则稳态转速为额定转速

$$\omega_\infty = \omega_0 - \frac{T_L}{\beta} = 118.9 - \frac{62.1}{4.44} = 104.9 \text{rad/s}$$

13. 加上额定负载引起第二段过渡过程的特性为

$$\omega = \omega_\infty - (\omega_\infty - \omega_0) \ e^{-\frac{t}{\tau_m}} = 104.9 - (104.9 - 118.9) \ e^{-4.44t}$$
$$= 104.9 + 14e^{-4.44t}$$

两段过渡过程的特性曲线如图8-4所示。曲线段1是带起动电阻情况下，空载起动的过渡过程；曲线段2是起动过程结束后，起动电阻短接，带有额定负载时的过渡过程。

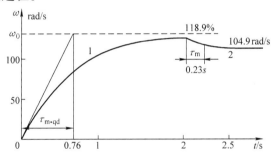

图 8-4 例题 8.1 的计算结果

8.3 直流电气传动系统的过渡过程

本节研究晶闸管—直流电动机电气传动系统的过渡过程。晶闸管整流器被视为一个放大倍数为常数的比例环节。由以下方程来描述恒定励磁的直流电动机的过渡过程（见5.1节）。

$$\left. \begin{array}{l} U_a = C\omega + I_a R_a + L_a \dfrac{dI_a}{dt} \\[2mm] T = CI_a \\[2mm] T - T_L = J_\Sigma \dfrac{d\omega}{dt} \end{array} \right\} \qquad (8\text{-}15)$$

式中　C——磁通不变时的转矩系数，$C = C_T\Phi$。

研究直流电动机的过渡过程需要考虑两个惯性环节，即考虑两个时间常数：机电时间常数τ_m和电枢回路的电磁时间常数τ_a。

$$\tau_a = \frac{L_a}{R_a} \tag{8-16}$$

$$\tau_m = \frac{J_\Sigma}{\beta} = \frac{J_\Sigma R_a}{C^2} \tag{8-17}$$

由式（8-15）、式（8-16）和式（8-17）得到

$$\tau_m \tau_a \frac{d^2\omega}{dt^2} + \tau_m \frac{d\omega}{dt} + \omega = \omega_\infty \tag{8-18}$$

式中　$\omega_\infty = \dfrac{U_a}{C} - \dfrac{R_a T_L}{C^2}$——转速的稳态值。

二阶微分方程（8-18）是研究电动机过渡过程的通式。凡是机械特性为线性形式的电动机，都可以用此式描述，区别只在于机械特性的硬度β不同。

用微分算子$p = d/dt$代替式（8-15）中的微分项，得到如式（8-19）的形式，并可据此绘出电动机的结构框图。

$$\left.\begin{array}{l} U_a = C\omega + I_a R_a\ (\tau_a p + 1) \\[2mm] T = CI_a \\[2mm] T - T_L = \dfrac{C^2}{R_a}\tau_m p\omega \end{array}\right\} \tag{8-19}$$

恒定励磁情况下的直流电动机结构框图8-5中由4个典型环节构成：电枢回路——由电枢电压产生电枢电流，惯性环节的时间常数是τ_a；电磁耦合环节——电枢电流在气隙磁通作用下产生电磁转矩，电能转变为机械能，比

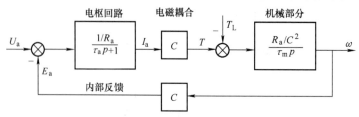

图8-5　恒定励磁的直流电动机的传递函数框图

例环节的系数为 C；机械部分——反映了机械部分的转动惯量，惯性环节的时间常数是 τ_m；内部反馈环节——电动机内部的旋转电动势，比例环节的系数为 C。

以电枢电压 U_a 为输入量，电动机的转速 ω 为输出量，电动机的传递函数为

$$W_{U_a \to \omega}(p) = \frac{\omega(p)}{U_a(p)} = \frac{1/C}{\tau_m \tau_a p^2 + \tau_m p + 1} \tag{8-20}$$

特征方程

$$\tau_m \tau_a p^2 + \tau_m p + 1 = 0 \tag{8-21}$$

的两个根 $p_{1,2} = \dfrac{-\tau_m \pm \sqrt{\tau_m^2 - 4\tau_m \tau_a}}{2\tau_m \tau_a}$ 决定了过渡过程的特性。

如果 $\tau_m > 4\tau_a$，两个特征根均为负的实数根，描述转速过渡过程的微分方程（8-18）的解为指数形式，即

$$\omega = \omega_\infty + C_1 e^{p_1 t} + C_2 e^{p_2 t} \tag{8-22}$$

在这种情况下，转速的过渡过程呈单调二阶惯性环节的特性（见图8-6）。

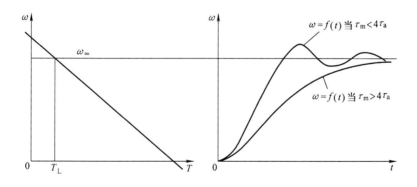

图8-6 具有线性机械特性的电动机在起动时的过渡过程曲线

如果 $\tau_m < 4\tau_e$，两个特征根为负实部的共轭复数，$p_{1,2} = \alpha \pm j\Omega$，

$$\alpha = -\frac{1}{2\tau_a}; \quad \Omega = \frac{\sqrt{4\tau_a/\tau_m - 1}}{2\tau_e} \tag{8-23}$$

描述转速过渡过程的微分方程（8-18）的解为

$$\omega = \omega_{\infty} + (C_1 \cos \Omega t + C_2 \sin \Omega t) e^{\alpha t} \tag{8-24}$$

常数 C_1 和 C_2 由过渡过程的初始条件和终了条件确定。

在这种情况下，过渡过程为指数衰减振荡的形式（见图 8-6）。振荡的频率是 Ω，过渡过程持续的时间大约是 $(6 \sim 10)$ τ_a。振荡的本质是电磁能量与动能之间周期性的相互转换。指数衰减的过程只与电磁时间常数 τ_a 有关。

下面分析**电枢电流的过渡过程** $I_a = f(t)$。

由运动方程可以得到

$$I_a = \frac{T_L}{C} + \frac{J_\Sigma}{C} \cdot \frac{\mathrm{d}\omega(t)}{\mathrm{d}t} \tag{8-25}$$

此式说明电枢电流由静态电流和动态电流两部分组成。静态电流和负载成比例，即 $I_L = T_L/C$；动态电流和转速的导数（加速度）成比例。

由结构框图 8-5 可以得到电动机在输入量为电枢电压 U_a，输出量为电枢电流 I_a 的传递函数

$$\underset{U_a \to I_a}{W(p)} = \frac{J_\Sigma}{C^2} \cdot \frac{p}{\tau_m \tau_a p^2 + \tau_m p + 1} + I_L(p) \tag{8-26}$$

式中 I_L——对应于负载转矩的电枢电流。

图 8-7 所示为电动机起动并达到稳定速度 $\omega_\infty = \frac{U_a}{C} - \Delta\omega_L$ 时的过渡过程曲线。电动机轴上加有负载转矩 T_L。图 8-7a 是 $\tau_m > 4\tau_a$ 情况下的过渡过程曲线；图 8-7b 是 $\tau_m < 4\tau_a$ 情况下的过渡过程曲线。前者的电流和转速都是按指数规律变化的，后者的电流和转速都是按指数振荡规律变化的。从图中还可以看出：在 t_0 时刻之前，对应于电磁转矩的电枢电流小于负载转矩的电流。虽然电枢电流在增加，但是转速为零；在 t_0 时刻之后，电磁转矩的电流大于负载转矩对应的电流，电动机开始起动。随着电枢电流增大，电动机开始加速，在旋转电动势的作用下，电枢电流逐渐减小，转速逐渐稳定在稳态值。

下面分析直流电动机在电枢电压不变的条件下，机械负载对过渡过程的影响。图 8-5 是直流电动机在改变电枢电压进行调速的传递函数框图。现在保持电枢电压不变，考虑负载转矩发生变化对转速的过渡过程带来影响。这种情况的传递函数框图就是把图 8-5 变换成为如图 8-8 所示的形式，这时输入量是负载转矩 T_L，输出量是转速 ω。

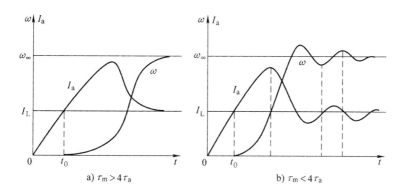

图 8-7 电动机起动时电流和转速的过渡过程曲线

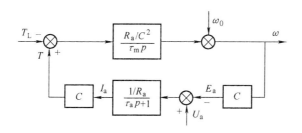

图 8-8 恒定励磁的直流电动机在突加负载时的传递函数框图

假设电动机工作在空载状态 $T_L = 0$，转速 $\omega_0 = U_a/C$，电枢电流 $I_a = 0$，根据电压平衡方程式有 $U_a = E_a$。

如果在电动机轴上突加负载转矩 $T_L = CI_L$，则电动机的转速开始下降，电动势也将减小，电枢电流则开始增加（见图8-9）。

如果电枢的电感足够大，满足条件 $\tau_m < 4\tau_a$，电枢电流上升的速率小于转速下降的速率。当转速开始小于新的稳态值 $\omega_\infty = \omega_0 - \Delta\omega_L = \omega_0 - T_L/\beta$ 时，电流还没有达到对应于转矩 T_L 的稳态值 I_L，所以转速将继续下降。当电枢电流继续增

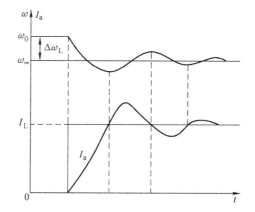

图 8-9 突加负载时直流电动机的
电流和转速的过渡过程

大到 I_L 后，转速开始上升，经过几次振荡后，电流和转速达到稳定值。需要注意的是：曲线 $\omega = f(t)$ 和 $I_a = f(t)$ 具有相关性，电流（或转矩）是转速的一阶导数，当转速 ω 在最大值和最小值的时刻，即 $d\omega/dt = 0$ 的时刻，正好对应着电流 I_a 穿过负载电流 I_L 的时刻。

如果电枢的电感不满足条件 $\tau_m < 4\tau_a$，突加负载的过渡过程是一个单调变化的过程。当电枢电压恒定 U_a 时，把负载变化作为转速的扰动作用，其传递函数为

$$W_{T_L \to \Delta\omega}(p) = -\frac{\dfrac{R_a}{C^2 \tau_m p}}{\dfrac{R_a C \cdot C}{C^2 \tau_m p R_a (\tau_a p + 1)} + 1} \tag{8-27}$$

经过化简后得到

$$W_{T_L \to \Delta\omega}(p) = -\frac{1}{\beta} \frac{\tau_a p + 1}{\tau_m \tau_a p^2 + \tau_m p + 1} \tag{8-28}$$

式中 β——电动机机械特性的硬度，$\beta = C^2/R_a$。

传递函数公式（8-28）表明，电动机轴上突然加上负载转矩 T_L，经过过渡过程之后将会产生稳态速降 $\Delta\omega_L$，令微分算子 $p = 0$，可以得到

$$\Delta\omega_L = \frac{T_L}{\beta}$$

即稳态速降值与负载转矩成正比，与机械特性的硬度成反比。对于闭环控制的电气传动系统，β 是指闭环后的机械特性硬度。

众所周知，采用速度闭环的控制系统可以提高速度调节的精度。带有速度闭环的晶闸管－直流电动机调速系统的传递函数框图如图8-10所示。速度调节器为放大倍数为 k_s 的比例环节，晶闸管装置等效为放大倍数为 k_{SCR} 的比例环节，速度反馈系数为 k_α。

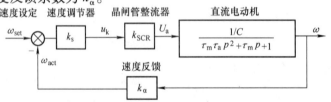

图 8-10 晶闸管－直流电动机调速系统的传递函数

由图 8-10 可以得到速度闭环的传递函数

$$\underset{\omega_{\text{set}}\rightarrow\omega}{W(p)} = \cfrac{\cfrac{k_{\text{s}}k_{\text{SCR}}\cfrac{1}{C(\tau_{\text{m}}\tau_{\text{a}}p^2 + \tau_{\text{m}}p + 1)}}{\cfrac{k_{\text{s}}k_{\text{SCR}}k_{\alpha}}{C(\tau_{\text{m}}\tau_{\text{a}}p^2 + \tau_{\text{m}}p + 1)} + 1}{}$$

令闭环放大倍数 $K = (k_{\text{s}}k_{\text{SCR}}k_{\alpha})/C$，上式可以简化为

$$\underset{\omega_{\text{set}}\rightarrow\omega}{W(p)} = \frac{K}{k_{\alpha}(K+1)} \cdot \frac{1}{\dfrac{\tau_{\text{m}}}{K+1}\tau_{\text{a}}p^2 + \dfrac{\tau_{\text{m}}}{K+1}p + 1} \tag{8-29}$$

式（8-29）的传递函数表明，在速度闭环的电气传动系统中，代表机械惯性大小的机电时间常数 τ_{m} 减小为原值的 $1/(K+1)$。闭环控制后传动系统的机械特性硬度 β 增大为原来值的 $(K+1)$ 倍（见式（4-8））。速度闭环控制的优点是提高了响应速度，而缺点是增强了过渡过程振荡特性。

通常电动机的机电时间常数 $\tau_{\text{m}} > 4\tau_{\text{a}}$，在开环控制的情况下过渡过程不会出现振荡现象。在实施速度闭环控制的情况下，等效的机电时间常数减小，而且很多时候闭环放大倍数 K 都很很大，等效时间常数往往小于 4 倍的 τ_{a}，这就是过渡过程出现振荡的原因。为了抑制闭环控制所带来的振荡特性，需要在控制系统中加入校正环节，使过渡过程的指标达到要求。

如果描述系统的数学模型是线性（或者是经过线性化处理）的微分方程，一般采用如下的步骤分析其过渡过程：

（1）确认惯性环节的类型和数量；

（2）求出各个惯性环节的时间常数；在工程计算时可以把相差 2 个数量级以上的小时间常数忽略；

（3）惯性环节的数量就是描述过渡过程微分方程的阶数；

（4）列出特征方程（令微分方程的左侧部分等于零），并求出特征根；

（5）用单位阶跃给定函数或者单位阶跃扰动作为激励，求出响应的函数式 $y = f(t)$，y 表示电气传动系统中的参数，一般指电流、转矩和速度。

例题 8.2　分析晶闸管—直流电动机调速系统的开环和闭环的过渡过程特性。

直流电动机的基本数据：额定电枢电压 $U_{\text{N}} = 220\text{V}$，电枢电阻 $R_{\text{a}} = 0.6\Omega$，电枢电感 $L_{\text{a}} = 0.02\text{H}$，电动机转矩常数 $C = 1.9\text{V} \cdot \text{s}$，额定转速 $\omega_{\text{N}} =$

104.7rad/s（即 $n_N = 1000r/min$），转动惯量 $J_\Sigma = 1.0kg \cdot m^2$。系统的速度给定值 ω_{set} 为 0~10V，晶闸管整流器的控制电压 u_k 为 0~30V，整流器输出电压 U_a 为 0~300V，速度反馈系数 $k_\alpha = 0.09V \cdot s$。

解 1. 电枢回路的电磁时间常数

$$\tau_a = \frac{L_a}{R_a} = \frac{0.02}{0.6} = 0.033s$$

2. 机电时间常数

$$\tau_m = \frac{J_\Sigma R_a}{C^2} = \frac{1.0 \times 0.6}{1.85^2} = 0.17s$$

3. 开环时速度调节器的放大倍数

$$k_{s \cdot opn} = \frac{U_N}{U_a} \cdot \frac{u_k}{\omega_{set}} = \frac{220}{300} \cdot \frac{30}{10} = 2.2$$

4. 当晶闸管整流器的输出电压为 220V 时，其输入电压 u_k 为

$$u_k = \omega_{set} \cdot k_s = 10 \times 2.2 = 22V$$

5. 晶闸管整流器的放大倍数

$$k_{SCR} = \frac{U_N}{u_k} = \frac{220}{22} = 10$$

6. 闭环后晶闸管整流器的输入电压为

$$U_k = (\omega_{set} - \omega_{act}) \cdot k_{s \cdot cls}$$

则闭环时速度调节器的放大倍数

$$k_{s \cdot cls} = \frac{u_k}{(\omega_{set} - k_\alpha \omega)} = \frac{22}{10 - 0.09 \times 104.7} = 38.1$$

7. 总的闭环放大倍数

$$K = \frac{k_{s \cdot cls} k_{SCR} k_\alpha}{C} = \frac{38.1 \times 10 \times 0.09}{1.9} = 18.0$$

8. 闭环时等效的机电时间常数

$$\tau_{m \cdot equ} = \frac{\tau_m}{K+1} = \frac{0.17}{18.0+1} = 0.009s$$

9. 开环时

$$\tau_m > 4\tau_a \quad 即 \quad 0.17s > 4 \times 0.033s$$

这说明在开环控制时，过渡过程呈单调非振荡特性。

10. 闭环时

$$\tau_{m \cdot equ} < 4\tau_a \quad 即 \quad 0.009s < 4 \times 0.033s$$

这说明在闭环控制时，过渡过程呈衰减振荡特性。

 **小知识** **求解一阶电路过渡过程的三要素法**

一阶线性微分方程的解是指数形式，只需三个要素就可以确定解的详细表达式。一般一阶线性微分方程的形式为

$$\frac{dy(t)}{dt} + ay(t) = f(t)$$

式中，a 为常数，$f(t)$ 为已知激励函数，$y(t)$ 为电路的响应（微分方程的解），其表达式为

$$y(t) = y(\infty) + [y(0^+) - y(\infty)]e^{-\frac{t}{\tau}}$$

式中，$y(\infty)$ 为响应的稳态值，即 $t = \infty$ 时的 $y(t)$ 值；$y(0^+)$ 为 $t = 0^+$ 时 $y(t)$ 值，称为 $y(t)$ 的初始值；τ 是电路的时间常数。一阶电路只要知道 $y(\infty)$、$y(0^+)$ 和 τ 这三个要素，便可求得电路的全响应。

自检思考题

1. 在什么情况下电气传动系统会发生过渡过程？

2. 接通电动机的励磁绕组的电源开关后，电流变化的过渡过程是怎样的？

3. 怎样才能加快励磁绕组通电后电流上升的过渡过程？串联电阻对时间常数有什么影响？

4. 机电时间常数与哪些参数有关？

5. 直流电动机的电枢回路的电磁时间常数与哪些参数有关？

6. 只考虑机械惯性的电气传动系统的具有怎样的过渡过程特性？

7. 既有机械惯性又有电磁惯性的电气传动系统具有怎样的过渡过程特性？

8. 在转速为 ω_0 的直流电动机轴上突加负载转矩时，怎样由电动机的传递函数求出稳态速降？

9. 为什么在直流电动机轴上突加负载转矩时电枢电流会增加？

10. 解释带有速度调节器的晶闸管-直流电动机电气传动系统的传递函数框图。

11. 机电时间常数和电磁时间常数之间具有何种关系才能使过渡过程呈现单调非周期特性？

12. 速度负反馈对于电气传动系统有什么影响？

第 9 章

▶ ▶ ▶ ▶ ▶

电气传动的能量特性

9.1　电气传动的能量指标

　　电气传动的用电量接近全部发电量的 2/3，如何有效地利用这些能量具有巨大的经济意义。电气传动的电源主要是来自 50Hz 的交流电网，电网向传动装置提供有功功率，用于驱动工作机械和支付机电的损失。有些传动装置可以把制动的能量回馈到电网。

　　需要提出能量的效率这一概念来分析电气传动装置的能量利用的状况。能量效率代表输出的有用能量 P_{out} 与输入能量 P_{in} 之比，或者有效能量 P_{eff} 与全部消耗能量 P_{exp} 之比：

$$\eta = \frac{P_{out}}{P_{in}} = \frac{P_{eff}}{P_{exp}} = \frac{P_{eff}}{P_{eff} + \Delta P} \tag{9-1}$$

式中　ΔP——传动设备的能量损失，$\Delta P = \dfrac{P_{eff}(1-\eta)}{\eta}$。

　　电气传动设备的功率部分由供电设备、变流器、电动机构成，因此，电气传动设备的总效率也和这些构成要素的效率有关，总效率等于各个组成部分的效率的乘积，即

$$\eta = \eta_{ps} \cdot \eta_{con} \cdot \eta_{mot}$$

式中的下标分别代表电源、变流器和电动机。

　　电动机的效率是轴上输出功率与电动机输入功率之比，即

$$\eta_{\text{mot}} = \frac{P_2}{P_1} = \frac{P_2}{P_2 + \Delta P}$$

0.1 ~ 15kW 的异步电动机的额定效率为 0.85 ~ 0.9。随着电动机的功率增加，效率也逐渐提高，1000kW 以上的异步电动机效率可达到 0.97 左右。

电动机的效率和轴上的负载大小有关，为了分析这种关联程度，把损失 ΔP 分为可变损失 V 和不变损失 K

$$\Delta P = K + V \tag{9-2}$$

不变损失是在恒定转速时的损失，其中包括铁损、电动机自带冷却风机的损失以及附加损失（固定的摩擦损失、直流电动机的励磁绕组损失等）。可变损失是指跟负载大小有关的损失，这种损失和绕组电流的平方成正比，对于直流电动机，可变损失为 $V = I_a^2 R_a$。对于交流异步电动机，定子绕组和转子绕组的损失共同构成可变损失，即 $V = 3I_1^2 r_1 + 3I_2^2 r_2$。

根据式（6-8），异步电动机转子绕组侧的损失为

$$3I_2^2 r_2 = T \cdot \omega_0 s$$

可以认为定子绕组的损失与转子绕组的损失之比值为 r_1/r_2'，于是异步电动机的可变损失为

$$V = T \cdot \omega_0 s \left(1 + \frac{r_1}{r_2'}\right) \tag{9-3}$$

例题 9.1 Y180 – 4 异步电动机的数据为：$P_N = 22\text{kW}$，$n_N = 1461\text{r/min}$（即 $\omega = 153\text{rad/s}$），$\eta_N = 0.89$，$r_1/r_2' = 0.6$。求在 50% 负载情况下电动机的效率。

解：1. 电动机在额定状态下的损失为

$$\Delta P_N = \frac{P_N(1 - \eta_N)}{\eta_N} = \frac{22000\ (1 - 0.89)}{0.89} = 2719\text{W}$$

2. 额定状态下的可变损失为

$$V_N = \frac{P_N}{\omega_N} \omega_0 s_N \left(1 + \frac{r_1}{r_2'}\right) = \frac{22000}{153} \times 157 \times 0.026 \times (1 + 0.6) = 939\text{W}$$

3. 不变损失为

$$K = \Delta P_N - V_N = 2719 - 939 = 1780\text{W}$$

4. 当负载情况为 $T_L = 0.5T_N$ 时，$s = 0.5s_N$，这时的可变损失为

$$V_{0.5} = 0.5T_N\omega_0 \cdot 0.5s_N\left(1 + \frac{r_1}{r'_2}\right) = 0.25V_N = 0.25 \times 939 = 235\text{W}$$

5. 这时电动机的损失为

$$\Delta P_{0.5} = K + V_{0.5} = 1780 + 235 = 2015\text{W}$$

6. 这时电动机的效率为

$$\eta_{0.5} = \frac{0.5P_N}{0.5P_N + \Delta P_{0.5}} = \frac{0.5 \times 22000}{0.5 \times 22000 + 2015} = 0.845$$

从这道例题可以看出，电动机的负载不饱满时，效率略有下降。典型的效率与负载的关系曲线如图9-1所示。

由此可见，如果选用的电动机功率过大，出现"大马拉小车"的现象，会导致运行效率下降，无谓地空耗了许多电能。

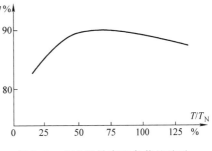

图9-1 电动机效率和负载的关系

半导体变流器的效率也是很高的，变流器的损失主要来自于半导体器件导通时的电压降。半导体器件的正向电压降的平均值约为2V，对于桥式电路正向电压降按照4V估算。380～440V电压的变流器的额定损失约为1%，220V的变流器的额定损失约为2%。考虑到无功功率带来的损失，通常认为半导体变流器的效率为0.95～0.98。

机械传动装置，包括减速箱、传动轴等也有机械损失。这种损失主要表现在摩擦损失，这跟齿轮、轴承等机械部件的加工精度以及润滑状况有相当紧密的关系。机械传动装置的效率本质上与传递的转矩值有关，通常是一个变化的数值。

工作机械的整体效率是电气传动的效率与所驱动机械效率的乘积。以风机为例，工作机械总体的效率 η_w 等于风机效率 η_{ven} 和传动装置效率 η_{drv} 的乘积，即

$$\eta_w = \eta_{ven} \cdot \eta_{drv} = \frac{Q \cdot H \cdot 10^{-3}}{P_{in}} \tag{9-4}$$

式中　Q——风机输出的流量（m³/s）；

　　　H——风压（Pa）；

P_{in}——输入的电气功率。

有些工作机械工作在恒定转矩工况，例如提升机、起重机、刨床等，当速度不变时，效率也不变。在一个工作周期中总体效率为

$$\eta_w = \frac{A_2}{A_1} = \frac{A_2}{A_2 + \Delta A} \tag{9-5}$$

式中　A_1——一个工作周期内的总输入功；

　　　A_2——在一个工作周期内有用功，$A_2 = \int_0^{t_c} P_2(t)\,\mathrm{d}t$；

　　　t_c——工作周期；

　　　P_2——有用功率；

　　　ΔA——在一个工作周期内的损失功，$\Delta A = \int_0^{t_c} \Delta P(t)\,\mathrm{d}t$。

使用交流电源的场合还要考虑流动在电源和用电设备之间的无功功率。无功功率是由励磁功率形成的，其害处是加大电源的电流负荷，增大线路的损耗。评价无功功率的大小的参数是功率因数 $\cos\varphi$，这里的 φ 角是电压和电流之间的夹角。笼型异步电动机的 $\cos\varphi$ 为 0.70 ~ 0.85 之间，轻载时功率因数下降。

晶闸管-直流电动机调速系统的无功功率是因相控机理导致电流滞后所引起的，因此 $\cos\varphi = \cos\alpha$。因此在高转速时触发角减小，功率因数提高（0.8 ~ 0.9）；低速时触发角增大，功率因数降低。

交流电动机和直流电动机都可以采用脉宽调制（PWM）方式来调速，由于采用二极管不控整流器，功率因数可达 0.95 以上。

许多大功率不调速的工作机械可以采用同步电动机驱动，当同步电动机工作在过励磁状态时，发出容性无功功率，用于补偿电网的感性无功功率。

9.2　过渡过程的能量损失

过渡过程时能量损失通常会增加，这是因为过渡过程时总会伴随着较大的冲击电流。例如在笼型异步电动机在起动时，起动电流约为额定电流的7倍左右，电动机不但要克服阻力转矩，而且还要建立动态加速转矩，增大转

动部分的能量。

现在我们来分析异步电动机空载起动的过程。异步电动机在起动和加速过程中，转差率由 1 变化至 0。在这个阶段转子上产生大量的能量损失，如果是绕线转子异步电动机可以把能量损失消耗在起动电阻之上。由于转子上的损失正比于转矩和转差率，即

$$\Delta P = T \cdot \omega_0 s \tag{9-6}$$

在起动过程中，转子上的能量损失为

$$\Delta A = \int_0^{t_{qd}} T \cdot \omega_0 s \cdot \mathrm{d}t \tag{9-7}$$

如果是空载起动，转矩为 $T = J_\Sigma (\mathrm{d}\omega/\mathrm{d}t)$，代入上式得到

$$\Delta A = \int_0^{\omega_0} J_\Sigma \cdot \omega_0 s \cdot \mathrm{d}\omega = J_\Sigma \int_0^{\omega_0} (\omega_0 - \omega) \mathrm{d}\omega$$

$$\Delta A = \frac{J_\Sigma \omega_0^2}{2} \tag{9-8}$$

上式说明空载起动时消耗在转子部分的能量损失等于加速过程中转子及工作机械储存的动能。这里需要注意的是转子上的损失与起动时间的长短无关，即与起动的参数无关。而在定子侧则正相反，定子侧的损失与起动的参数有关。

为了避免过热，每台异步电动机在设计时都规定了可以驱动的转动惯量极限值，这个值在电动机的样本中可以查到。如果没有这些数据可以考虑如下的因素：转子的能量损失不应导致转子鼠笼的温升超过 300℃，于是有

$$\Delta A_{pmit} = m_{rot} C_{rot} T_{ovh} \tag{9-9}$$

式中　ΔA_{pmit}——转子允许的能量损失；

　　m_{rot}——转子的质量；

　　C_{rot}——转子的比热容（J/kg·℃）；

　　T_{ovh}——过热温度。

必须通过两倍起动损失发热校验，即 $2\Delta A < m_{rot} \cdot C_{rot} \cdot 300$。由此条件可以得到

$$J_{\Sigma \cdot pmit} < \frac{m_{rot} \cdot C_{rot} \cdot 300}{\omega_0^2} \tag{9-10}$$

在动力制动时转速由 ω_0 降低到最低转速（动力制动转速不可能降低到零），转子的能量损失等于存储在转子和工作机构中的动能。

在反接制动时，电动机由更大的转差率 $s=2$ 降低到 $s=1$。把 $\omega_0 s = \omega_0 + \omega$ 代入到式（9-7）中得到

$$\Delta A_{\text{pmit}} = \frac{3J_\Sigma \omega_0^2}{2}$$

异步电动机在起动和制动时不仅要考虑转子侧的损失，而且还要考虑定子侧的损失。定子侧的损失和转子侧损失之间的关系是

$$\Delta A_{\text{sta}} = \Delta A_{\text{pmit}} \cdot \frac{r_1}{r_2'}$$

可以设法减小定子侧的损失，例如在起动时降低定子的电压。

使用变频器调速可以平稳地改变空载转速 ω_0，这时电动机起动的转差率和能量损失最小。另外，稳态运行时能量损失和电磁转矩的值有关。

9.3 电动机的发热和冷却

电动机的功率损失 ΔP 引起电动机发热。下面简要分析电动机发热和冷却的过程，分析时假设电动机的本体是一个热传导均匀的金属体，其特征参数是：

– 总体比热容 $C(\text{J}/℃)$——表明电动机温升为 $1℃$ 所需要的热量；

– 散热系数 $B(\text{J}/℃\cdot\text{s})$——表示电动机的温度在高于环境温度 ΔT 度的情况下，每秒钟散发到外界的热量。

由热平衡方程得到

$$\Delta P \cdot \text{d}t = C \cdot \text{d}(\Delta T) + B \cdot \Delta T \cdot \text{d}t \tag{9-11}$$

式中 ΔT——电动机的温度高于环境的温度值；

      $\text{d}t$——时间的微分量；

  $\text{d}(\Delta T)$——温升 ΔT 的微分量。

式中左边描述的是转化为电动机温升的功率损失，右边第一项是造成电动机发热的热量，右边第二项是散发到周围环境中的热量。

在电动机接通电源的第一时间，电动机的温度和外界环境温度没有差别

（$\Delta T = 0$），式（9-11）中右边的第二项等于零。随后电动机的温度逐渐升高，传递到周围环境的热量也随之增加，当电动机发热量和散热量平衡时，电动机的温度就不再升高，稳定在一个固定的温度值。

把式（9-11）转换为 $\Delta P = $ 常数，并令最终稳态温度 $T_{st} = \dfrac{\Delta P}{B}$，则可得到

$$\frac{C}{B} \cdot \frac{d(\Delta T)}{dt} + \Delta T = T_{st}$$

解此微分方程得

$$\Delta T = T_{st} + (\Delta T_0 - T_{st}) e^{-\frac{t}{\tau_h}} \tag{9-12}$$

通常温度的初始值等于环境温度，所以 $\Delta T_0 = 0$，上式可以化简为

$$\Delta T = T_{st}(1 - e^{-\frac{t}{\tau_h}}) \tag{9-13}$$

以上式中　$T_{st} = \Delta P / B$——电动机温升的稳态值，与电动机的损失有关，即与负载有关；

$\tau_h = C/B$——电动机的发热时间常数。

电动机发热和冷却的过渡过程曲线如图 9-2 所示。这是两条指数曲线，在发热时间常数 τ_h 之处，电动机的温度升高到稳态值 T_{st} 的 63%。

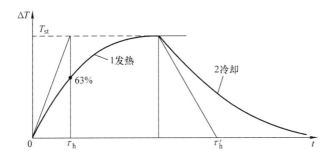

图 9-2　电动机发热和冷却的过渡过程曲线

例题 9.2　两台相同的电动机同时开始工作。第一台电动机的负载为额定值，第二台负载为额定值的 50%。电动机的发热时间常数为 20min。求出发热到稳定状态的时间。

解：因为两台电动机的发热时间常数相等，所以达到稳态温度的时间相同，等于 3 倍的发热时间常数，即 60min。但是，各台电动机的稳态温度值

是不相同的，额定负载的电动机的稳态温度，大约等于50%负载电动机稳态温度的2倍（见图9-3）。

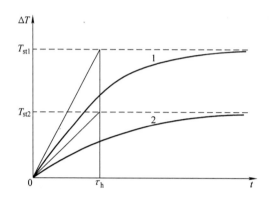

图9-3 例题9.2的电动机发热温升曲线

描述电动机冷却过程的方程也是式（9-12）。因为电动机断电后将会逐渐冷却到环境温度（见图9-2）最终稳态温升值 $\Delta T = 0$，于是有

$$\Delta T = \Delta T_0 \cdot e^{-\frac{t}{\tau'_h}}$$

式中 τ'_h——电动机的冷却时间常数。

因为常用的异步电动机的冷却方式是轴上带有风扇冷却，所以散热系数与电动机的转速有关，一般情况下冷却时风扇不转动，所以**冷却的时间常数大于发热的时间常数**，即 $\tau'_h > \tau_h$。

根据电动机发热和冷却的特点，将电动机的工作方式分为10种工作制，其中最常用的有三种工作制：连续工作制 S1、短时工作制 S2 和重复短时工作制 S3。

（1）连续工作制（S1）——在恒定负载下的运行时间足以达到热稳定。轴上的功率为 P，功率损耗和温升分别为 ΔP 和 ΔT，相应的图形如图9-4a所示。电动机铭牌上给出的额定值——功率、转速、电压、电流都是指连续工作制的数据。

（2）短时工作制（S2）——在恒定负载下按给定的时间运行，该时间不足以达到热稳定，随之即断电停转足够时间，使电机再度冷却到环境温度。通电周期为 t_p，标准的通电周期分为 10min、30min、60min 和 90min。短时工作制的图形如图9-4b所示。

（3）重复短时工作制（S3）——按一系列相同的工作周期运行，每一周期包括一段恒定负载运行时间和一段断电停转时间。这种工作制中的每一工作周期电流不能使温度升高到稳态值；断电周期也不能使温度降低到环境温度。重复短时工作制的图形如图 9-4c 所示。表示 S3 工作制的指标是负载持续率（又称暂载率）ε：

$$\varepsilon = \frac{t_p}{t_p + t_o} \tag{9-14}$$

S3 工作制的负载持续率一般分为 15%、25%、40%、60% 几种标准值，最长周期不超过 10min。

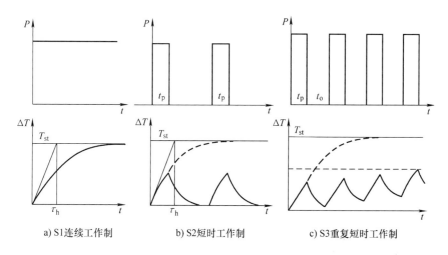

a) S1连续工作制   b) S2短时工作制   c) S3重复短时工作制

图 9-4 电动机典型工作制温度特性曲线

9.4 电气传动的节能措施

因为电气传动是用电大户，所以节能是电气传动的永恒的主题。以下分析利用自动控制技术实现的电气传动节能的方法。

电气传动的节能目标是力求减小各种能量变换装置的损失，尽量提高电气传动系统的能量指标。为了达到这样的目标需要做到如下几点：

（1）正确选择电动机的功率。如果选择的电动机功率过大，会导致效率和功率因数降低；

（2）使用转换效率最高的半导体变换器，在能量转换的过程中做到损失最小；

（3）尽量避免使用电阻器进行调速；

（4）在供电回路安装提高功率因数的滤除高次谐波的补偿装置。

自动控制技术的发展为电气传动节能提供了最佳手段。在自动控制技术的支持下，可以减少非生产性耗电量。通常风机、水泵和散装物料的输送设备都具有较大的生产能力裕量，最好的节能措施就是调速节能。以供水泵为例（见图 9-5），供水系统需要调整压力（或扬程）H 和流量 Q。通常水泵的输出压力高于正常需要的压力，调整压力有两种手段——改变管路 $Q-H$ 特性和改变水泵的转速。改变管路特性可以采用调节阀门或旁路的方法改变压力。例如减小阀门 1 的开度就可以增大管路的阻力，改变了管路的 $Q-H$ 特性（见图 9-6）。改变水泵的转速无疑是节省能量的，可以根据昼夜、季节调节速度，满足所需要的水压和流量。

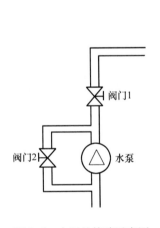

图 9-5　水泵的管路示意图

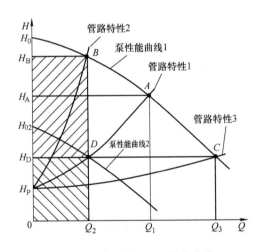

图 9-6　水泵的 $Q-H$ 性能曲线

在图 9-6 中，泵特性曲线 1 是水泵的基本性能曲线，它表示输出扬程（代表压力）H 和流量 Q 之间的关系。管路的基本特性为管路特性曲线 1，即曲线 H_P-A。该曲线和泵性能曲线 1 的交点 A 就是这时的工作点，此时流量为 Q_1，扬程为 H_A。如果需要减小流量，则通过减小阀门 1 的开度增大管路的阻力，管路的特性变为特性曲线 2，这时的工作点为 B，流量减小为 Q_2，扬程为 H_B。这时矩形 $H_D—H_B—B—D$ 的面积对应着克服管路阻力所需要的功率，这部分功率无谓地消耗在阀门和管路的阻力之中。

还有更为浪费能量的情况,如果不改变阀门 1 的开度,而是通过调节阀门 2 的开度,使一部分水量回流到水泵的入口,这时管路的特性为管路特性曲线 3。水泵的出水量为 Q_3,实际有效利用的水量为 Q_2,回流的水量为 $Q_3—Q_2$。在这种情况下,无谓消耗的功率正比于矩形 $Q_2—D—C—Q_3$ 的面积。

改变水泵转速本质上是不改变管路特性而只改变水泵的扬程特性。在同样流量变化的条件下,降低水泵的转速,$Q—H$ 特性由泵性能曲线 1 过渡到泵性能曲线 2,这时的工作点在 D 点。从图中可以看出,这种减小流量的方法,没有额外浪费的功率。经验表明,风机、水泵采用调速的方法调节流量,可以节省 30% 左右的能量。

例题 9.3 一台 15kW 的水泵全年工作 6000 小时,其中 4000 小时提供 90% 输水量,2000 小时提供 45% 的输水量。分析调速节能的效果。

水泵的参数:扬程 $H_N = 30m$,流量 $Q_N = 140m^3/hour = 0.039m^3/s$,效率 $\eta_P = 0.76$。描述水泵特性的公式为:$H = H_0 - R_N Q^2 = 39 - 5900Q^2$,管路的阻力为 $R_N = 5900s^2/m^5$,初始扬程 $H_p = 0$。

解: 1. 水泵的额定功率

$$P_N = \frac{1000 \cdot Q_N \cdot H_N}{102\eta_P} = \frac{1000 \times 0.039 \times 30}{102 \times 0.76} = 15kW$$

2. 水泵的扬程

当流量为 $0.9Q_N = 0.035m^3/s$ 时,

$$H = H_0 - R_N(0.9 \cdot Q_N)^2 = 39 - 5900 \times 0.035^2 = 31.8m$$

当流量为 $0.45Q_N = 0.0175m^3/s$ 时,

$$H = H_0 - R_N(0.45 \cdot Q_N)^2 = 39 - 5900 \times 0.0175^2 = 37.2m$$

3. 为了实现所要求的工况,需要调节阀门的开度以改变扬程。水泵的效率为 $\eta_P = 0.76$,电动机的效率为 $\eta_M = 0.9$。消耗的功率分别为

当流量为 $0.9Q_N$ 时,$P = \dfrac{1000 \times 0.035 \times 31.8}{102 \times 0.76 \times 0.9} = 16.0kW$

当流量为 $0.45Q_N$ 时,$P = \dfrac{1000 \times 0.0175 \times 37.2}{102 \times 0.76 \times 0.9} = 9.3kW$

4. 调节阀门开度时年消耗电能为

$$W_1 = 16.0 \times 4000 + 9.3 \times 2000 = 82600kW \cdot h$$

5. 如果通过改变电动机的转速调节流量和扬程，则不存在调节阀门所带来的能量损失。可以近似地认为：**水泵的流量和转速成正比，扬程和转速的平方成正比，功率和转速的立方成正比**。电气传动的效率是电动机效率和变频器效率之积：$\eta = 0.9 \times 0.95 = 0.855$，则有

当流量为 $0.9Q_N$ 时，$H = 0.9^2 H_N = 0.9^2 \times 30 = 24.3\text{m}$

$$P = \frac{1000 \times 0.035 \times 24.3}{102 \times 0.76 \times 0.855} = 12.8\text{kW}$$

当流量为 $0.45Q_N$ 时，$H = 0.45^2 H_N = 0.45^2 \times 30 = 6.0\text{m}$

$$P = \frac{1000 \times 0.0175 \times 6.0}{102 \times 0.76 \times 0.855} = 1.6\text{kW}$$

6. 调速时年消耗电能为

$$W_2 = 12.8 \times 4000 + 1.6 \times 2000 = 54200\text{kW} \cdot \text{h}$$

两种情况的年耗电量之差为

$$\Delta W = W_1 - W_2 = 82600 - 54200 = 28400\text{kW} \cdot \text{h}$$

虽然以上计算比较粗略，但是从结果依然可以明显看出水泵调速后的节能效果约为34%。

小知识　其他几种电动机工作制

除了上述的几种工作制之外，其他几种工作制叙述如下。

S4 包括起动的断续周期工作制——按一系列相同的工作周期运行，每一周期包括一段对温升有显著影响的起动时间、一段恒定负载运行时间和一段断能停转时间。

S5 包括电制动的断续周期工作制——按一系列相同的工作周期运行，每一周期包括一段起动时间、一段恒定负载运行时间、一段快速电制动时间和一段断能停转时间。

S6 连续周期工作制——按一系列相同的工作周期运行，每一周期包括一段恒定负载运行时间和一段空载运行时间，但无断能停转时间。

S7 包括电制动的连续周期工作制——按一系列相同的工作周期运行，每一周期包括一段起动时间、一段恒定负载运行时间和一段快速电制动时间，但无

断能停转时间。

S8 包括变速变负载的连续周期工作制——按一系列相同的工作周期运行，每一周期包括一段在预定转速下恒定负载运行时间，和一段或几段在不同转速下的其他恒定负载的运行时间，但无断能停转时间。

S9 负载和转速非周期性变化工作制——负载和转速在允许的范围内变化的非周期工作制。这种工作制包括经常过载，其值可远远超过满载。

S10 离散恒定负载工作制——包括不少于 4 种离散负载值（或等效负载）的工作制，每一种负载的运行时间应足以使电机达到热稳定，在一个工作周期中的最小负载值可为零。

自检思考题

1. 什么是电气传动的能量指标？
2. 哪一部分的电能消耗在机电能量转换的过程中？
3. 叙述热时间常数的定义。
4. 发热时间常数和冷却时间常数有何关系？
5. 半导体变流器的效率与哪些参数有关？
6. 异步电动机在轻载时功率因数为何下降？
7. 哪些因素影响晶闸管直流调速系统的功率因数？
8. 不调速的异步电动机的可变损失由哪些要素构成？
9. 什么是笼型异步电动机空载起动时能量损失。
10. 说出短时工作制（S2）的特性。
11. 什么是负载持续率？
12. 怎样提高水泵的电能利用率？
13. 仿照图 9-6 并根据例题 9.3 的数据，画出 $Q - H$ 特性曲线。
14. 电气传动系统节能的主要方向是什么？

第10章 ▶▶▶▶▶

电气传动系统所用的元器件

10.1 常规电器元件

为了控制电气传动装置，必须使用各种常规电器元件。这里所说的常规电器元件是指通用的机电类低压电器产品，不包括整流器、变频器、软起动器等半导体装置，也不包括变压器、高压开关柜上的特殊电器。从使用功能上划分，这些电器元件可以分为控制类、保护类、检测类和操作显示类。很多电器同时具备两种以上的功能，例如空气自动开关既是控制电源通断的器件，又具有过电流跳闸分断电路的功能。

控制类电器——常用的有电源开关、各类继电器、接触器等；

保护类电器——熔断器、热继电器、过电流（过电压）继电器、接地继电器等；

检测类电器——各种传感器，常用的有电流检测器、电压检测器、速度检测器、位置检测器、行程开关、热（冷）金属检测器等；

操作显示类电器——提供人机接口的电器，操作电器有操作按钮、转换开关、操作手柄、脚踏开关等；显示电器有指示灯、电压（电流）表、各种数字显示表等。

以下分别介绍各类电器的特点和用途。

电源开关用于接通/切断电路。通常在工业中使用的有断路器（空气开关）和隔离开关两类，二者的区别就在于前者具有消弧的能力，具有保护性自动分断功能；后者不具备消弧能力，只起到隔离作用，所以**不要带负荷分断隔离开关**！

断路器（见图 10-1a）是低压配电网络和电力传动系统中常用的一种电源开关，它既有手动开关作用，又具有失电压、欠电压、过载和短路等故障发生时自动跳闸的功能。因为断路器是利用空气来熄灭开关过程中产生的电弧，所以也叫作空气开关。因为在发生过电流等故障时能够自动跳闸，所以也称之为自动开关。断路器的额定电流值分为 10A，16A，25A，40A，63A，100A，160A，250A，400A，630A，1000A 等系列值。

隔离开关（见图 10-1b），顾名思义就是在电路中起到隔离作用。隔离开关的主要特点是无灭弧能力，只能在没有负荷电流的情况下分、合电路。隔离开关在分断时建立一个可靠的绝缘间隙，将需要检修的设备与电源之间用一个明显断开点隔离开来，以保证检修人员和设备的安全。由于隔离开关的外形好像铡刀的形状，有时也称为刀（闸）开关。附带熔断器的隔离开关也叫作刀熔开关。

a)断路器 b)隔离开关 c)交流接触器

图 10-1 断路器、隔离开关和接触器

接触器是由电磁系统（衔铁，静铁心，电磁线圈）、触点系统（常开触点和常闭触点）和灭弧装置组成。接触器的动作原理是当电磁线圈通电后，会产生很强的磁场，使静铁心产生电磁吸力吸引衔铁，并带动触点动作：常闭触点断开；常开触点闭合，两者是联动的。当线圈断电时，电磁吸力消失，衔铁在释放弹簧的作用下释放，使触点复原：常闭触点闭合；常开触点断开。接触器可以快速地切断交流或直流主电路，也可以频繁地接通大电流控制的装置，常用于控制电动机或各种电气设备的起停。接触器不仅能接通和切断电路，而且还具有低电压释放保护作用。接触器的主触头用来开闭电路，辅助接点来用来接通或断开控制电路。接触器控制容量大，适用于频繁操作和远距离控制，是自动控制系统中的重要电器元件之一。

通用接触器按照使用的电源种类可分为以下两类：

交流接触器（见图10-1c）——用于控制交流电气设备。线圈中通以交流电，主触点用来通断交流电路。

直流接触器——用于控制直流电气设备。线圈中通以直流电（也有通以交流电的产品），直流接触器主触点用来通断直流电流。直流电流要比交流电流更难灭弧，所以直流接触器的灭弧装置更为复杂。

继电器（见图10-2）是一种用小电流（或其他输入量如温度、压力、速度、光等）去控制电路通断动作的一种"自动开关"，在电路中起着自动调节、安全保护、转换电路等作用。继电器的输出接点分为三种：常开触点（NO）、常闭触点（NC）和常开常闭触点之间相互转变的转换触点（CO—Change Over contact）。

按照作用原理划分，继电器可以分为

电磁继电器——在输入电路电流的作用下，由电磁线圈带动机械部件运动而产生接点动作。这种继电器用途最广，种类很多。直流继电器的线圈额定电压为12，24，48，110，220V等系列值。交流继电器的线圈额定电压多为110，220V的系列值。

固态继电器——输入、输出电路均由电子元件构成，没有机械运动部件，提高了可靠性。

时间继电器——当加上或去除输入信号时，输出部分需延时或限时到规定的时间方可动作的继电器。常见的时间继电器分为导通延时继电器和关断延时继电器。从延时原理上分类，有利用电子电路延时和利用气囊延时等不同类型的时间继电器。

温度继电器——当外界温度达到规定值时而动作的继电器，可根据设定的温度动作报警。

风速继电器——当风的速度达到一定值时，被控电路将接通或断开，常用于检测通风冷却的风速。

其他类型的继电器，如光继电器、声继电器、热继电器、加速度继电器等。

信号继电器　　　　　　直流继电器　　　　　　固态继电器

图 10-2　继电器

熔断器（见图10-3）是利用金属导体作为熔体串联于电路中，当短路电流或者过大电流通过时，引起熔体发热而熔断，从而分断电路的一种保护类电器。熔断器结构简单，使用方便，作为保护器件广泛应用于电力系统、各种电气设备和家用电器中。

按照熔断器的结构划分可以分为

螺旋式熔断器（RL）——在熔断管内装有石英砂，熔体埋于其中。熔体熔断时，石英砂起到降温和灭弧作用。熔断管端部有一色点标志，可透过螺旋瓷帽上面的玻璃孔观测到色点标志状态判断熔体是否熔断。螺旋式熔断器额定电流为 5~200A，额定电压为 500V 以下，常用于普通电气设备中（见图 10-3a）。

有填料管式熔断器（RT）——具有限流作用的熔断器。由填有石英砂的瓷熔管、触点和镀银铜栅状熔体组成。填料管式熔断器均装在特别的底座上，如装在以熔断器作为隔离刀的底座上或与刀熔开关配合使用。填料管式熔断器额定电流为 50~1000A，主要用于短路电流较大的电路中或有易燃气体的场所（见图 10-3b）。

无填料管式熔断器（RM）——熔丝管是由纤维物制成，使用的熔体为变截面的锌合金片。熔体熔断时，纤维熔管的部分纤维物因受热分解，产生高压气体，迫使电弧很快熄灭。无填料管式熔断器具有结构简单、保护性能好、使用方便等特点，一般与刀熔开关或刀开关组合使用（见图 10-3c）。

a)螺旋式熔断器(RL15)　　　　　b)有填料管式熔断器(RT16)

c)无填料管式熔断器(RM3)　　　　d)有填料封闭管式快速熔断器(RS)

图 10-3　熔断器

有填料封闭管式快速熔断器（RS）——有填料封闭管式快速熔断器是一种快速动作型的熔断器，由熔断管、触点底座、动作指示器和熔体组成。熔体为银质窄截面或网状形式，熔体为一次性使用，不能自行更换。由于其具有快速动作性，简称快熔，一般作为半导体整流元件的保护器件（见图 10-3d）。

热继电器（见图 10-4）主要用来对异步电动机进行过载保护。它的工作原理是过载电流通过发热电阻丝后，使双金属片受热弯曲去推动连杆来带动触点动作，从而将电动机控制电路断开实现电动机断电停车，起到过载保护的作用。热继电器的优点是体积小、结构简单、成本低，所以，作为电动机保护器件而广泛应用于生产之中。由于双金属片受热弯曲过程需要一定的热传导时间，因此，热继电器不能用作短路保护，而只能用作过载保护。

图 10-4 热继电器

热继电器的主要技术参数有

额定电压：热继电器能够正常工作的最高的线路电压值，一般为交流 220V、380V、600V。

额定电流：热继电器的额定电流是指通过热继电器的正常电流。

额定频率：一般的热继电器的额定频率为 45~62Hz。

整定电流范围是指在一定的电流条件下，热继电器的动作时间和电流的平方成反比的双曲线特性。

热继电器主要用于电动机的过载保护，选用时必须了解电动机的工作情况，如工作环境、起动电流、负载性质、工作制、允许过载能力等。以下是使用热继电器的几个原则：

（1）原则上应使热继电器的安秒特性尽可能接近电动机的过载特性，当电动机短时过载和起动的瞬间，热继电器不应动作。

（2）电动机用于长期工作制或间断长期工作制时，一般按电动机的额定电流来选用热继电器。热继电器的整定电流值可等于 0.95~1.05 倍的电动机的额定电流，或者取热继电器整定电流的中间值等于电动机的额定电流，然后进行调整。

（3）当电动机用于反复短时工作制时，热继电器仅有一定范围的适应性。如果短时间内操作次数很多，就要选用带速饱和电流互感器的热继电器。

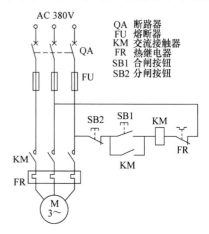

QA 断路器
FU 熔断器
KM 交流接触器
FR 热继电器
SB1 合闸按钮
SB2 分闸按钮

（4）对于正反转和频繁起动的特殊工作制电动机，不宜采用热继电器作为过载保护装置，而应使用埋入电动机绕组的温度继电器或热敏电阻来保护。

图 10-5 所示为利用常规电器控制的交流电动机起动/停止的电路图。原理很简单，可以自己分析动作过程。

图 10-5　交流电动机起动/停止电路图

10.2　功率半导体器件

电气传动常用的半导体功率器件包括功率二极管、晶闸管（SCR）、门极关断晶闸管（GTO）、集成门极换流晶闸管（IGCT）、绝缘栅双极性晶体管（IGBT）、电子注入增强栅晶体管（IEGT）。

10.2.1　功率二极管

功率二极管具有单向导电的特性，加上正向电压时电流增加并很快达到稳定；当加上反向电压时只会引起很小的漏电流。功率二极管主要用于制作整流器，还可以用于作为电路中续流元件。功率二极管是功率最大的半导体器件，目前其容量水平已达 9kV/6kA。功率二极管的伏安特性如图 10-6 所示。

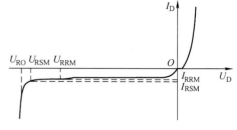

图 10-6　功率二极管的伏安特性

功率二极管的主要参数为

（1）反向重复峰值电压 U_{RRM}。二极管的反向击穿电压为 U_{RO}，反向不重复电压 U_{RSM} 的 80% 定义为反向重复峰值电压 U_{RRM}，这就是二极管的额定电压。

（2）额定电流 I_{FR}。额定电流 I_{FR} 为二极管额定发热所允许的 180° 正弦波电流平均值。

10.2.2 晶闸管（SCR）

晶闸管在正反方向都可以阻断电流，在门极的控制下，可以正向导通，但是不能由门极控制其关断，只能靠加上反向电压将其关断。晶闸管是应用最广泛的半导体器件，目前其容量水平已达 8kV/6kA。晶闸管的伏安特性如图 10-7 所示。

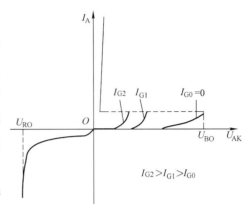

图 10-7 晶闸管的伏安特性

伏安特性的第 I 象限是正向特性，第 Ⅲ 象限是反向特性。当没有触发信号时，晶闸管处于阻断状态。当阳极和阴极之间加上的电压超过一定值，晶闸管会自行导通。在正向特性区，这个电压值叫作正向转折电压 U_{BO}，在反向特性区，这个电压叫作反向击穿电压 U_{RO}。从伏安特性上还可以看出，门极的触发电流越强，转折电压就越低。

晶闸管的参数：

（1）正向重复峰值电压 U_{DRM} 和反向重复峰值电压 U_{RRM}：晶闸管的正向重复峰值电压 U_{DRM} 一般为定义为正向转折电压的 90% U_{BO}，反向重复峰值电压 U_{RRM} 一般定义为反向击穿电压 U_{RO} 的 90%。晶闸管的额定电压是 U_{DRM} 和 U_{RRM} 中较小一个。

（2）通态平均电流 $I_{T(AV)}$：通态平均电流是指工频正弦半波的全导通电流在一个周期的平均值。通常把环境温度定为 +40℃、结温稳定在额定值时的平均电流作为晶闸管的额定电流。

（3）擎住电流 I_L：擎住电流是指晶闸管从断态到通态，移去触发信号，维持晶闸管导通的最小电流。如果晶闸管还没有达到擎住电流值而停止门极触发，器件将自行恢复关断。在电路中电感较大的场合，为了避免这种触发失败，应当加大触发的宽度或者使用续流电阻。

（4）门极参数：晶闸管产品的合格证上标有门极触发电流 I_{GT} 和门极触发电压 U_{GT}。触发电路供给的电流和电压应大于上述值，才能可靠触发。使用中产品参数不能超过门极的峰值电流、峰值电压、峰值功率和平均功率。

（5）通态平均电压 $U_{T(AV)}$：通态平均电压是指晶闸管通过额定电流时，阳极 A 和阴极 K 之间电压的平均值。一般晶闸管的管压降为 0.8 ~ 1V。

10.2.3　门极关断晶闸管（GTO）

门极关断晶闸管（GTO）具有门极加正触发信号导通，加负触发信号关断的特性，属于全控型半导体器件。GTO 导通时管压降较大，关断时门极需要较大的触发功率。GTO 的伏安特性和晶闸管的伏安特性相似。随着 IGCT 和 IEGT 的出现，GTO 已经逐渐被取代。

10.2.4　集成门极换流晶闸管（IGCT）

IGCT 是由 ABB 公司研制的集成化可关断半导体器件，目前其容量水平已达 6kV/6kA，远远高于 IGBT 器件。IGCT 的原理和制造技术源于 GTO，但是性能要优于 GTO，管压降低，开关速度高，无需浪涌吸收电路，关断时门极功耗低。IGCT 产品已经将光触发电路和功率器件集成化，使用方便。目前 IGCT 已经成为大功率电器传动的主流半导体功率器件。

图 10-8a 所示为 ABB 公司型号为 55HY35L4510 的 IGCT 通态特性，其正常工作电流在 4000A 范围内，通态电压典型值为 2.35V，临界电流上升率为 1000A/μs。在关断过程中，关断延时为 7μs，可关断电流为 4000A。

IGCT 的参数

（1）正向阻断峰值电压 U_{DRM}：指在额定结温和允许的最大正向漏电流条件下，测得的正向重复峰值电压。

（2）中间电压 $U_{DC-LINK}$：指 IGCT 在占空比为 100% 的情况下的最高直流电压。测试条件：海平面、开放空气中，因宇宙射线引发的失效次数为 100 次。

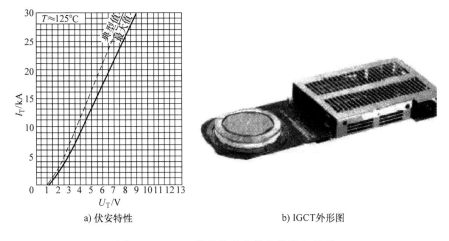

a) 伏安特性　　　　　　　　b) IGCT外形图

图 10-8　IGCT 器件的通态伏安特性和外形

（3）最大不重复关断电流 I_{TGQM}：指 IGCT 在承受中间电压 $U_{\text{DC-LINK}}$ 情况下，最大的不重复关断电流。

（4）通态电压降 U_{T}：指在 I_{TGQM} 条件下的正向导通电压降。

（5）触发电流 I_{G}：指 IGCT 能够触发的最小电流。

（6）最大结温 $t_{\text{J(max)}}$：指 IGCT 在额定电流的条件下，不使其失效的最高 PN 结温度。

10.2.5　绝缘栅双极型晶体管（IGBT）

IGBT 是基于 MOSFET 机理上发展起来的半导体器件，属于功率晶体管的范畴。IGBT 有三个极，分别是发射极（又称源极）E、集电极（又称漏极）C 和栅极 G。在电路中 IGBT 的 C 接电源的正极，E 接电源的负极，它的导通和关断由栅极控制。栅极施加正电压时，IGBT 导通；栅极施加负电压时，IGBT 关断。

IGBT 的伏安特性是指以栅-射电压 U_{GE} 为参变量时，集电极电流 I_{C} 和集-射电压 U_{CE} 之间的关系曲线。如图 10-9a 所示。IGBT 的伏安特性也可以分为饱和区 I、放大区 II 和击穿区 III。在放大区内，I_{C} 和 U_{GE} 呈线性关系，但是损耗较大。在饱和区内，伏安特性急剧弯曲，管压降约为 0.7V。作为电气传动逆变器使用的 IGBT 主要是工作在开关状态，即工作在饱和区和关断区。

关断时集电极电流 I_C 下降很快,尤其是在短路故障的情况下。为了防止过高的电流下降率在主回路的分布电感上引起高电压,需要采用软关断措施限制电流下降率。IGBT 的反向阻断电压 U_{RM} 只有几十伏,因此限制了它在高反电压场合的应用。当电压 U_{CE} 超过了 BU_{SS} 值后,IGBT 进入击穿区,造成永久性损坏。

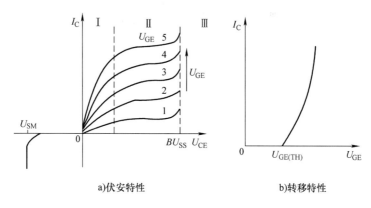

a)伏安特性　　　　　　　b)转移特性

图 10-9　IGBT 的伏安特性和转移特性

IGBT 的转移特性描述的是在线性工作区时,集电极电流 I_C 和栅-射极电压 U_{GE} 之间的关系,即集电极电导与栅-射间电压的耦合关系(见图 10-9b)。当 U_{GE} 小于开启电压 $U_{GE(TH)}$ 时,IGBT 处于关断状态。当 U_{GE} 略大于开启电压时,I_C 和 U_{GE} 成非线性关系,随着 U_{GE} 增大,I_C 和 U_{GE} 成线性关系,这就是 IGBT 的放大作用。当 I_C 增大到电路条件可能的最大值,进入饱和区。I_C 受器件的最大允许值 I_{CM} 限制。U_{GE} 的取值为 15 ~ 20V。当工作在关断状态时,U_{GE} 一般加 $-5V$ 的反向电压。

IGBT 的参数

(1) 栅-射极短路时的最大集-射极直流电压 U_{CES}。

(2) 栅-射极开路时的最大集-射极直流电压 U_{CEO}。

(3) 栅-射极反偏时的最大集-射极直流电压 U_{CEX}。

(4) 集-射极通态饱和电压 $U_{CE(SAT)}$:指 IGBT 导通后通过额定电流时的集-射极电压。它是集电极电流、结温及栅极电压的函数,其大小表征了 IGBT 的通态损耗。

（5）栅-射极最高电压 U_{GES}：集-射极短路时栅极所能承受的最大电压值，一般其绝对值小于 20V。

（6）栅极开启电压 $U_{GE(TH)}$：在规定的集电极电流与集-射极电压的条件下对应的栅极电压，它表征了 IGBT 需要的最小栅极电压。

（7）集电极额定电流 I_{CN}：在规定的温度下，器件允许的最大集电极电流。

（8）集-射极漏电流 I_{CES}：栅-射极短路时集-射极加额定电压产生的集电极漏电流。

（9）导通损耗 E_{on}：指 IGBT 从关断到导通的全过程中总的能量损耗，其最终的集电极电流为器件的额定电流。

（10）关断损耗 E_{off}：指 IGBT 从导通到关断的全过程中总的能量损耗，其最初的集电极电流为器件的额定电流。

IGBT 是目前变频器内应用的主流的开关器件。与 IGCT 相比，IGBT 在小功率领域具有较好的成本优势，可以并联使用，驱动和保护技术也相对简单，广泛应用于通用逆变器和中频电源中。

10.2.6 电子注入增强栅晶体管（IEGT）

IEGT 是耐压 4kV 以上的 IGBT 系列电力电子器件，通过电子增强注入的结构实现了低通态电压。IEGT 具有高耐压、低损耗、工作频率高、驱动智能化等优点，具有潜在的发展前途。目前 IEGT 的容量水平已达 4.5kV/1500A。

IEGT 的开关机理与 IGBT 相似，只是容量增大。IEGT 作为脉冲功率用器件受到人们的重视，适用于大功率的逆变器和中频电源。

IEGT 的参数

（1）集-射极最大额定电压 U_{CES}：指栅极到发射极短路时，器件集电极到发射极能承受的最大直流电压。

（2）集-射极通态饱和电压 $U_{CE(SAT)}$：指在额定电流、规定的结温下时的集电极到发射极的电压。

（3）栅-射极最大额定电压 U_{GES}：指集电极到发射极短路时，器件所能承受的最大栅-射极电压。一般其绝对值在 20V 以内。

（4）栅-射极关断电压 $U_{GE(off)}$：指在栅-射极电压 U_{GE} 最低的情况下，不使 IEGT 导通的电压。

（5）集电极电流 I_C：指在额定结温的条件下，集电极可连续工作而不造成器件损坏的最大直流电流。

（6）栅极漏电流 I_{GES}：指对应于集-射极短路，$U_{GE} = \pm 20V$ 时，栅极的漏电流。

（7）集电极关断电流 I_{CES}：指栅极到集电极短路，集－射极电压为最大电压 U_{CES} 时，集电极的电流。

（8）导通损耗 E_{on}：指 IEGT 从关断到导通的全过程中总的能量损耗，其最终的集电极电流为器件的额定电流。

（9）关断损耗 E_{off}：指 IGBT 从导通到关断的全过程中总的能量损耗，其最初的集电极电流为器件的额定电流。

（10）最高结温：指 IEGT 可正常工作而不损坏时，所允许的内部最高结温。

10.3 逻辑元件和无触点开关

10.3.1 无触点逻辑电路

现代电气控制系统中大量使用无触点式逻辑元件，用于代替传统的有触点的继电器逻辑电路。这种方案的优点是电路简单、动作速度快、功耗低、寿命长、可靠性高。

逻辑电路只有两种状态——导通和关断，即高电平和低电平，分别表示为数字"1"和数字"0"。

基本逻辑电路有与（AND）、或（OR）、非（NOT）与非（NAND）、或非（NOR）、异或（XOR）等逻辑电路。

逻辑与电路（AND）：只有当输入信号 X_1 和 X_2 同时为"1"时，输出 y 才为"1"，记忆口诀是"全 1 则 1，有 0 则 0"。逻辑表达式为

$$y = X_1 \cdot X_2$$

逻辑或电路（OR）：输入信号 X_1 或 X_1 其中有一个或两个都为"1"时，

输出 y 为 "1"，记忆口诀是 "有 1 则 1，全 0 则 0"。逻辑表达式为

$$y = X_1 + X_2$$

逻辑非电路（NOT）：当输入信号 X 为 "0" 时输出 y 为 "1"，反之，当输入信号 X 为 "1" 时输出 y 为 "0"，记忆口诀是 "1、0 互换"，逻辑表达式为

$$y = \bar{X}$$

逻辑与非电路（NAND）：只有当输入信号 X_1 和 X_1 同时为 "1" 时，输出 y 才为 "0"，记忆口诀是 "全 1 则 0，有 0 则 1"。逻辑表达式为

$$y = \overline{X_1 \cdot X_2}$$

逻辑或非电路（NOR）：输入信号 X_1 或 X_1 其中有一个或两个都为 "1" 时，输出 y 为 "0"，记忆口诀是 "全 0 则 1，有 1 则 0"。逻辑表达式为

$$y = \overline{X_1 + X_2}$$

逻辑异或电路（XOR）：输入信号 X_1 和 X_2 二者相同时，输出 y 为 "0"，不相同时，输出 y 为 "1"，记忆口诀是 "相同为 0，相异为 1"。逻辑表达式为

$$y = \overline{X_1} \cdot X_2 + X_1 \cdot \overline{X_2}$$

基本逻辑电路的符号、真值表和表达式如图 10-10 所示。

由基本逻辑电路可以构成功能更复杂的逻辑控制电路，例如具有记忆功能的逻辑电路 RS 触发器、定时器、计数器、解码器等等。图 10-11 是 RS 触发器的真值表和接通、断开的定时器的时序波形图。上述这些逻辑电路可以由继电器构成，也可以由晶体管构成，最普遍的是由集成电路芯片构成。现在传动系统中经常使用的 PLC（可编程序控制器），就是利用编程方法实现逻辑电路的功能。

10.3.2 无触点开关和软起动器

无触点开关（Non–contact switch）也叫做无触点交流接触器，它是利用双向晶闸管代替有触点的交流接触器控制交流电动机的起停。由于没有触点，不存在火花和消弧的问题，适用于有危险气体的场合，同时还具有省去中间继电器、可以频繁动作、寿命长等优点。采用微处理器控制后，在操作界面、现场通信和故障诊断等方面超越传统的有触点接触器。抽屉式的无触点开关柜，可以替代有触点的 MCC（电动机控制中心）柜。

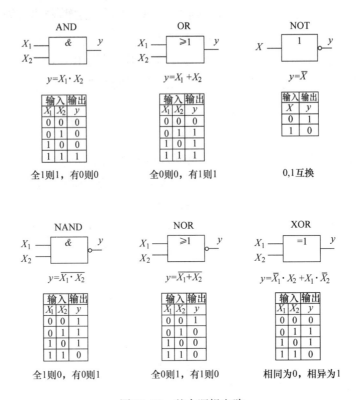

图 10-10　基本逻辑电路

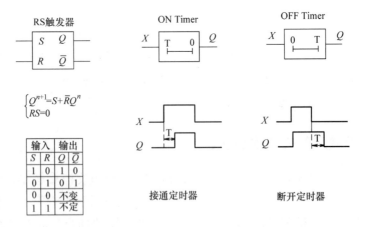

图 10-11　RS 触发器和定时器

软起动器（Soft starter）是一种集电机软起动、软停车、轻载节能和多种保护功能于一体的交流电动机控制装置。它的主要构成是串接于电源与被控电动机之间的双向晶闸管（或反并联晶闸管）及其电子控制电路。控制双向晶闸管的导通角，使被控电动机的输入电压逐渐增高，最终达到额定值，使交流电动机在限制起动电流的情况下起动。软起动器可以代替传统的星-三角或自耦变压器起动装置。

图 10-12 所示为抽屉式无触点开关和软起动器。

a)无触点开关   b)软起动器

图 10-12　抽屉式无触点开关和软起动器

10.4　传感器

在电气传动自动化控制系统中使用的传感器按照检测对象可以分为：速度、位置、电流和电压这四种类型的传感器。

按照传感器的原理分类，可以分为模拟传感器和数字传感器。

模拟式速度传感器是测速发电机。测速发电机分为励磁方式和永磁方式，输出的信号电压值与转速成正比，输出电压的符号代表旋转方向。测速发电机的关键技术在于减小低速时的纹波电压值和速度检测的线性度。

旋转变压器（Resolver）是用来测量角度和速度的模拟型传感器，其原理图如图 10-13 所示。旋转变压器的定子由两相绕组构成，绕组 S_1S_2 作为励磁绕组接到单相交流电源，另一相短接，用来抵消交轴磁势。转子绕组由两相空间相差90°的绕组构成。当转子和定子之间的空间角度为 θ 时，在两相转子绕组中分别感应出 θ 角的正弦电压信号和余弦电压信号。把这两个电压信号进行模数转换后，就可以测量出转子当前的转角 θ。

旋转变压器的优点是坚固耐用，多用于要求可靠性高或者振动较大场合，例如军事、航天以及新兴的电动汽车等领域。

现代电气传动系统调速范围大，调速精度高，测速发电机和旋转变压器的精度往往不适合这种场合，于是数字式测速装置——脉冲编码器就应运而生了。

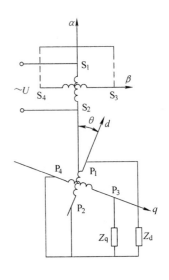

图 10-13　旋转变压器的原理图

脉冲编码器（Encoder）是一种光学式检测元件，编码器直接装在电动机的旋转轴上，以测出轴的旋转角度位置和速度变化，其输出信号为电脉冲。这种检测方式的特点是：非接触，无磨损，驱动力矩小，响应速度快。按工作原理，可分为增量式编码器和绝对值式编码器。

增量式编码器的码盘和脉冲波形如图 10-14 所示，输出信号是 3 组脉冲列。其中 A、B 脉冲是相位相差90°的脉冲列，Z 脉冲是每转只有一个脉冲。由于 A、B 两组脉冲相差90°，可通过比较 A 脉冲在前还是 B 脉冲在前，来判别编码器的正转与反转，通过零位脉冲，可获得编码器的零位参考位置。增量式编码器在转动时输出脉冲，通过计数脉冲数量计算转速或位置。

增量型编码器的一个重要数据就是每转脉冲数 N_{dis}，相应的脉冲的频率

$$f_{\text{dis}} = \frac{\omega}{2\pi} N_{\text{dis}} \qquad (10\text{-}1)$$

根据脉冲数计算出转速的方法有三种方法：M 法、T 法和 M/T 法。M 法是计数固定时间内的脉冲数，这个数值代表了固定时间内的平均速度，适合于高速段计算速度；T 法是计算两个脉冲之间的周期 T，适合于低速段计算速度；M/T 法集中了这两种方法的优点，计算精度得到提高。

对增量型编码器的 A、B 脉冲进行计数，同时利用 Z 脉冲计数编码器轴

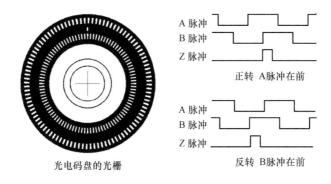

A 脉冲
B 脉冲
Z 脉冲

正转　A脉冲在前

A 脉冲
B 脉冲
Z 脉冲

反转　B脉冲在前

光电码盘的光栅

图 10-14　增量式编码器的码盘和脉冲波形

转过的圈数，即可得到编码器轴的转过角度，也就是测出角位移。因为这种方法需要确定位移的起始点，所以，只能测出相对位移。当编码器不动或停电时，必须依靠计数设备的内部记忆来记住此时的位置，并且不可转动编码器。否则，计数器记忆的零点就会偏移，造成位置检测值错误。

采用绝对值式编码器就可以避免这种缺点。绝对值式编码器的码盘做成多路光栅，各路光栅依照2、4、8……的数量开孔，码盘形状如图 10-15 所示。

绝对值式编码器的每一个位置的编码值是唯一的，检测的位置是绝对的位置值，而且不受停电的影响，也不需要确定零点。格雷码表

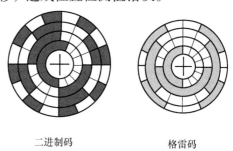

二进制码　　　　　格雷码

图 10-15　绝对值式编码器的码盘

示相邻整数时只有一个数字发生变化，其安全性优于二进制码，所以绝对值式编码器的码盘多采用格雷码的形式。另外，单圈的绝对值式编码器只能检测 360°以内的位置，而多圈绝对值式编码器利用多组齿轮的原理，增加了圈数值的编码，可以将检测范围扩大到多个 360°。由于多圈编码器的测量范围大，往往超过使用的测量范围，只需将中间的某一位置作为起始点即可，而不必花费气力在安装时定位零点。

行程开关（又称限位开关）是开关型位置传感器。在实际生产中，把行程开关安装在预定的位置，当生产机械的运动部件碰撞行程开关时，使其开关状态改变，达到顺序控制、定位控制的目的。行程开关广泛用于各类机床

和起重机械，用于控制运动部件的行程、实行限位保护。在电梯的控制电路中，还利用行程开关来控制轿厢的升降速度、自动开关门和轿厢的上、下限位的保护。

为了避免因为碰撞影响行程开关的寿命，现在又研制出与运动部件不相接触的接近开关。按照工作原理划分，接近开关可以分为电磁感应型、光电型、超声波型、电容型和高频感应型等多种类型，应根据不同的检测对象，使用不同类型的接近开关。接近开关具有寿命长、工作可靠、重复定位精度高、无机械磨损、抗震能力强等特点。

电压互感器（Voltage transformer）用来把交流的高电压按比例关系变换成 100V 的标准二次电压，供保护、计量装置和控制系统反馈使用。电压互感器还可以把高电压电路与低电压电路相隔离，保护人员和设备的安全。

电压互感器是利用降压变压器的原理检测交流电压。当电压互感器的一次绕组上接在交流高压侧，则在二次绕组中就产生一个标准的二次电压。改变变压器的变比，就可以组成不同电压等级的电压互感器。

电压互感器二次绕组不容许短路。这是因为电压互感器内阻抗很小，如果二次绕组短路时，会出现很大的电流，将损坏二次设备甚至危及人身安全。为了确保接触测量仪表和继电器时的人身安全，电压互感器二次绕组必须有一点接地。这是因为当一次绕组和二次绕组之间的绝缘损坏时，可以防止二次回路中出现高电压危及人身安全。

电流互感器（Current transformer）用于检测交流电流。它的作用是把数值较大的一次电流按照变比关系转换为数值较小的二次电流，起到隔离、保护和测量的作用。电流互感器也是利用电磁感应的原理，与电压互感器不同，电流互感器是一个电流源。只要一次侧有电流通过，二次侧就感应出与变比有关的电流。电流互感器在工作时，它的二次回路与阻抗很小的测量仪表相串联，工作状态接近短路。

电流互感器二次绕组不容许开路。如果二次绕组开路，就会产生高电压损毁设备或危及人身安全。另外，电流互感器的二次侧必须有一端接地，以防止一旦绝缘损坏，一次侧高电压窜入二次低压侧，造成人身和设备事故。对于晶闸管整流器，一般在交流侧使用电流互感器检测交流电流，然后通过二极管整流桥将交流电流变换成为直流电流。这个直流电流通过电阻器形成电压信号，作为控制系统的电流反馈（见图 10-16）。

基于霍尔效应的电流传感器

传统的检测直流电压直流电流的方法很多，常用的有直流电压互感器、直流电流互感器。这里只介绍一种新型的霍尔效应的直流电压、直流电流检测器件。

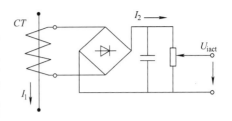

图 10-16 用于控制系统电流反馈的电流检测电路

霍尔效应是指电流通过金属薄片或半导体薄片时，如果在电流的垂直方向施加磁场，则金属薄片或半导体薄片两侧面会出现横向电位差，其原理如图10-17a所示。当通过薄片的电流恒定时，这个电位差与外加的磁场的强度成正比，而这个磁场正是由待检测的电流形成的，所以，只要检测到电位差就相当于检测到待测的电流。利用这一原理，就可以制成霍尔电流传感器。霍尔式电流传感器的优点是可以检测任何波形的电流、测量范围宽、精度高、线性度好、隔离性好；缺点是需要稳压电源供电、价格较高。

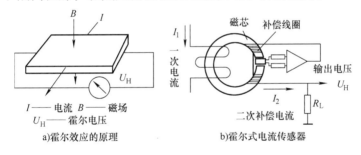

a)霍尔效应的原理   b)霍尔式电流传感器

图 10-17 霍尔式电流传感器

图 10-17b 所示为带有磁补偿的霍尔式电流传感器的原理图。由于被测的一次电流的安匝数等于二次补偿电流的安匝数，所以在电阻 R_L 上就可以得到与一次电流成比例的输出电压信号。

现在，基于霍尔效应的磁传感器已经发展成为一个品种多样的传感器产品族，已经在很多领域得到应用。

10.5 调节器

可调速的电气传动装置的主电路由电动机和半导体变换器组成。通过改变这个变换器的输出电流和电压来改变电动机的转矩和转速。在第 5 章和第 6 章已经分别对基本的直流和交流调速系统做了介绍。为了达到稳态和动态控制精度，需要实行闭环控制，控制系统中应当有相应的电流、速度或者位置调节器。

调节器可分为模拟式调节器和数字式调节器。早期的控制装置使用的都是模拟式调节器，随着集成电路技术的发展，功能强大的单片微处理器芯片问世，数字式调节器逐渐取代了模拟式调节器。数字式调节器的优点是精度高、算法灵活，易于功能扩展、稳定性好、可靠性高。数字式调节器的理论基础和控制思想都源于模拟式调节器，只有掌握了模拟式调节器的原理，才能用好数字式调节器。

模拟式调节器的硬件主体是集成电路的运算放大器，运算放大器的开环放大倍数很大，加上适当的反馈元件和输入元件就构成各种调节器。

常用的调节器有：比例（P）调节器、积分（I）调节器、比例积分（PI）调节器、比例积分微分（PID）调节器等不同类型。PID 调节器之所以经久不衰是因为这种调节器原理简单，调节效果好，技术成熟；无需复杂的数学模型，易于掌握。

PID 调节器的微分方程和传递函数是

$$u_{\mathrm{o}}(t) = K_{\mathrm{p}}e(t) + \frac{1}{T_{\mathrm{i}}}\int_0^t e(t)\,\mathrm{d}t + T_{\mathrm{d}}\frac{\mathrm{d}e(t)}{\mathrm{d}t} \tag{10-2}$$

$$U_{\mathrm{o}}(p) = K_{\mathrm{p}}E(p) + \frac{1}{T_{\mathrm{i}}}\frac{E(p)}{p} + T_{\mathrm{d}}pE(p) \tag{10-3}$$

式中　$e(t)$、$E(p)$——调节器输入电压和输出电压之间的偏差值及其拉式变换；

　　$u_{\mathrm{o}}(t)$、$U_{\mathrm{o}}(p)$——调节器的输出电压及其拉式变换；

　　K_{p}、T_{i}、T_{d}——调节器的比例系数、积分时间常数、微分时间常数。

表 10-1 中描述了各类调节器的框图、传递函数、调节参数以及过渡过程。

在电气传动控制系统中，调节器的稳压电源为直流 ±15V 电压，考虑到电流控制最大应当有 2.5 倍的过载能力，电流信号的标准值是 0 ~ ±5V，速

度信号的标准值是 $0 \sim \pm 10V$。

表 10-1   各类调节器的结构图、传递函数、调节参数以及过渡过程

类型	结构图	传递函数	调节参数	过渡过程
P		$W(p) = K_p$	$K_p = \dfrac{R_2}{R_1}$	
I		$W(p) = \dfrac{1}{T_i p}$	$T_i = R_1 C_2$	
PI		$W(p) = K_p + \dfrac{1}{T_i p}$	$K_p = \dfrac{R_2}{R_1}$ $T_i = R_2 C_2$	
PID		$W(p) = K_p + T_d p + \dfrac{1}{T_i p}$	$K_p = \dfrac{R_2}{R_1}$ $T_d = R_1 C_1$ $T_i = R_2 C_2$	

　　比例调节器最简单，它的输出与输入的偏差信号成比例关系。当偏差出现时，在比例控制的作用下，使偏差减小，但是不能消除偏差。积分调节器是对偏差信号进行积分，它的主要作用是消除静差，提高调节的精度。微分调节器的作用是对偏差信号的变化率进行调节，提前控制，使偏差消灭在萌芽状态，加快响应速度，减小超调量。简单概括为：**比例作用保证调节过程的"稳"，积分作用是保证调节过程的"准"，微分作用是促进调节过程的"快"**。比例作用的强弱取决于比例系数的大小，增大可以增强比例作用，减小静差，但是该值过大，会引起振荡。积分作用的强弱取决于积分时间常数，该值越小，积分作用越强，响应越快，越容易引起振荡。微分作用的强弱取决于微分时间常数，该值越大，微分作用越强，响应越快，越容易引起振荡。

　　电气传动控制系统中的调节器多做成 PI 调节器，微分用得较少。调整时可以先调比例部分，置积分作用为零。比例值由小到大改变，满意后再加入

积分作用，逐渐增大积分作用，同时可以减小比例的作用，直至满意为止。

现代的数字式传动控制系统中具有自动优化功能：利用向电动机通电和带动电动机转动的方法，测量电动机的电气时间常数和机电时间常数。根据最佳控制原理计算出调节器的参数，并直接配置到数字式调节器，确实给使用者带来极大的便利。

数字式调节器的基本数学原理同模拟式调节器，只是采用了离散数学的算法。数字式调节器的优点是：

（1）运行速度快：现在的芯片制造技术已经可以做到执行一条指令的指令周期在10ns的数量级，完全满足传动控制的毫秒级要求。对于简单的传动装置，现在已经出现由一个CPU单元控制多台设备的情况。对于复杂的传动装置，可以采用多个CPU并行总线工作的方式。

（2）控制算法灵活：数字式调节器不但可以实现传统的PID算法，而且还可以采用多种复杂的算法。有很多先进的控制理论只能在数字式控制器中实现，因为在模拟时控制器中无法用运算放大器构建如此复杂、灵活的电路。

（3）可靠性高：因为控制算法是用软件书写的程序，比硬件组成的控制电路具有更高的可靠性，并且维护简单。

（4）可以通过调节的品质，提高产品的产量和质量：针对设备不同工艺情况开发出适应多种要求的程序，在外界条件变化时自动切换控制程序，不因人为的因素造成失调，因而使调节品质保持最优状态，提高产品的产量和质量。

（5）便于实现电气传动控制和自动化系统的通信功能：通过串行接口实现电气传动装置和基础自动化系统的通信，减少大量的接线电缆，提高了整体自动化水平。

（6）提高生产安全性：利用数字控制的优点，可以在控制程序中加入故障报警和故障保护功能，更好地保护设备和人身安全。

数字式调节器的做法是用采样的方法对模拟信号进行离散化成为数字信号。采样后的离散信号经过保持器后得到阶梯信号。根据香农采样定理，只要采样频率高于信号最高频率的2倍，或者采样周期小于信号最小的周期的一半，即 $T < \pi/\omega_{max}$，那么，原来的连续信号可以从采样的样本中完全重建出来。电气传动系统中 PID 调节器信号的采样周期在 $1 \sim 4ms$。

描述 PID 调节过程的微分方程经过离散化之后成为差分方程，式 (10-2) 对应的差分方程为

$$u_k = K_p e_k + \frac{T}{T_i} \sum_{i=1}^{k} e_i + \frac{T_d}{T}(e_k - e_{k-1}) + u_0 \qquad (10\text{-}4)$$

式中　u_k——调节器第 k 次采样的输出；

　　　T——采样周期；

　　　u_0——积分常数；

e_k、e_{k-1}——第 k 次、第 $k-1$ 次采样周期内的偏差信号。

数字 PID 的算法很多，目前比较流行的算法有四种：全量式算法、增量式算法、微分先行算法、积分分离算法。这四种算法虽然简单，但是各有特点，基本能够满足电气传动的控制要求。

（1）全量式算法是根据式（10-4），直接计算当前的全部输出量 u_k，在某些控制系统中 u_k 对应着阀门的控制位置，所以又叫作位置式算法。因为全量式算法每次采样周期计算的输出值 u_k 和控制的偏差值 e_k 都包含全部的过去值累加项 $\sum e_i$，所以与全部的过去变化过程有关，很容易产生较大的积累误差，出现超调现象。

（2）增量式算法计算的是相邻两次采样周期中输出量的增量 Δu_k，需要以前 $k-2$、$k-1$、k 三次偏差值。即

$$\Delta u_k = u_k - u_{k-1} = K_p \left(e_k - e_{k-1} \right) + \frac{T}{T_i} e_k + \frac{T_d}{T} \left(e_k - 2e_{k-1} - e_{k-2} \right) \quad (10\text{-}5)$$

由于增量式算法中消掉了累加项，计算量较小。输出增量 Δu_k 对应着输出电压的变化部分，计算误差对于控制的影响较小。增量式算法中不含初始值 u_0，对于一些特殊的场合，易于实现手动到自动的切换。

（3）微分先行算法相当于微分反馈的作用，只对反馈值进行微分计算，不对给定值进行微分计算。这是因为给定值中有可能出现阶跃性的变化，经过微分作用之后导致输出量大幅度变化，不利于系统的稳定性。而反馈量变化总是比较缓和的，通过微分作用可以起到超前控制的作用，既避免了系统振荡，又改善了系统的动态响应特性。

（4）积分分离算法的思想是：当被控量和目标值相差较小时，引入积分项以减小静差；当被控量和目标值相差较大时，取消积分项以提高调节速度。通常人为设定一个阈值 $e > 0$，当 $|e_k| > e$ 时，取消积分项；当 $|e_k| < e$ 时，引入积分项。实际应用时还可有所改进，采用分段分离的方法：选取多个阈值，各段采用不同的积分强度。

在电动机控制领域中，数字控制技术并不是简单地把模拟控制技术转化为数字控制方式，而是利用数字控制技术实现模拟控制技术所无法实现的控制算法和方案，例如实现模糊控制、神经元网络理论、遗传算法等电动机控制的新理论。最近对于模糊控制和神经元网络理论的期望值有些减低，而对于遗传算法的期望值正在增强。今后的电动机控制理论更加倾向于把非线性控制方法和能够生成指令的人工智能等课题作为研究的热点，作为这种数字控制技术的硬件基础就是微处理器。

10.6　用于电气传动控制的微处理器

数字调节器的核心器件是微处理器，其中包括单片机和数字信号处理器（Digital Signal Processing，DSP）。单片机的运算能力较弱，不适合追求高速运算的电流闭环调节。而 DSP 拥有高速的运算处理能力、丰富的外部设备接口以及增强的中断管理功能，可以获得高效的实时处理方案，因此在电气传动数字控制领域中被广泛用。电气传动对微处理器的基本性能的要求应当考虑如下几个方面：

（1）基本指令和执行时间，需要有基于硬件的高速的乘法指令；

（2）足够大的内存容量；

（3）足够的运算精度；

（4）有足够的中断通道、数字量和模拟量的接口、硬件的脉宽调制器、串行通信等硬件资源；

（5）较低的功耗；

（6）价格和开发环境。

由一片 DSP 芯片为核心，加上一些外围接口芯片就构控制系统的 CPU

模板。一个电气传动装置就是由 CPU 模板、主回路器件、触发脉冲放大单元、I/O 接口和通信接口组成的，可以控制可调速的电动机。为了构成更为复杂的控制系统，可以把多个 CPU 模板通过框架的背板总线相连接，组成多 CPU 的控制系统。这种系统用来控制复杂的传动系统，例如用于交-交变频器的多 CPU 控制系统。

微处理器是 CPU 模板中的核心器件，美国 TI 公司的 DSP 芯片 TMS320F2812 的价格低廉（10 多美元/片）功能强大，成为目前电气传动数字控制系统的首选芯片。TMS320F2812 的主要特点是

（1）采用高性能静态 CMOS 制造工艺，主频达到 150MHz（时钟周期 6.67ns），低功耗（核心电压 1.9V，I/O 口电压 3.3V，Flash 存储器的编程电压 3.3V）；

（2）高性能的 CPU（芯片内部的 CPU 单元），16×16 和 32×32 乘积累加操作；16×16 双乘积累加器；程序和数据空间分开寻址（哈佛总线结构），4M 的程序地址，4M 的数据地址；

（3）存储容量大，片上有 $128KB \times 16$ 的 FLASH 存储器；$128KB \times 16$ 的 ROM；外部存储器接口具有 1MB 的寻址空间，3 个独立的片选端；

（4）3 个外部中断，外部中断扩展（PIE）模块，最多可以支持 45 个外部中断；2 个事件管理器可以顺序触发 8 对 A—D 转换；

（5）3 个 32 位的 CPU 定时器；16 通道 12 位的 ADC；16 路 PWM 信号发生器；

（6）2 个串行通信接口（SCI）；

（7）丰富的指令集合，支持 C++ 和汇编语言编程。

图 10-18 所示数字信号处理器 TMS320F2812 的内部结构功能框图，现对图中的术语做简单的解释。

中心处理单元（CPU）由存储器、寄存器以及控制接口构成，负责程序的流程和指令处理，可以执行算术、逻辑和位操作等运算。

F2812 处理器的存储器总线接口负责将 CPU 单元与内存、外设连接起。存储器接口具有并行的程序和数据总线，还包含访问存储器或外设所需的各种读写控制信号。

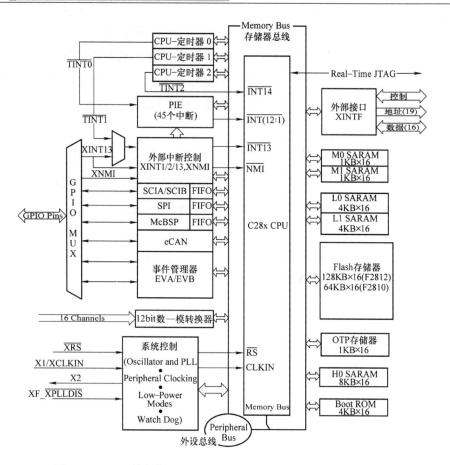

图 10-18　DSP 数字信号处理器 TMS320F2812 的内部结构功能框图

F2812 处理器可以通过系统控制寄存器设置系统的内部振荡器（Oscillator）、锁相环（PLL）、外部时钟（Peripheral Clocking）、低功耗模式（Low - Power Modes）和看门狗（Watch Dog）等控制功能。

F2812 的存储器分为 **Flash 存储器**和**一次性可编程存储器**（One - Time Programmable，OTP）。

Flash 存储器的大小为 128KB × 16 位，用户可以单独擦出、编程每个单元。**OTP 存储器**用来存放程序和数据，只能一次性编程而不能擦除。

程序/数据存储器 SARAM 分为 3 种组：M0/M1 SARAM、H0 SARAM 和 L0/L1 SARAM。各组的容量不同，而且对应着不同的映射空间，既可用于存放程序代码，也可以用于存放数据。引导 ROM 存储器（BootROM）在出厂时就固化了引导程序，确定了上电时的引导加载方式。此外，在出厂时在 BootROM 内部，还固化了标准的数学函数表，例如三角函数表等。

外围中断扩展控制器（Peripheral Interrupt Expansion Controller，PIEC）用于处理引脚和外围的中断请求，最多可以管理 45 个中断源。这是因为 CPU 受容量所限，不能直接管理过多的外部中断要求，需要由 PIE 选择处理较多的外部中断请求。

F2812 提供了 56 个独立的可编程通用的输入/输出引脚，具体的功能可以通过对**寄存器组 GPIO MUX** 进行配置来决定。通过 GPIO MUX 寄存器组可以配置引脚的信号的 I/O 方向，量化输入信号，取消一些带有噪音信号的引脚功能。

CPU 定时器 0/1/2 都是 32 位，定时器 1 和 2 是为 DSP 实时操作系统所备用的；定时器 0 为用户使用。

外部设备扩展接口（XTNTF）具有强大的功能，可以外接各种高、低速设备，具有良好的兼容性。

F2812 有两个**事件管理器 EVA 和 EVB**，每个事件管理器包括通用定时器、全比较器 PWM 单元、捕获单元和正交脉冲编码电路。在控制电动机时，每个事件管理器能够控制一组三相桥式整流器，可以连接编码器的反馈信号。捕获单元可以捕捉到相应引脚的信号跳变，从而使能事件的触发。

数-模转换模块（ADC）中有 16 个 12 位分辨率的输入通道、两个排序器和一个数-模转换器。支持顺序采样和并发采样两种模式，可用于电动机控制中的模拟量转换。

串行外围设备接口（SPI）是一种同步串行的外围设备接口，SPI 主设备提供时钟，适应多种标准的外围器件；仅需要发送、接收、选通、时钟 4 条导线。工作模式分为主、从两种模式，125 种可选波特率。发送和接收遵循先进先出的队列方式（FIFO）。

F2812 有两个**串行通信接口模块 SCIA 和 SCIB**，每个模块各有发送和接收两个引脚，工作模式分为全双工和半双工两种模式，具有可达 64K 速率的可编程波特率，遵循先进先出的队列方式。

增强型区域网络控制器（CAN）。CAN 总线是控制器局域网络（Control

Area Network）的简称，源于为解决汽车中控制器与测试仪器之间数据交换而开发出来的通信协议。它的特点是简单实用、成本低、可靠性高，很好地解决了传统布线数量大隐患多的问题，现在被广泛用于汽车、火车、轮船等交通工具中。在 F2812 中的 eCAN 控制器提供完整的 CAN 协议，减少了通信时 CPU 的开销。eCAN 模块主要由协议内核和消息控制器构成。协议内核的功能是解码和传送消息到总线上；消息控制器负责对接收到的消息进行判别，决定送给 CPU 实用还是丢弃。CAN 总线的通信速率可以从 100kbit/s 到 1Mbit/s，相应的通信距离从 620m 到 40m。

联合测试行为组（Joint Test Action Group，JTAG）是一种国际标准测试协议，主要用于芯片内部测试，现在多数的高级器件都支持 JTAG 协议。

标准的 JTAG 接口是 4 线：模式选择线、时钟线、数据输入线和数据输出线。JTAG 最初是用来测试芯片的，通过专用的测试工具对芯片内部的节点进行测试。由于 JTAG 接口可对 DSP 芯片内部的所有部件编程，所以现在多利用 JTAG 的编程方式进行在线编程，从而大大加快编程的进度。

多通道缓冲串行口（Multichannel Buffered Serial Port，McBSP）是一种高速、全双工通信带缓冲的串行通信接口，它是在标准串行接口的基础之上对功能进行了扩展，因此，具有与标准串行接口相同的基本功能。McBSP 串口包括一个数据通道和一个控制通道，由引脚、收发部分、时钟及帧同步信号产生器、多通道选择以及 CPU 中断信号和同步信号等组成。这个串行接口可以和其他 DSP 器件、编码器等其他串口器件通信。

10.7 电器柜

电气传动的控制元器件、装置、仪表和半导体功率器件都要安装在电器柜内，这种电器柜的电压等级都在 1000V 以下，属于低电压的电气范围。

设计电器柜首先要考虑安全性，其中包括人员安全和设备安全。对于人员安全方面主要是考虑防止触电，凡是高于安全电压的带电部分，一定要有明显的标志；容易被人接触的部分应由绝缘物遮挡。

防护等级是由国际电工协会（IEC）为电气设备安全提出的分类方法。

防护等级是以 IP 后跟随两个数字来表述防护的等级。第一个数字表明设备抗固态微尘的范围或防止固体异物进入的等级，最高级别是 6；第二个数字表明设备防水防潮湿的程度，最高级别是 8。对于一般用于工业电气室内的电器柜，其防护等级可选择 IP21，对于工作在潮湿、多粉尘或者有火灾隐患的室内的电气柜，其防护等级可选择 IP44 或 IP54。防护等级的描述见表 10-2。

表 10-2 防护等级的描述

IP 等级	第一个数字	第二个数字
	抗尘的描述	防水的描述
0	无防护	无防护
1	大于 50mm	水滴 0°
2	大于 12.5mm	水滴 15°
3	大于 2.5mm	溅水 60°
4	大于 1.0mm	各方向的喷水
5	粉尘	各方向的射水
6	灰尘封闭	各方向的强射水
7		短时浸水
8		长期浸水

电器柜的元件布局首先应考虑元件的布置对线路走向合理性的影响。布局设计时要考虑人员安全、拆装方便、电磁干扰小、散热顺畅等要素。普通电器柜内所安装的元器件主要有印制电路板或电子电路模板、半导体功率器件或成套的变流装置、通用类电器，如接触器、开关、端子排之类，以及变压器、电抗器之类的电感类元器件等。

电子元件和集成电路芯片都焊接在印制电路板上，印制电路板根据用途和复杂程度分为单层、双层和多层板，采用插针或端子与外部连接。如果控制系统是由多个印制电路板构成的，可以采用带有背板总线的框架安装印制电路板，例如常见的 S7-400 系列的 PLC 板卡就是这种安装方式，现在已经形成标准的安装结构。

半导体功率器件或成套的变流装置通常安装在具有散热能力的组件内，小功率的组件采用自然风冷或强制风冷，大功率的半导体器件采用纯水冷却，近年来很多大功率的设备采用热管散热技术。

通用类电器，如接触器、继电器、端子排可以安装在带孔的金属板条或异型安装导轨上。

电感类的器件安装时要考虑散热和电磁场的影响，而且这类器件重量大，最好安装在柜内的下方。

在安装电气元件时应保证同一型号产品组装的一致性，柜内和门板上的操作元件的高度应符合规定，便于操作、维修容易、安全可靠。电气元件和装置的间距应满足绝缘和散热的要求，还要考虑积灰后的爬电距离。

装柜的导线截面积应符合规定，导线中间不应有接头，每个电器元件的接点最多允许接 2 根线。

设计电器柜时还应当重视电磁兼容性（EMC）。所谓 EMC 是指电子线路、设备、系统互相不影响，从电磁的角度具有相容性的状态，简单说就是需要有减少和抗御电磁干扰的措施。

电磁干扰的三要素是：干扰源、耦合途径和敏感设备。对于电器柜来说，干扰源主要来自各种电气设备，如开关合分闸、变流器的谐波、无线电发射等等。耦合途径分为借助电源线、接地线的导线的传导方式和空间辐射方式两种类型。敏感设备就是指容易受到干扰影响的电气设备。为了实现电气设备的电磁兼容性，在技术上就要做到抑制干扰源，减少不需要的发射；消除或减弱耦合通道；增强敏感设备的抗干扰能力。常用的抗干扰手段有：屏蔽——切断电磁干扰空间转播的途径；滤波——对电源线和信号线滤波，可将不需要的一部分频谱滤掉，消除因导线传导耦合的影响；接地——为有用信号或无用信号提供公共的参考点位点。接地措施本来是出于安全性的考虑，可是往往由于接地不良反而引起更多的电磁干扰。所以在设计电器柜时做好接地设计，以减少电磁噪声借助接地线形成传导。

在工厂中有一种因为接地原因引起的事故应予以重视，这就是杂散电流的干扰。杂散电流往往是因为一些动力变压器中性点处理不当造成的，例如电焊机的搭铁线没有良好的电流通路，形成杂散电流。这些杂散电流很可能流过信号电缆的屏蔽层，造成信号被干扰，局域网络通信异常。解决的方法就是建立良好接地网，使杂散电流有顺畅接地通路。

在设计和制造电器柜时。严格遵守正确的 EMC 安装规则，可以减少很多莫名其妙的故障。电气柜的 EMC 安装规则如下：

（1）柜内所有金属件须有牢靠的表面电气连接，必要时采用爪垫或接触垫圈。柜门应用柔性铜编织带与柜体电气连接。

（2）柜内的接触器、继电器等线圈部分须安装吸收元件，例如 RC 吸收元件、压敏电阻或二极管。

（3）信号线的电压等级尽量一致。

（4）非屏蔽的信号线应当使用双绞线。

（5）电缆的备用芯线应当两端接地，以增加额外的屏蔽效果。

（6）减少电缆的无用长度，以减少耦合电容和耦合电感。

（7）柜内配线尽量贴着底板或安装板，减小相互干扰。

（8）信号电缆和电源电缆应分开布线，间距大于 20 厘米。如果无法实现分开布线，须采用屏蔽电缆或屏蔽金属板进行隔离。

（9）数字信号的屏蔽层双端接地；模拟信号的屏蔽层单端接地。

（10）滤波器和吸收元件尽量靠近干扰源。

小 知 识   **格雷码**

格雷码（Gray code）是一种数字排序系统，其中的所有相邻整数在它们的数字表示中只有一个数字不同。大大地减少了由一个状态到下一个状态时逻辑的混淆。另外由于最大数与最小数之间也仅一个数不同，通常又叫格雷反射码或循环码。下表为 0~15 的自然二进制码与格雷码的对照。

十进制数	0	1	2	3	4	5	6	7
自然二进制数	0000	0001	0010	0011	0100	0101	0110	0111
格雷码	0000	0001	0011	0010	0110	0111	0101	0100
十进制数	8	9	10	11	12	13	14	15
自然二进制数	1000	1001	1010	1011	1100	1101	1110	1111
格雷码	1100	1101	1111	1110	1010	1011	1001	1000

普通二进制码与格雷码可以按以下方法互相转换：

二进制码→格雷码（编码）

从最右边一位起，依次将每一位与左边一位异或（XOR），作为对应格雷码该位的值，最左边一位不变（相当于左边是0）。

格雷码→二进制码（解码）

从左边第二位起，将每位与左边一位解码后的值异或，作为该位解码后的值（最左边一位依然不变）。

1. 举例说明各类用于电气传动设备中的电器元件。

2. 说出断路器和隔离开关的特点和用途差异。

3. 简述半导体功率器件的特点和应用范围。

4. 说明基本逻辑电路的种类和逻辑关系。

5. 简述接通定时器和断开定时器的区别。

6. 简述增量式编码器和绝对值式编码器的区别和应用范围。

7. 说明电压互感器和电流互感器的原理和使用中的注意事项。

8. 说明霍尔式电流传感器的原理及优缺点。

9. 叙述比例调节器的数学关系式和调节过程。

10. 叙述积分调节器的数学关系式和调节过程。

11. 叙述微分调节器的数学关系式和调节过程。

12. 写出离散系统 PID 调节过程的微分方程和差分方程。

13. 说出目前比较流行的数字 PID 算法并指出各种算法的特点。

14. 说出数字电气传动控制系统对于微处理器的基本性能的要求。

15. 对照数字信号处理器 TM320F2812 的内部结构框图，说明各部分的功能。

16. 观察一台不带电的电器柜，指出器件名称，判断防护等级，指出符合 EMC 安装规则的实例。

第11章

电气传动控制系统的设计

11.1 电气传动的主要控制方式

选择电气传动的控制方式是设计过程中非常重要的环节。对于不同生产机械，应当选择不同的控制方式。选择控制方式时除了考虑经济性之外，在技术方案方面还要综合考虑简单性、实用性和先进性。一般简单的应用场合或者维护力量不足的地方，应当尽量选择接触器控制的非调速的电气传动方案。在要求高质量调速的场合，或者因调速带来较明显经济效益时，选择半导体变流器调速系统的方案。

在电气传动中利用半导体变流器控制的电动机具有很多的优越性：可以实现自动控制、柔性控制，节省能量。电气传动发展的过程与半导体变流器的发展紧密相连，也和功率半导体器件的发展紧密相连。表 11-1 是半导体变流器控制的电气传动方案。

表 11-1　半导体变流器控制的电气传动方案

电气传动控制方式	功率范围 /kW	转速范围 / (r/min)	调速范围	应用领域
1 异步电动机变频控制				
1.1 通用型变频器和笼型异步电动机	0.5 ~ 300	0 ~ 3000	20:1	风机　水泵　辊道

（续）

电气传动 控制方式	功率范围 /kW	转速范围 /（r/min）	调速范围	应用领域
1.2 特殊 IGBT 变频器和交流异步伺服电动机	1.0 ~ 60	0 ~ 12000	1000:1	数控机床 精密机械
1.3 特殊 IGBT 变频器和交流主轴电机	0.1 ~ 60	0 ~ 50000	400:1	交流主轴 纺织机 离心机
1.4 6 ~ 10kV 中压变频器和笼型异步电动机	500 ~ 3000	0 ~ 3000	20:1	风机、水泵
2 半导体整流器和同步电动机				
2.1 特殊 IGBT 变频器和永磁同步电动机	0.1 ~ 60	0 ~ 6000	10000:1	数控机床 机器人
2.2 晶闸管换向器和高压同步电动机（无刷直流电动机）	400 ~ 10000	0 ~ 3000	10:1	风机、水泵、 压缩机、 矿冶设备
3 半导体整流器和直流电动机				
3.1 脉宽调制整流器和直流电动机	0.5 ~ 30	0 ~ 1500	10000:1	精密加工机械 精密电气机械
3.2 通用晶闸管整流器和直流电动机	1.0 ~ 1000	0 ~ 1500	100:1	起重机等 一般应用
3.3 大功率晶闸管整流器和直流电动机	1000 ~ 10000	0 ~ 1500	100:1	冶金机械 矿山机械
4 绕线转子异步电动机的串级调速和双馈调速	250 ~ 2000	0 ~ 1500	3:1	水泵 风机 超同步速机械

11.2　非调速电气传动系统的控制

　　不调速的电气传动系统一般采用继电器、接触器实现对异步电动机的控制和保护，又称为继电器-接触器控制。这种控制方式简单可靠，成本低廉。

现在已经把许多复杂的控制电路形成标准化的单元组件，称为电动机控制中心（Motor Contral Center，MCC）。最近登场的智能型的电动机控制中心集信息技术、传感技术、计算机数据处理技术于一身，除了常规的控制和保护功能之外，还配置了现场局域总线接口和故障记录功能，可实现远端控制和远端监测。虽然现在变频器技术已经普及，但是传统的继电器-接触器控制方式仍有很大的应用空间。掌握这种简单的控制技术，有时会取得良好的效果，例如，只需要两种转速的生产机械，可以采用双速电动机变速，既可以省去昂贵的变频器，又简化了电路。

图 11-1 所示为带有动力制动的单方向运转的异步电动机控制电路。电路中增加了动力制动用的直流电源（变压器 T 和整流器 V1）和为制动结束时切断直流电源的延时继电器 KT。这个电路的要点是：合闸接触器 KM1 和制动接触器 KM2 的状态是不相容的，因此在各自的线圈上串入对方的常闭触点；制动电源的通电时间受延时继电器 KT 的控制。当电动机运行时，延时继电器 KT 得电，其常开触点闭合；当电动机的断开电源（KM1 断开）时，制动接触器 KM2 得电，延时继电器 KT 的触点延时数秒后分开，通过 KM2 把制动电源断开。这里的 KT 的延时时间对应着电动机由断电到停稳的时间。图中 KT 的触点是瞬时闭合延时分开（OFF 延时）的触点。现在有一种插在普通继电器上的延时触点模块，可以代替延时继电器 KT。

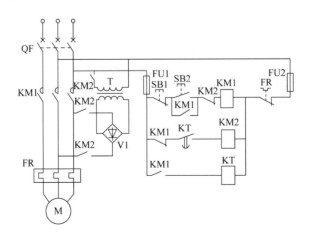

图 11-1　带有动力制动的单方向运转异步电动机控制电路

很多机械设备要求可以正反转，并且需要快速制动，图 11-2 就是这样的电路。反接制动是改变电动机进线电源的相序，使旋转磁场的方向和惯性转速的方向相反，从而产生制动力矩。当电动机停止后，应当及时切断电源，防止电动机反方向再起动。图中最显著的特点是增设了速度继电器 KS，当电动机的转速大于额定转速的1%时，正转时触点 KS-F 接通；反转时接点 KS-R 接通。如果要求电动机在正转/反转之间切换，应当先按下停止按钮 SB2，再按下反转按钮，即操作按钮的顺序是 SB1→SB2→SB3。操作时各个器件的状态见表11-2。

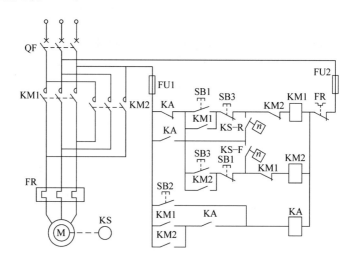

图 11-2　具有正反转和反接制动功能的异步电动机控制电路

表 11-2　操作按钮时各个器件的状态

	按钮	主接触器	速度继电器	电动机的状态
正转	SB1	KM1	KS-F 接通	正转
停止	SB2	KA	$n < 1\%$ 时 KS 断开	反接制动—停止
反转	SB3	KM2	KS-R 接通	反转

改变笼型异步电动机的定子绕组的极对数可以改变转速。这里介绍一种三角形/双星形联结的双速异步电动机的控制电路（见图11-3）。低速时绕组接成三角形，接触器 KM1 接通；高速时接成两组星形并联，接触器 KM2 和 KM3 接通。电路中采用了停车抱闸 BRK，抱闸的线圈失电后，抱闸的闸块在机械弹簧的作用下抱紧制动盘。出于安全方面的考虑，抱闸的控制原则是"得电释放，失电抱紧"。电路中还使用了转换开关 SA，它由左、中、右三

个选择位置，分别对应上、中、下三路接通，用黑点标识之。

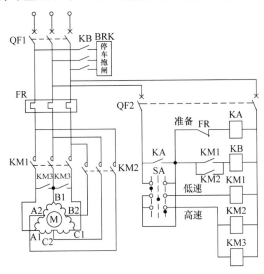

图 11-3　△/YY联结双速异步电动机控制电路

当主回路和控制回路的电源断路器 QF1、QF2 合闸后，将转换开关 SA 旋转到左侧位置，接触器 KA 接通，为起动做好准备；将 SA 旋转到中间位置，接触器 KM1 接通，电动机低速运行；将 SA 旋转到右侧位置，接触器 KM2 和 KM3 接通，电动机高速运行。操作时各个器件的动作见表 11-3。

表 11-3　操作 SA 时各个器件的状态

	SA	主接触器	抱闸接触器	电动机绕组
准备	左	KA	断开	不通
低速	中	KM1	接通	三角形
高速	右	KM2 和 KM3	接通	双星形

图 11-4 所示为绕线转子异步电动机转子串电阻起动、停止、调速、换向的控制电路图，核心的控制器件是一台凸轮控制器 SA。图中右下方是凸轮控制器 SA 的触点闭合表。凸轮控制器是一种手动操作的控制电器，具有多个档位、多个触点。操作工转动手柄带动凸轮去接通和分断触头。这种电路主要用于中小型起重设备中的电动机控制。

图中分为定子控制电路和转子控制电路。定子控制电路与普通的可逆运转的异步电动机控制电路相同，只是换向接触器由凸轮控制器的主触点 SA1～SA4 代替。为了减少器件，获得较多的加速级数，转子回路中的起动

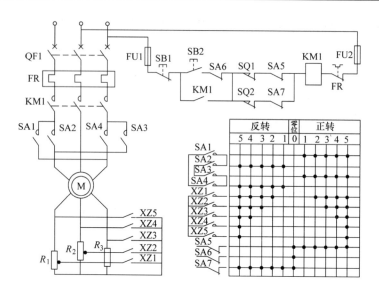

图 11-4   用凸轮控制器控制绕线转子异步电动机的电路和闭合表

电阻按照不对称原则配置。

电动机开始工作时，闭合断路器 QF1，将手柄转至"0"位置，这时最下边的三副触点 SA5～SA7 闭合，为控制电路接通做好准备。按下起动按钮 SB2，接触器 KM1 线圈得电，其主触点闭合，接通电源，为电动机起动做好准备，其常开接点 KM1 闭合自保。然后将手柄扳至"正转 1"位置，这时触点 SA1、SA3、SA5 闭合，电动机与三相电源接通，电动机正转起动。此时电动机转子绕组接入了全部电阻 R，所以限制了起动电流，相应的转速较低。当手柄板至"正转 2"位置时，SA1、SA3、SA5 依然闭合，同时触点 XZ1 闭合，使起动电阻器 R_1 上的第一级电阻被短接，电动机转速加快。同样道理，当手柄扳至"正转 3"、"正转 4"位置时，触点 XZ2 和 XZ3 先后闭合，电阻器 R_2 和 R_3 相继被短接，电动机继续加速，当手柄扳至"正转 5"位置时，XZ1～XZ5 五副触点全部闭合，全部电阻被短接，电动机起动完毕，全速运转。

当手柄扳到"反转 1～5"位置时，SA2 和 SA4 触点闭合，三相电源的相序改变，电动机反向旋转，这时触点 SA6 闭合，控制线路仍然接通，接触器 KM1 继续得电工作。凸轮控制器反向起动切换电阻的动作原理与正转相同，不再多述。

凸轮控制器最下面的三副触点 SA5、SA6、SA7 只有当手柄扳到 "0" 位置时,才能全部闭合。而在其他各档位置均为只有一副闭合,而其余两副断开。这样安排的目的是保证手柄必须处在 "0" 位时,按下起动按钮 SB2,才能使接触器 KM1 线圈得电,电动机可以起动。而手柄在其他位置时,均不能使接触器 KM1 线圈得电,避免电动机在非零位直接起动,突然快速运转。图中的行程开关 SQ1、SQ2 接点分别是正转和反转的限位保护开关。

11.3 构建调速电气传动控制系统的原则

现代的电气传动控制系统是利用调节电动机的电压、电流、频率等电气参数达到平稳快速控制电动机的位置、转速、转矩的目的。根据不同的技术要求,可以采用开环控制方式或闭环控制方式。

开环控制系统中没有检测器件,构成简单。由于不能检测被调节量的误差,开环控制系统无法修正误差,因此控制精度和抗干扰能力都比较差,而且对于系统参数的变动很敏感。因此开环控制方式仅用于精度要求不高的简单控制的场合,例如风机、水泵类设备的简单变频调速控制,轧钢辊道的变速控制等。

闭环控制系统中检测被控制量并作为负反馈进行调节,不管是外部扰动还是给定值变化,只要是被控制量偏离给定值,控制系统就会产生相应的控制作用去消除偏差。因此,闭环控制的抗干扰能力强,并能改善系统的响应特性。闭环控制系统的缺点是系统结构复杂,参数失调后系统的特性变坏。速度-电流双闭环控制的电气传动系统用于轧钢机、造纸机等对于速度和转矩要求很高的场合。

电气传动系统中的扰动主要来自于负载转矩的变化和电源电压的波动。开环控制系统不能抑制于扰动的影响,闭环控制系统可以抑制扰动的影响。

按照反馈量的性质可以分为刚性反馈、柔性反馈以及非线性反馈。柔性反馈是指反馈量只在过渡过程期间起作用的反馈方式。非线性反馈通常指带有死区或者限幅关系的反馈。这种按外部扰动信号实施控制的方式称为扰动控制。

在闭环控制的电气传动系统中，几乎使用的都是外环为速度负反馈、内环为电流（转矩）负反馈的双闭环控制系统。有些高级的控制系统为了追求更好的动态性能，还引入前馈控制，并与反馈控制共同构成复合控制系统。复合控制既有前馈控制根据数学模型对被控制量进行预先控制的快速性，又有反馈控制纠正被控量偏差的准确性，是一种高级的控制方式。从理论上看，复合控制可做到完全消除主要扰动对系统输出的影响。

11.4　闭环控制系统的分类

电气传动的闭环控制系统可按照工作原理、输出的调节参数或完成的功能来进行分类。按照电气传动自动控制的原理，可把闭环控制系统分类为连续控制系统、继电器控制系统、脉冲控制系统和数字控制系统。

连续控制系统中的每个变量都随时间连续变化。以前的模拟控制系统就是典型的连续控制系统。闭环的连续控制系统的框图如图 11-5 所示。扰动主要来自工作机构上面的转矩扰动。图中 X 为控制量的给定值，F 为反馈值。M 为电动机，ω 为转速。

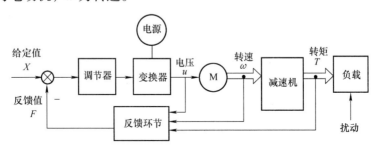

图 11-5　闭环的连续控制系统的结构框图

继电器控制系统由继电器或接触器控制电动机的电压。继电器类元件可以输出两种稳定状态，即

$$\left.\begin{array}{l} U_{out} = + U_n \quad （当 \ U_{in} > 0） \\ U_{out} = 0 \quad （当 \ U_{in} < 0，单极型） \\ U_{out} = - U_n \quad （当 \ U_{in} < 0，双极性） \end{array}\right\} \tag{11-1}$$

式中　U_n——电动机的额定电压。

继电器控制系统的控制特性如图 11-6 所示。闭环的继电器控制系统的结构框图如图 11-7 所示。

脉冲控制系统是正向通道中包含一个脉冲环节，这个脉冲环节把连续的控制信号变换成为具有一定规律脉冲列。应用最广泛的脉冲控制系统就是脉宽调制（PWM）的变频器。这种脉冲

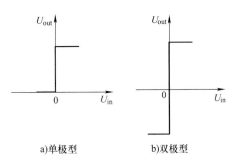

a)单极型   b)双极型

图 11-6   继电器类元件的控制特性

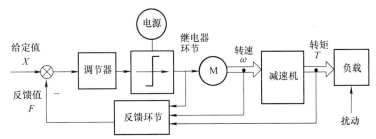

图 11-7   闭环的继电器控制系统的结构框图

列的幅值恒定，宽度是可变的。

数字控制系统的控制信号是二进制数字量。数字控制系统已经是当前电气传动控制的主流技术，其核心器件是微处理器。

如果按照输出量进行分类，闭环控制系统的可以分为转矩闭环控制、速度闭环控制和位置闭环控制。

转矩闭环控制系统多用于张力控制和位势负载控制控制，薄钢板卷取机、卷纸机、薄膜卷取机属于张力闭环的转矩控制，而高炉探尺则属于位势负载的转矩控制。

速度闭环控制保证实际速度跟随速度的设定值，这里又分为恒速控制系统和变速控制系统。

–恒速控制系统

使生产机械保持速度恒定。这种控制应当使速度给定值保持不变，控制系统保证在外界干扰的情况下，使得实际速度保持不变。造纸机是这种系统的实例。

－变速控制系统

根据生产机械工艺要求，高精度宽范围地调节电动机的转速，电铲、起重机、轧钢机等生产机械是这种系统的实例。

位置闭环控制用于控制工作机构的位置，轧钢机的压下机构、机器人和机械手等都是采用位置控制的系统。根据位置控制的方式可以分为两大类位置闭环控制：定位控制和随动控制。

－定位控制系统

只关注工作机构的起始位置和停止位置，不关注中间过程位移情况。例如飞剪的剪刀定位。

－随动控制系统

要使被控对象高精度地跟随位置给定值来运动，不但关注被控对象的起点和终点，而且更加注重整个过程的运动轨迹。

如果按照控制功能进行分类，闭环电气传动控制系统分为恒值控制、调速控制、随动控制、程序控制和自适应控制等系统。

恒值控制系统的主要特点是被控量（转矩、速度等）的给定信号在较长的时间里可以保持不变，即使在扰动影响下，被控量的实际值也应当保持不变。

调速控制系统中的速度给定值是由操作工设定或者由根据工艺要求来设定的，调速的精度应当达到预定的精度。

随动控制系统应当保证被控对象的位置要跟随时刻变化的给定信号。这种系统的例子有三坐标仿真铣床、雷达制导系统和飞行器机动操纵系统等。

程序控制系统是由计算机中的程序控制的，控制程序是按照控制规律编制好的，并存放在计算机中。数控机床就属于程序控制的一例。

自适应控制系统是根据控制对象本身参数或周围环境的变化，自动调整电气传动的控制参数以获得满意的性能。

电气传动中常见的控制方式往往是上述控制方式的组合形式。例如晶闸管-直流电动机的控制系统一般可以分为简单的电压闭环控制方式和标准的速度-转矩双闭环的控制方式。通用变频器的控制方式有系统参数控制、频率-电流 V/f 控制、矢量控制方式和直接转矩控制等方式。

11.5 直流调速闭环控制系统

带有速度反馈的晶闸管直流调速系统的框图如图 11-8 所示。由第 4 章的内容可知，机械特性的方程如式（11-2）所示：

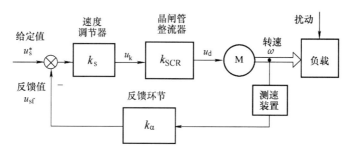

图 11-8 带有速度反馈的晶闸管直流调速系统的框图

$$\omega = \omega_{0.\,CL} - \frac{T}{\beta_{CL}} = \frac{U_d}{C} - \frac{T}{\beta_{CL}} \qquad (11\text{-}2)$$

式中　$\omega_{0.\,CL}$——闭环控制时的空载转速；

　　　　β_{CL}——闭环控制时的机械特性硬度的绝对值；

　　　　U_d——电枢回路整流器的输出电压平均值。

由第 4 章第 2 节可知，闭环时机械特性硬度是开环时机械特性硬度的 $(K+1)$ 倍，这里的 K 是开环时系统的放大倍数。忽略电枢电阻时，$\omega \approx U_d/C$，则

$$K = \frac{k_s \cdot k_{SCR} \cdot k_\alpha}{C} \qquad (11\text{-}3)$$

式中　　　k_s——速度调节器的比例系数；

$k_{SCR} = U_d/u_k$——晶闸管整流器的放大倍数；

　　　　u_k——晶闸管整流器的控制电压；

$k_\alpha = \omega_{act}/\omega$——速度反馈环节的反馈系数。

描述这个系统的方程如下式所示：

$$\left.\begin{array}{c} u_k = k_s(u_s^* - u_{sf}) \\[4pt] U_d = u_k \cdot k_{SCR} \\[4pt] U_d = C \cdot \omega + I_a R_\Sigma \\[4pt] T = C \cdot I_a \end{array}\right\} \qquad (11\text{-}4)$$

式中　u_s^*——速度给定值；

　　　u_{sf}——速度反馈值。

由上面的公式可以得到闭环传动系统的机械特性表达式

$$\omega = \frac{Ku_s^*}{k_\alpha\,(1+K)} - \frac{T}{\beta\,(1+K)} \tag{11-5}$$

闭环控制系统可以提高机械特性硬度的原理已经在第4章的图4-5有所描述。由式（11-5）可知，对于闭环系统而言，提高机械特性硬度的方法就是提高开环放大倍数 K，实际上可以调节的手段也只有提高速度调节器的比例系数 k_s。

通常电动机的最大输出转矩受机械强度的限制只能达到（2~3）倍的程度，在只有速度闭环的控制系统中，采用**电流截止负反馈**的方案限制最大转矩，也就是把电枢电流负反馈引入到速度反馈环节。当电动机的电枢电流超过某个临界值，就要降低速度调节器的输出值，这样就降低了电枢电压和电动机的转速，达到限制最大转矩的作用。这种电流截止负反馈的控制方式功能框图如图11-9所示，相关的数学表达式见式（11-6）。

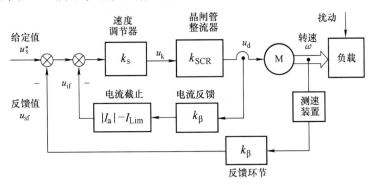

图11-9　带有电流截止负反馈的速度闭环控制系统框图

$$u_{if} = 0 \quad 当 |I_a| \le I_{Lim} \tag{11-6a}$$

$$u_{if} = (|I_a| - I_{Lim})\,k_\beta \quad 当 |I_a| > I_{Lim} \tag{11-6b}$$

式中　u_{if}——电流截止反馈值；

　　　I_{Lim}——电流截止负反馈开始投入工作的电枢电流的临界值；

　　　k_β——电流反馈系数。

在电流反馈和速度反馈的双重作用之下，这种调速系统的机械特性如图

11-10 所示。由图中可以看出，机械特性由两部分组成：特性硬度很高的直线 1 部分——电流截止负反馈还没有起作用；转矩受到限制的斜线 2 部分——机械特性硬度明显变软。

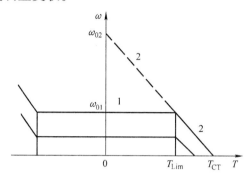

图 11-10 带有电流截止负反馈速度闭环系统的机械特性

下面介绍电流截止负反馈的机械特性，晶闸管-直流电动机的基本方程为

$$
\left.
\begin{aligned}
u_k &= k_s \left[u_s^* - k_\alpha \omega - k_\beta (I_a - I_{\text{Lim}}) \right] \\
U_d &= u_k \cdot k_{\text{SCR}} \\
U_d &= C \cdot \omega + I_a R_\Sigma \\
T &= C \cdot I_a
\end{aligned}
\right\}
\tag{11-7}
$$

以 ω 为自变量来解这个方程组，当 $|I_a| \geq I_{\text{Lim}}$ 时，得到斜线 2 部分的机械特性

$$
\omega = \frac{k_s k_{\text{SCR}} u_s^*}{C(1+K)} + \frac{k_s k_{\text{SCR}} k_\beta T_{\text{Lim}}}{C^2(1+K)} - \frac{R_\Sigma + k_s k_{\text{SCR}} k_\beta}{1+K} \cdot \frac{T}{C^2}
\tag{11-8}
$$

式中 I_{Lim}——指定的截止电流值，电枢电流不能超过此值；

T_{Lim}——截止电流对应的截止转矩，$T_{\text{Lim}} = C \cdot I_{\text{Lim}}$。

这个方程的前两项表示第 2 段机械特性的空载转速 ω_{02}，即

$$
\omega_{02} = \omega_{01} + \Delta\omega_{02}
$$

第 3 项是斜线段转速降，和机械特性的硬度有关

$$
\beta_2 = \frac{C^2(1+K)}{R_\Sigma + k_s k_{\text{SCR}} k_\beta}
$$

在闭环情况下，晶闸管整流器的输出电压不是固定的值，而是随转速和

转矩变化的，即

$$U_d = C\omega + \frac{R_\Sigma}{C}T$$

在机械特性的第 1 工作区段，速度基本不变。随着电动机轴上负载的增加，U_d 也增大。当过渡到第 2 区段时，随着负载继续增大，速度逐渐降低直至等于 0，整流电压也减小至 $U_d = \frac{R_\Sigma}{C}T_{Lim}$，电动机输出转矩为 T_{Lim}。为了得到期望的机械特性，晶闸管整流器必须有足够大的电压裕量，即

$$U_{d \cdot max} = C\omega_N + I_{Lim}R_\Sigma$$

在这种情况下，在第 1 区段的机械特性硬度可以达到恒定值 β_1，在不同的负载情况下，转矩值都可以达到 T_{Lim}。

11.6 双闭环直流调速控制系统的设计

电气传动闭环控制系统需要具有良好的过渡过程，既要稳定，又要尽可能快速。在静态时确定的参数往往不符合动态时的要求，或者是振荡过大，或者是响应不够迅速。所以需要找出一种简便的工程设计和整定的方法，以确定控制系统中的可调参数。传统的运算放大器构成的模拟量调节系统只能满足调速范围和动态特性要求都不高的简单系统，但是它是研究整定闭环控制系统的基础。由模拟控制系统入手，就可以掌握更加复杂的数字控制系统的整定方法。

一般来说，电气传动的控制系统是由电流（转矩）内环和速度外环构成，特别的场合在速度环的外边还有位置控制环。

在晶闸管-直流电动机调速系统中，组成电流内环的主要的器件是晶闸管整流器和电动机的电枢回路。严格说来，晶闸管整流器不是一个放大倍数为 k_{SCR} 的比例环节，而是一个脉冲控制的不连续的环节，为了简化计算，把整流器视为一个滞后环节，当采用三相桥式整流器时，最大失控时间为 3.3ms，一般是在此值范围内随机出现，因此取其一半作为平均的滞后时间，即整流器的滞后时间为 1.7ms。于是，晶闸管整流器可以简化成为一个小惯性环节。写成

$$W(p) = k_{\text{SCR}} \text{e}^{-T_\mu p} \approx \frac{k_{\text{SCR}}}{T_\mu p + 1} \qquad (11\text{-}9)$$

式中 T_μ——晶闸管整流器的平均失控时间，三相桥式整流器取值为 1.7ms，

三相零式取值为 3.3ms，12 脉冲整流器取值为 1ms。

脉宽调制方式的变频器也可以作为滞后环节处理，这时的滞后时间为

$$T_\mu = \frac{1}{f_k}$$

式中 f_k——脉宽调制的载波频率，通常这个频率可达 2 ~ 10kHz，所以脉宽

调制方式的变频器响应要比晶闸管整流器快得多。同样，这种

变频器也可以简化成为小惯性环节。

电枢回路是一个较大时间常数的惯性环节，这个时间常数为 $T_a = L_\Sigma / R_\Sigma$，

电枢回路的传递函数为

$$W_a(p) = \frac{1/R_\Sigma}{T_a p + 1}$$

电流反馈环节是一个惯性环节，其时间常数 T_{if} 约为 2 ~ 5ms，电流反馈

系数为

$$k_\beta = \frac{u_{\text{i}\cdot\text{max}}^*}{I_{\text{d}\cdot\text{max}}}$$

式中 $u_{\text{i}\cdot\text{max}}^*$——电流给定值的最大值，模拟系统取值 8 ~ 10V；

$I_{\text{d}\cdot\text{max}}$——电枢电流的最大值（A）。

包括电流调节器在内的电流环的传递函数框图如图 11-11 所示。

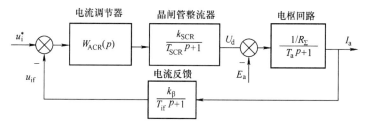

图 11-11 电流环的传递函数框图

电流调节器与被调节对象是串联关系，整定的目的就是需要求出电流调

节器的传递函数 $W_{\text{ACR}}(p)$。电流环整定的步骤如下：

（1）电流调节器采用比例积分的形式，传递函数的形式为

$$W_{ACR}(p) = k_i \frac{T_i p + 1}{T_i p} \tag{11-10}$$

（2）为了抵消调节对象的大时间常数 T_a，电流调节器的传递函数分子上应当有一个 $T_a p + 1$ 的环节，即

$$T_i = T_a \tag{11-11}$$

从物理意义上来说，这是增大电流调节器的输出值，加强晶闸管整流器的输出电压，克服电枢回路的大惯性影响。

（3）合并小时间常数，$t_\Sigma = T_{SCR} + T_{if}$。

（4）按照二阶最佳理论，电流环比例增益为

$$k_i = \frac{T_i R_\Sigma}{2 t_\Sigma k_{SCR} k_\beta} \tag{11-12}$$

这样就得到电流调节器的参数。

当电流给定信号稳定后，电流调节的误差信号等于零。对应于电流阶跃给定，电流输出的过渡过程曲线如图 11-12 所示，图中时间轴的单位为 t_Σ。可以看出，电流的上升时间为 $t_r = 4.7 t_\Sigma$，过渡时间为 $t_s = 8.4 t_\Sigma$，超调量为 $\sigma = 4.3\%$。

由运算放大器构成的比例积分调节器如图 11-13 所示。图中的电位器是为了调节比例增益所用，初始时应旋到中间位置，即 $\alpha = R_3 / R_4 = 1$。

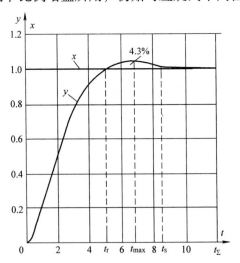

图 11-12　在单位阶跃给定情况下，
电流环二阶最佳的调节特性
（x——电流阶跃给定，y——电流的响应）

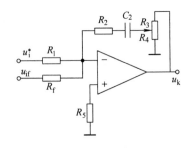

图 11-13　运算放大器构成
的比例积分调节器

PI 调节器的比例增益为：$k_i = (1 + \alpha) R_2/R_1$，积分时间常数为：$T_i = T_a = R_2 C_2$。

速度环整定的目的就是求出速度调节器的传递函数 $W_{ASR}(p)$。速度环整定的步骤如下：

（1）速度调节器也是比例积分调节器，其标准形式为

$$W_{ASR}(p) = k_s \frac{\tau_s p + 1}{\tau_s p} \qquad (11\text{-}13)$$

（2）速度环的调节对象是电气传动的机械部分，其传递函数为（见第 8 章）

$$W(p) = \frac{1}{\beta \tau_m p}$$

式中 τ_m——机电时间常数，$\tau_m = J_\Sigma/\beta$；

      J_Σ——折算到电动机轴上的全部转动惯量；

      β——电气传动系统的机械特性硬度。

（3）电流环等效的传递函数为

$$W(p)_{i \cdot eq} = \frac{1}{k_\beta} \cdot \frac{1}{2t_\Sigma^2 p^2 + 2t_\Sigma p + 1} \approx \frac{1}{k_\beta} \cdot \frac{1}{2t_\Sigma p + 1}$$

把电流闭环简化后形成速度闭环的传递函数如图 11-14 所示。

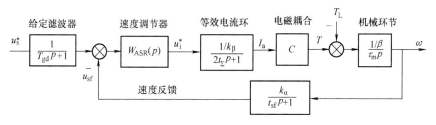

图 11-14　把电流闭环化简后的速度闭环结构框图

（4）把速度环内的诸个小时间常数合并为 $t_{\Sigma s} = 2t_\Sigma + t_{sf}$，这里的 t_{sf} 是速度反馈惯性环节的时间常数，一般取值 10 ~ 20ms。k_α 为速度反馈系数，一般取最高转速对应 8 ~ 10V。

（5）考虑到机械环节，并有 $\beta = C^2/R_\Sigma$，速度调节器的等效调节对象的传递函简化为

$$W_{S \cdot OBJ}(p) = \frac{1/k_\beta}{t_{\Sigma s}p + 1} \cdot \frac{R_\Sigma/C}{\tau_m p}$$

考虑到给定滤波器的惯性环节，把速度环进一步简化成为如图 11-15 所示的单位反馈的形式

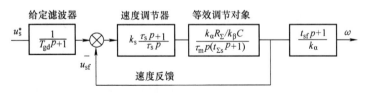

图 11-15　简化的速度闭环传递函数框图

（6）根据三阶最佳的理论，速度调节器的积分时间常数等于 4 倍对象的小时间常数，即

$$\tau_s = 4t_{\Sigma s} \tag{11-14}$$

速度调节器的比例增益和机电时间常数 τ_m 有关，即

$$k_s = \frac{k_\beta C \tau_m}{2t_{\Sigma s}R_\Sigma k_\alpha} \tag{11-15}$$

三阶最佳理论的优点是响应快，抗干扰性强，缺点是超调量过大。为了减小超调量，必须在速度给定端加设给定滤波器，而且给定滤波器的时间常数等于速度调节器的积分时间常数，即 $t_{gd} = \tau_s$。增设给定滤波器环节后，超调量由 43% 降低到 8.1%。其他指标参见表 11-4，为了进行对比，表中还列出二阶最佳的各项指标。三阶最佳的过渡过程如图 11-16 所示。

表 11-4　三阶最佳和二阶最佳各项指标的对比（$t_{\Sigma s}$ 为积分时间常数）

	三阶最佳 无给定滤波器	三阶最佳 有给定滤波器	二阶最佳
上升时间 t_r	$3.1t_{\Sigma s}$	$7.6t_{\Sigma s}$	$4.7t_{\Sigma s}$
过渡时间 t_s	$18t_{\Sigma s}$	$16.4t_{\Sigma s}$	$8t_{\Sigma s}$
超调量 σ_P	43%	8.1%	4.3%
稳定裕量 φ_M	36.8°	36.8°	63.4°
速度静差 e_v	0	$4t_{\Sigma s}$	$2t_{\Sigma s}$

虽然不同的传动系统所用的直流电动机的容量不同，但是电动机的电气时间常数、各种小时间常数的数值都是相近的，所以，电流调节器的参数都

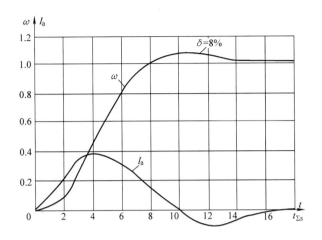

图 11-16 三阶最佳系统的过渡过程

是相近的。换句话说，**不论系统中电动机的容量大小，由于各个参数的标幺值都是相近的，所以电流调节器的 PI 参数都是接近的。**

同样道理，速度环的 PI 参数也是接近的。尽管速度调节器的比例增益 k_s 与机械惯量 J_Σ 成比例，但根据实践经验，过大的比例增益和过小的时间常数会引起速度环的振荡，适当减弱调节的快速性对于稳定运行很有好处。

例题 11.1 晶闸管整流的双闭环直流电动机调速电气传动系统，电流环按照二阶最佳整定，速度环按照三阶最佳整定。调节器的形式如图 11-13 所示，求出 R_1、R_2、C_2 等元器件的值。

直流电动机是独立励磁的电动机，原始数据为：$P_N = 500\text{kW}$，$U_N = 400\text{V}$，$I_N = 1380\text{A}$，$n_N = 655\text{r/min}$，电枢回路电阻 $R_\Sigma = 0.026\Omega$，电枢回路电感 $L_a = 0.31\text{mH}$，$J_\Sigma = 54\text{kg} \cdot \text{m}^2$，速度给定电压 $u_s^* = 0 \sim 10\text{V}$，速度反馈采用编码器，额定转速对应于 10V。

解：1. 电动机的导出参数

额定角速度 $\quad \omega_N = \dfrac{655 \times 2\pi}{60} = 68.6\text{rad/s}$

额定转矩 $\quad T_N = \dfrac{P_N}{\omega_N} = \dfrac{500 \times 10^3}{68.6} = 7289\text{N} \cdot \text{m}$

转矩常数（数值和电势常数相等） $\quad C = \dfrac{T_N}{I_N} = \dfrac{7289}{1380} = 5.28$

电气时间常数 $\quad T_a = \dfrac{L_a}{R_\Sigma} = \dfrac{0.31}{0.026} = 0.012s$

机电时间常数 $\quad \tau_m = \dfrac{J_\Sigma R_\Sigma}{C^2} = \dfrac{54 \times 0.026}{5.28^2} = 0.05s$

2. 晶闸管整流器的参数

放大倍数 $\quad k_{SCR} = \dfrac{400V}{8V} = 50$（倍）

时间常数 $\quad T_\mu = T_{SCR} = 1.7ms$

3. 反馈系数

速度反馈系数 $\quad k_\alpha = \dfrac{u_{s \cdot max}^*}{\omega_N} = \dfrac{10}{68.6} = 0.146V \cdot s$

电流反馈系数 $\quad k_\beta = \dfrac{u_{i \cdot max}^*}{I_{a \cdot max}} = \dfrac{8}{2 \times 1380} = 0.0029V/A$

小时间常数之和 $\quad t_\Sigma = 1.7 + 2.3 = 4ms \quad$（电流反馈等小时间常数取值 2.3ms）

4. 电流调节器的 PI 参数

积分时间常数 $\quad T_i = T_a = 0.012s$

比例增益 $\quad k_i = \dfrac{T_i R_\Sigma}{2t_\Sigma k_{SCR} k_\beta} = \dfrac{0.012 \times 0.026}{2 \times 0.004 \times 50 \times 0.0029} = 0.27$

5. 电流调节器的电阻、电容配置

选择电容 $\quad C_2 = 0.47\mu F$

因为 $\quad T_i = R_2 C_2 \quad$ 所以 $R_2 = \dfrac{T_i}{C_2} = \dfrac{0.012}{0.47 \times 10^{-6}} = 25.5k\Omega$（取值 26k$\Omega$）

因为 $\quad k_i = (1 + \alpha)\dfrac{R_2}{R_1} \quad$ 所以 $R_1 = \dfrac{(1 + \alpha)R_2}{k_i} = \dfrac{2 \times 26}{0.27} = 192.6k\Omega$（取值 193k$\Omega$）

6. 速度调节器的 PI 参数计算

考虑到速度反馈的滤波时间约为 10ms，所以等效调节对象的惯性时间常数为

$$t_{\Sigma s} = 2t_\Sigma + t_{sf} = 2 \times 4 + 10 = 18ms$$

速度环的积分时间等于 $4t_{\Sigma s}$，即 $\tau_s = 4t_{\Sigma s} = 4 \times 18 = 72ms$

速度调节器的比例增益为 $k_s = \dfrac{k_\beta C \tau_m}{2 t_{\Sigma s} R_\Sigma k_\alpha} = \dfrac{0.0029 \times 5.28 \times 0.05}{2 \times 0.018 \times 0.026 \times 0.146} = 5.6$

7. 速度环的电阻电容配置

电容 C_2 取值 $1\mu F$

$$R_2 = \frac{\tau_s}{C_2} = \frac{72 \times 10^{-3}}{1 \times 10^{-6}} = 72 k\Omega$$

$$R_1 = (1+\alpha) \frac{R_2}{k_s} = \frac{2 \times 72}{5.6} = 25.7 k\Omega \quad (\text{取值} \ 26 k\Omega)$$

给定滤波器的时间常数也按照 72ms 配置。但是一般的电气传动在给定侧都有斜坡函数发生器（给定积分器），即阶跃给定已经变换成为斜坡给定，所以给定滤波器的惯性时间常数应当改为零，这对于要求快速跟随性能的电气传动系统是很有意义的。

二阶最佳和三阶最佳都是源于闭环频率特性的模等于 1 的原则。还有一种做法是源于闭环幅频特性峰值最小的原则。对于三阶最佳来说，如果按照第二种方法来计算，则有 $\tau_s = 5 t_{\Sigma s}$，调节器的比例增益也要比前述方法增大 20%。

11.7 电动机的保护

由于生产自动化程度的提高，要求电动机经常运行在频繁的起动、制动、正反转以及变负载等多种运行方式，电动机的疲劳强度会受到冲击。电动机在应用领域中更加面向恶劣的环境，例如潮湿、高温、多尘、腐蚀等场合，很容易造成电动机损坏。如果电动机损坏，将会造成因生产中断而遭受更大的经济损失，因此，电动机保护也越来越受到重视。

选择保护装置时，必须考虑可靠性和经济性之间相互矛盾的因素，还要考虑结构简单、操作维护方便等因素。在能满足保护要求的条件下应当优先考虑尽量简单的保护装置，只有当简单的保护装置不能满足要求时，才考虑选用复杂的保护装置。

传统的电动机保护装置以熔断器、断路器、热继电器为主，辅以热敏电阻、欠电压继电器、过电流继电器和过电压继电器等保护装置。

　　熔断器只用作长期工作制的电动机起动及短路保护，一般不用作过载保护。对于直接起动的异步电动机，应按电动机的起动电流和起动时间选择熔体的额定电流，兼顾起动电流和工作电流的矛盾。**一般设计时可以选择熔体额定电流为电动机起动电流的0.3~0.5倍，起动时间小于3s时，取系数的下限值；起动时间为8s时，取系数的上限值。**

　　断路器可以保护电动机的过载和短路。断路器的额定电流应当大于等于笼型异步电动机的额定电流，**可以选择延时脱扣电流是电动机额定电流的1.1~1.2倍。瞬时脱扣电流是电动机额定电流的10~12倍，这样才能避开5.5~7倍的起动电流。绕线转子异步电动机的起动电流要小些，瞬时脱扣电流是电动机额定电流的3倍。**

　　热继电器适用于长期工作的异步电动机的过载保护和断相保护，而不宜作为重复短时工作制的电动机保护，因为在短时间内重复起动，会使热继电器的发热元件热量积累而致使热继电器误动作。**热继电器的额定电流应为电动机额定电流的0.95~1.05倍，调整值为电动机额定电流的1.1~1.3倍。**

　　大中型电动机可以在绕组中嵌入热敏电阻，把热敏电阻的信号引出并经过变换后得到绕组的温度值。**利用检测到的绕组的实际温度作为电动机保护的依据，直观可靠。**变频调速的异步电动机采用热敏电阻方法保护电动机是很有必要的，这是因为高次谐波电流的趋肤效应会使绕组加快发热，而且很多变频器都有热敏电阻的信号输入端口。

　　欠电压继电器用于保护交流电动机长时间低电压运行而引起的过载，还可以在电源电压消失致使电动机停止之后，防止电源恢复时引起电动机自起动。**通常选择欠电压继电器的额定值等于电源电压值即可，释放值无特殊要求。**

　　对称的三相交流电动机零线上没有电流，在零线上安装零序互感器，正常时无反应，当电机有故障时，如断相或负荷不平衡时，零序互感器上有电流，根据这一信号来保护电动机。

　　过电流继电器、过电压继电器和欠励磁继电器多用于直流电动机的保护。由于数字式整流装置具有强大的电动机保护功能，直流电动机的传统保护方法有逐渐式微之势。

同步电动机的保护包括过热、过电流、过电压、欠励磁以及防止失压后电动机自起动等保护措施。

随着电子技术的进步，电子式的多功能电动机保护器层出不穷。这类保护器具有对称性故障（如过载、堵转、过电压、欠电压等）及非对称性故障（如断相、电流不平衡、相间短路、匝间短路等）的保护功能，与交流接触器配合使用，能够对任何类型三相交流电动机起到快速、可靠保护。

目前**电子式的电动机保护器**多采用电流检测并作为电子电路的电源，因此无需外部电源供电，输出接口采用过零关断交流固态继电器的方案，结构简单、动作可靠，而且无功耗、无火花、少维护，代表了今后电动机保护的发展方向。

数字式直流调速装置和变频装置应当具有以下保护功能：电源浪涌吸收、电源过电压保护、电源低电压保护、短路保护、电动机过热保护、电动机过负载保护、接地保护等。

小 知 识　　电流环的复合控制

西门子公司的数字直流调速装置的电流环就是反馈和前馈相结合的复合控制方式的典型例子（见图 11-17）。

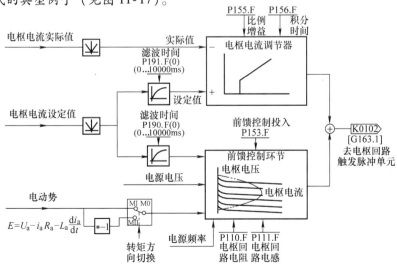

图 11-17　带有前馈控制的电流环功能框图

在电势恒定的条件下，变流器在空载电流断续的条件下触发特性恶化（见图11-18）。为了补偿电枢电流断续范围内因触发角加大对于电流调节的影响，数字控制系统的电流环采用带有电动势预控补偿的电流闭环控制。这种控制把晶闸管触发角分为静态分量和动态分量。触发角的静态分量与电动势 E_a（或者转速）有关，通过前馈计算触发角开环设定。触发角度的动态分量是电枢电流调节器（PI）调节器的输出量。反馈控制和前馈控制相结合，缩短了触发角控制的响应时间，尤其是有效地提高了电流断续区域内的响应速度。

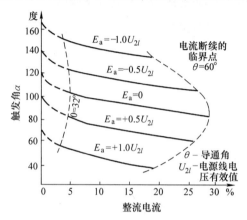

图 11-18　利用电流给定值做前馈控制触发角的曲线

在电动势恒定的条件下，变流器的触发角 α 与电枢回路参数、电枢电动势 E_a、进线交流线电压有效值 U_{2l} 以及变流器输出直流电流的平均值 I_d 有关。其基本公式源于平均整流电压方程：

$$U_d = 1.35 U_{2l} \cos \alpha$$

$$U_d = E_a + I_d R_\Sigma + L_a \frac{dI_d}{dt}$$

在电枢回路的时间常数一定的条件下，触发角静态分量的计算公式为

$$\alpha = \arcsin A - \frac{\pi}{3} - \frac{\theta}{2}$$

电流的平均值为

$$\frac{I_d}{I_{dn}} = B[2\sin(\theta/2) - \theta \cdot \cos(\theta/2)]\sqrt{1 - A^2}(\%)$$

式中的系数为

$$A = (\theta/2) \times (E_a/2) \times \sin(\theta/2) \times U_{2l}$$

$$B = 430U_{2l}/(L \cdot I_{dn})$$

式中　θ——导通角,三相桥式整流电路当 $\theta = \pi/3$ 时,电流连续;

U_{2l}——交流进线的线电压有效值;

I_{dn}——整流电流平均值的额定值,相当于电动机的额定电流。

根据经验,大多数晶闸管整流器的临界连续电流标幺值为 30% 左右。数字式控制系统根据优化过程得到电枢回路的电阻值和电感值,利用上述公式,得到预控的触发角移相信号的静态分量;而电流调节器的输出值作为触发角移相信号的动态分量。

这种前馈技术加快电枢电流的动态响应速度,使电流的响应时间达到 6~9ms。

自检思考题

1. 怎样根据生产机械选择电气传动的控制方式?

2. 为什么在自动控制技术发展的今天,非调速的电气传动系统仍然有很强的生命力?

3. 动力制动的异步电动机控制电路中接触器 KM1、KM2 以及时间继电器 KT 各自起什么作用?

4. 怎样避免正/反转异步电动机的正向接触器和反向接触器同时工作?

5. 对于双速异步电动机的控制电路中需要几个接触器?

6. 怎样避免用凸轮控制器控制绕线转子异步电动机在非零位直接起动?

7. 说出开环控制系统和闭环控制系统的区别。

8. 说出双闭环电气传动的构建原则。

9. 采用电流给定值前馈的优点是什么?

10. 闭环控制系统分为几大类?

11. 按照输出量分类,可以把电气传动控制分成几种?

12. 说出晶闸管-直流电动机电气传动控制系统的结构和机械特性。

13. 为什么要使用电流截止负反馈?

14. 仿照例题 11.1,做一个控制系统设计的课题。

15. 为什么电流环采用二阶最佳控制,速度环采用三阶最佳控制?

16. 速度环外的给定滤波器起什么作用? 在什么情况下可以取消?

17. 电动机的过流保护装置有哪些?

18. 零序电流互感器起什么作用?

19. 说出电子式的电动机保护器的优点。

20. 说出电气传动中必要的保护项目。

第 12 章 ▶▶▶▶▶

生产工艺和电气传动设计

12.1 生产机械对于电气传动的一般要求

在现代化的工业、农业、国防、日常生活的各领域中，各种设备和机器几乎都需要电气传动和自动控制的功能。控制这些设备和机器需要遵循工艺要求和使用特性的要求。一般常见的生产类设备和机器包括：

- 涡轮类机械：风机、水泵、涡轮式压缩机等；
- 提升类机械：起重机、电梯、矿井提升机等；
- 输送类机械：带式输送机、链条输送机、自动扶梯等；
- 金属加工机械：各种机床；
- 工程机械：运输车辆、推土机、挖掘机等；
- 制造类机械：冶炼设备、轧钢设备、生产线、化工设备、轻工机械等。

不同的生产工艺过程，对电气传动和自动控制系统提出设计和控制要求也不相同。生产工艺流程可以分为两大类：连续生产过程和重复周期生产过程。

连续生产过程中的传动电动机不需要或很少起动、正反转、制动、停车。重复周期生产过程的传动电动机则需要经常起动、正反转、制动和准确停车。

不同的生产机械对于电气传动系统有着不同的个性要求，但是不论何种生产机械，对于电气传动系统都有相同的共性要求。这些共性要求包括：

　　–保证规定的生产流程顺利进行；

　　–满足生产机械的起动、制动、正反转与调速的要求；

　　–可以耐受一定的冲击，具有限制动态、静态过载的能力；

　　–具有不同的操作方式，如手动、自动、半自动的操作方式；

　　–对于可靠性的要求，在无故障运行时间应达到期望值；

　　–防护等级适合于周围环境和当地的气候条件；

　　–经济指标合理，主要指设备费用和日常消耗的电费应当在合理的范围内；

　　–符合环境保护的法规，主要指电气设备发出的噪声，以及变流器高次谐波对电网的影响，应当符合相应的标准。

　　实现上述要求的供电基础是电源的参数（电压、频率等）应当达到相关的标准。

12.2　电气传动的设计顺序

　　通常电气传动的设计顺序如下：

　　–根据工艺过程向电气传动提出技术需求；

　　–制定生产机械的运动方式，计算静态负载，做出生产机械的负载图；

　　–选择电气传动方式和系统，做出技术经济分析；

　　–根据机械的转速范围决定是否需要减速机，以及减速比；

　　–选择电动机的类型；

　　–初步选择电动机的功率和转速；

　　–计算动态负载，做出传动的动态负载图；

　　–校验电动机的发热、过载能力和起动条件；

　　–选择和计算半导体变流器；

　　–画出传动系统的单线图和原理图；

　　–对调节系统进行计算和仿真。

12.3 负载图和速度图

选择电动机的功率、速度等参数要依赖于生产机械的负载图和速度图（见图 12-1）。负载图源于生产机械加到电动机轴上的随时间变化稳态负载转矩 $T_L = f(t)$。负载图由生产机械的工艺特性计算得来。

电动机的转矩图描述的是电动机发出的转矩，这个转矩是负载转矩（静态转矩）和动态转矩的代数和，即 $T = T_L + T_{dyn}$。速度图表示电动机转速（或工作机械的速度）与时间的关系 $\omega = f(t)$。

实际的负载特性可能与绘出的负载图有些不同，这是因为各种机械的负载情况有所差异，也与操作者的经验有关。因此只能以典型的工作情况为例，做出具有代表性的负载图。

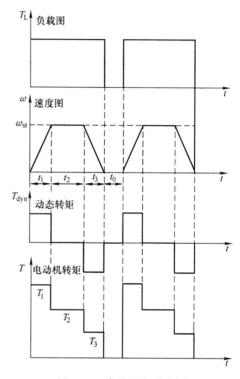

图 12-1 负载图与速度图

例题 12.1 绘出起重机械与电动机的负载图和速度图。提升的重物的质量为 500kg，由开始提升重物到空钩下降构成一个工作周期。传动效率为 0.9，钢绳转鼓直径 0.6m（$R_\delta = 0.3m$），电动机额定转速为 60rad/s（573.2r/min），提升线速度为 1m/s，下降线速度为 2m/s（弱磁工况）。机械部分和电动机（不含重物）的转动惯量为 0.2kg·m²（已折算到电动机轴侧），吊钩运动时的摩擦转矩约为提升重物时转矩的 1/10，提升高度为 20m。

解：1. 求出转鼓对电动机轴的减速比，电动机的额定转速对应提升线速度 1m/s，则

$$i = \frac{\omega_N R_\delta}{V} = \frac{60 \times 0.3}{1} = 18$$

2. 提升重物时电动机轴上的负载转矩为

$$T_{\mathrm{L}} = \frac{mgR_\delta}{i \cdot \eta} = \frac{500 \times 9.81 \times 0.3}{18 \times 0.9} = 91\mathrm{N} \cdot \mathrm{m}$$

摩擦转矩的方向与运动方向相反，其值为

$$T'_{\mathrm{L}} = 0.1T_{\mathrm{L}} = 0.1 \times 91 = 9.1\mathrm{N} \cdot \mathrm{m}$$

3. 假设提升重物和下放重物时的加速度均为 $a_{1.3} = 1.0\mathrm{m/s}^2$，则

$$t_1 = t_3 = \frac{V}{a_1} = \frac{1.0}{1.0} = 1\mathrm{s}$$

$$t_2 = \frac{h - 2 \times 0.5 \cdot Vt_1}{V} = \frac{20 - 2 \times 0.5 \times 1 \times 1}{1} = 19\mathrm{s}$$

$$t'_1 = t'_3 = \frac{V'}{a_1} = \frac{2.0}{1.0} = 2\mathrm{s}$$

$$t'_2 = \frac{h - 2 \times 0.5 \cdot V't'_1}{V'} = \frac{20 - 2 \times 0.5 \times 2 \times 2}{2} = 8\mathrm{s}$$

卸下重物的时间设为 $t_0 = 15\mathrm{s}$

4. 负载质量折算到电动机轴上的等效转动惯量

$$J_{\mathrm{L}} = \frac{mR_\delta^2}{i^2} = \frac{500 \times 0.3^2}{18^2} = 0.014\mathrm{kg} \cdot \mathrm{m}^2$$

提升重物时的总的转动惯量

$$J_\Sigma = J_{\mathrm{M}} + J_{\mathrm{L}} = 0.2 + 0.014 = 0.214\mathrm{kg} \cdot \mathrm{m}^2$$

5. 加到电动机轴上的负载转矩

提升重物时　升速段　$T_1 = T_{\mathrm{L}} + T'_{\mathrm{L}} + J_\Sigma \dfrac{\Delta\omega}{\Delta t} = 91 + 9.1 + 0.214 \times \dfrac{60}{1}$

$$= 112.9\mathrm{N} \cdot \mathrm{m}$$

匀速段　$T_2 = T_{\mathrm{L}} + T'_{\mathrm{L}} = (91 + 9.1)\ \mathrm{N} \cdot \mathrm{m}$

$$= 100.1\mathrm{N} \cdot \mathrm{m}$$

降速段　$T_3 = T_{\mathrm{L}} + T'_{\mathrm{L}} - J_\Sigma \dfrac{\Delta\omega}{\Delta t} = 91 + 9.1 - 0.214 \times \dfrac{60}{1} =$

$$87.3\mathrm{N} \cdot \mathrm{m}$$

下放空钩时　升速段　$T'_1 = -T'_{\mathrm{L}} - J'\Sigma \dfrac{\Delta\omega}{\Delta t} = -9.1 - 0.2 \times \dfrac{120}{2}$

$$= -21.1\text{N} \cdot \text{m}$$

匀速段 $\quad T_2' = -T_L' = -9.1\text{N} \cdot \text{m}$

降速段 $\quad T_3' = -T_L' + J_\Sigma' \dfrac{\Delta\omega}{\Delta t} = -9.1 + 0.2 \times \dfrac{120}{2}$

$$= 2.9\text{N} \cdot \text{m}$$

以上为例题12.1的计算过程，负载图和速度图如图12-2所示。

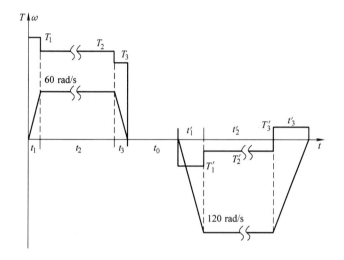

图 12-2　例题 12.1 的负载图与速度图

如图12-3所示的是刨床的典型的负载图和速度图。刨床的行程分为工作行程和返回行程（退刀）。工作行程时，刨刀在加工切削工件；返回行程时，刨刀不切削工件，传动电动机处于空载状态，转速较高。

刨床的刀架开始起动到速度 V_1，该段工作时间为 t_1。电动机发出的转矩为 $T_1 = T_{\max}$，这时的静态负载转矩 T_{2L} 对应于力 $F_1 = \mu G_c$，式中 G_c 是刀架质量；μ 为刀架与导轨间的摩擦系数。这时的动态加速转矩为 $T_1 - T_{2L}$。在 t_2 时间段，刀架的速度 V_1 为常数，转矩 $T_2 = T_{2L}$。

在 t_3 时间段刨刀开始接触到工件，转矩对应于切削力 F_Z 与摩擦转矩之和，即 $F_3 = \mu G_c + F_Z$。接着工作台架开始提速到切削速度 V_{up}，这时的加速转矩等于 $T_1 - T_3$，因为这时是带负载加速运行，所以加速度应当小于时间段 t_1 的加速度。

在 t_5 时间段转矩 $T_5 = T_3$，刨刀高速切削工件，速度高于 t_3 段。

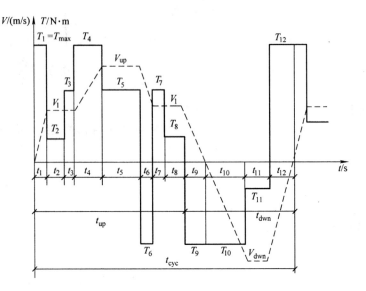

图 12-3 刨床的典型的负载图和速度图

在时间段 t_6 刀架处于制动运行，电动机的转矩 $T_6 = -T_{max}$，直至刀架速度降低到 V_1。

在时间段 t_7 刀架保持匀速 V_1 运动，直至刀架与工件脱离，进入到时间段 t_8。

在时间段 t_8 刀架继续以匀速 V_1 运动，转矩 $T_8 = T_2$。

在时间段 t_9 开始减速，直至速度为零，进入返回行程 t_{10}。在返回行程刀架继续减速直至反方向最高速度 V_{dwn}。在返回行程刀架受到的仅仅是摩擦力 $F_{10} = F_9 = -F_1 = -\mu G_c$。

返回行程还包括匀速的 t_{11} 段和降速的 t_{12} 段。返回行程的终点速度为零，重新进入工作行程。

12.4 选择电气传动形式和功率计算

在选择电气传动的形式时应当考虑如下事项：

-计算电动机的功率；

-计算电动机的额定转速（同时计算减速机的减速比）；

-选择电动机的形式，与工作方式相符合；

– 确定电动机的起动方式;

– 确定电动机的 **IP** 防护等级;

– 根据环境条件选择电动机的结构;

– 选择电动机的冷却方式。

电动机冷却方式包括自然冷却和强制冷却。电动机轴上带有风扇的冷却属于自然冷却的范围,在使用变频调速时应当采用独立的冷却风扇。有些大型电动机还采用风-水冷却的方式,即利用风机对电动机的内部进行循环空气冷却,而循环空气再经过通水冷却器降低温度。

对于周期动作机械、随动系统等具有动态工作特性的机械,最好选择低转动惯量的电动机。对于驱动曲柄连杆机构的电动机,最好选用高转动惯量的电动机。对于工作在特殊条件下的电动机,如带较大负载并且频繁起动的电动机、工作在高温、潮湿环境的电动机,均应选择特殊设计的电动机。

普通的异步电动机的同步转速为 3000r/min、1500r/min、1000r/min、750r/min、600r/min。而工作机械转速的转速往往较低,在电动机轴和工作机械轴之间需要加设减速机。减速机的作用是降低转速并增大转矩。用减速机匹配可调速电动机与工作机械的转速时,应使电动机的转速处于调速的最佳区域,尽量避免使用弱磁调速区域。

电动机的额定转矩(单位为 N·m)可以由铭牌参数求出:

$$T_N = \frac{P_N}{\omega_N} = \frac{60P_N}{2\pi n_N} = 9549 \times \frac{P_N}{n_N} \tag{12-1}$$

式中　P_N——电动机的额定功率,单位 kW;

　　　n_N——电动机的额定转速,单位 r/min。

额定转矩既和电动机中转子绕组总的导体的有效长度成正比,也和气隙中的磁通密度 B 成正比、绕组中的电流密度 A 成正比:

$$T_N = kD^2 L \cdot A \cdot B$$

式中　D、L——转子绕组有效部分的直径和长度。

可以近似认为电动机的外形尺寸与额定转矩成正比,电动机的价格是由它的重量所决定的,同样功率的电动机,额定转速越低,额定转矩则越大,重量也就越大,相应的价格就越昂贵。举例说明,在外形尺寸和重量方面,转速为 750r/min 的电动机的是同样功率 3000r/min 电动机的 4 倍，价格也是 4 倍左右。

因此，在面临机械传动和电气传动的结构选择的时候，究竟是选择高速电动机配合减速机的方案，还是选择低速电动机不用减速机的方案呢，这要靠技术经济的方案比较才能得出结论。

对于中低功率（200kW 以下）的电动机多用带有减速机的方案。齿轮电动机是一种较新的方案，这是把电动机和减速齿轮做成一体化的特殊电动机。

计算电动机的功率主要依据三个条件：

－电动机的温升不应当超过绝缘等级允许的温度；

－允许电动机在起动和制动工况下有短时间的转矩过载，一般过载倍数为 1.5～2.0 倍，最大不超过 2.5 倍；

－在驱动大转动惯量负载或频繁起动的电动机时，不应当引起电动机转子过热。把普通电动机作为变频调速电动机使用时，低速时电动机的温升加剧，须引起注意。

电动机的温升会导致电动机故障及加速绝缘老化。允许温升取决于电动机的绝缘等级。

电动机的绝缘等级是指所用的绝缘材料的耐热等级，分为 Y、A、E、B、F、H、C 级。其中常用的电动机绝缘等级为 A、E、B、F、H 级。Y 级绝缘材料耐热极限温度小于 90℃，C 级绝缘材料耐热极限温度大于 180℃，这两种绝缘等级较少使用。绝缘材料的允许温升见表 12-1。

表 12-1　电动机绝缘等级和允许温升

等级	绝 缘 材 料	容许最高温度/℃	环境 40℃时的最高温升/℃
Y	未浸渍的天然材料，如棉纱、丝绸、纸板、木材等	90	50
A	棉纱、丝绸、纸板、普通绝缘漆	105	65
E	环氧树脂、聚酯薄膜、青壳纸、三醋酸纤维薄膜	120	80
B	云母、石棉、玻璃丝（有机胶黏合或浸渍）	130	90
F	材料同 B 级，以合成胶黏合或浸渍	155	115
H	材料同 B 级，以硅有机树脂黏合或浸渍	180	140
C	云母、陶瓷、石棉、玻璃纤维、聚四氟乙烯	180 以上	140 以上

不少电动机连续工作，但是负载的大小周期性变化，其温升也作周期性波动。按照最大负载选择电动机则不经济；若按最小负载选择电动机则温升将超过允许值。所以求出一个周期内的平均负载功率，再乘以系数 1.1 ~ 1.6，作为电动机的额定功率。

对于短时工作制的电动机，可以不做发热校验，只需关注短时过载能力和起动转矩的校验。这时短时工作时间应当小于电动机的短时额定时间。若选用断续工作制电动机作短时工作使用时，其等效额定时间 T_{str} 与负载持续率的关系见表 12-2。

表 12-2　等效额定时间和负载持续率的关系

负载持续率（%）	等效额定时间 T_{str}/min
15	15
25	30
40	60

校验电动机发热的方法有平均损耗法、等效电流法、等效转矩法和等效功率法等。

平均损耗法是校核电动机发热情况行之有效的方法。它要求平均损耗功率不大于电动机额定损耗功率，此方法适用于负载变化周期 $t_p \leqslant 10\text{min}$ 的工作方式。这种方法是在一个负载周期中的各个时段的损耗功率的平均值，即平均损耗功率。如果这个平均损耗功率不大于电动机额定损耗功率，就认为通过发热校验。

等效电流法是用一个不变的电流 I_{eq} 的代替变化的工作电流，如果这个等效电流小于额定电流 I_N，认为发热校验通过。因为电动机的功率损耗与电流二次方近似成正比，所以

$$I_{eq} = \sqrt{\frac{1}{t_p} \int_0^{t_p} i^2(t)\,\mathrm{d}t} = \sqrt{\frac{I_1^2 t_1 + I_2^2 t_2 + I_3^2 t_3}{t_1 + t_2 + t_3 + t_0}} \tag{12-2}$$

式中的各段时间的定义参见图 12-1 和图 12-2。

等效转矩法是基于转矩与电流成正比的假设，异步电动机在转矩较小时这个假设并不成立，应当予以注意，另外弱磁调速的电动机也不适用等效转矩法。等效转矩法是利用一个不变的等效转矩 T_{eq} 代替变化的转矩，如果 T_{eq}

小于电动机的额定转矩 T_N，则认为热校验通过。等效转矩的公式为

$$T_{eq} = \sqrt{\frac{1}{t_p} \int_0^{t_p} T^2(t) \, dt} = \sqrt{\frac{T_1^2 t_1 + T_2^2 t_2 + T_3^2 t_3}{t_1 + t_2 + t_3 + t_0}} \quad (12-3)$$

等效功率法适用于电动机速度变化不大的情况，这时转矩和功率成正比。与上述方法同理，有等效功率 P_{eq} 的公式

$$P_{eq} = \sqrt{\frac{1}{t_p} \int_0^{t_p} P^2(t) \, dt} = \sqrt{\frac{P_1^2 t_1 + P_2^2 t_2 + P_3^2 t_3}{t_1 + t_2 + t_3 + t_0}} \quad (12-4)$$

通过热校验的条件是 $P_{eq} \le P_N$。

自冷电动机在低速和停止状态的散热能力下降，上述热校验的公式没有考虑这一因素。为了补偿这个因素，可以采用更加精确的公式，以等效电流法为例，精确公式为

$$I_{eq} = \sqrt{\frac{I_1^2 t_1 + I_2^2 t_2 + I_3^2 t_3}{\beta_1 t_1 + \beta_2 t_2 + \beta_3 t_3 + \beta_0 t_0}}$$

式中　$\beta_1 = \beta_3 = 0.5$——对应于起动段和制动段的散热恶化修正系数；

$\beta_0 = 0.3$——对应于停止状态的散热恶化修正系数；

β_2——在额定转速时，取值为 1。

例题 12.2　一台他励直流电动机，其工作状况如负载图 12-1 所示。其中数据为 $T_1 = 160 \mathrm{N \cdot m}$，$T_2 = 100 \mathrm{N \cdot m}$，$T_3 = 40 \mathrm{N \cdot m}$，$t_1 = t_3 = 10s$，$t_2 = 60s$，$t_0 = 20s$，最大转速 $n_{max} = 1000 \mathrm{r/min}$（$\omega_{max} = 104.7 \mathrm{rad/s}$）。工作周期长期重复连续，依发热条件选择电动机。

解： 因为电动机不弱磁运行，可以采用等效转矩法

$$\begin{aligned}
T_{eq} &= \sqrt{\frac{T_1^2 t_1 + T_2^2 t_2 + T_3^2 t_3}{\beta_1 t_1 + \beta_2 t_2 + \beta_3 t_3 + \beta_0 t_0}} \\
&= \sqrt{\frac{160^2 \times 10 + 100^2 \times 60 + 40^2 \times 10}{0.5 \times 10 + 1 \times 60 + 0.5 \times 10 + 0.3 \times 20}} \\
&= 107.5 \mathrm{N \cdot m}
\end{aligned}$$

则电动机的额定功率应当选为

$$P_N \ge T_{eq} \cdot \omega_{max} = 107.5 \times 104.7 = 11.26 \mathrm{kW}$$

电动机发热程度跟工作状况有关，如果电动机工作在连续工作制，加减

速的动态转矩对温升影响不大，可以只根据静态转矩确定电动机的功率。

如果电动机频繁起动和制动，动态转矩对温升的影响很大，这时可以按照 $T = (1.25 \sim 1.3) T_L$ 的转矩初选电动机，然后用上述方法进行热校验。初选的电动机必须知道其转动惯量以便计算动态转矩。

下面对几种常用的工作制提出选择电动机的原则和步骤。

连续工作制 **S1**

（1）首先确定生产机械的功率，如果负载随时间变化，可采用等效功率法（或等效转矩法、等效电流法）进行热校验。

$$P = \frac{T \cdot \omega_N \cdot 10^{-3}}{\eta_N} = \frac{F \cdot V_N \cdot 10^{-3}}{\eta_N} \qquad (12\text{-}5)$$

式中　T、F——工作机械的转矩、力，转矩已经折算到电动机轴侧；

　　　V_N——工作机械的额定线速度。

（2）根据样本选择电动机，考虑到机械计算的误差，选择得到电动机应当比计算值略大，通常裕量系数为 $1.1 \sim 1.2$ 倍。

（3）校核起动时的过载能力，电动机的最大转矩应当大于工作机械起动的转矩

$$T_{max} \geq (1.1 \sim 1.2) \left[T_L + J_\Sigma \frac{\omega_N}{t_{st}} \right]$$

式中　t_{st}——起动时间。

　　　T_L——负载转矩。

对于笼型异步电动机，要校核电动机的在速度为零时的转矩值是否大于工作机械的起动转矩。

短时工作制 **S2**

（1）确定负载的功率（或转矩）以及相应的工作时间。如果负载随时间变化，可采用等效功率法（或等效转矩法）进行热校验。

（2）电动机持续工作时间应符合标准工作周期 10min、30min、60min、90min。如果与标准工作周期不符，应采用更高的周期值。此外还要校核过载能力。

（3）如果按照连续工作制进行计算选择的电动机，在短时工作制就可以

工作在过载状态。为了定量地评价这时的过载能力，引入一个过载系数 p_M——表示短时工作制时电动机的功率 P_k 与连续工作制时的额定功率 P_N 之比值，即

$$p_M = \frac{P_k}{P_N} = \sqrt{\frac{1+\alpha}{1 - e^{-\frac{t_p}{T_{NH}}}} + \alpha}$$

式中 $\alpha = K/V_{Nom}$——电动机固定损耗与额定可变损耗的比值；

T_{NH}——电动机的额定热时间常数。

如果比值 $t_p/T_{NH} < 0.35$，只需校核电动机的过载能力，而不必进行热校验。

重复短时工作制 **S3**

–确定每个周期中工作时间和间歇时间，以及相应的功率（或转矩）；

–绘出速度图和负载图；

–如果负载是变化的，求出等效转矩或电流；

–求出实际工作的负载持续率 $FC = \frac{\Sigma t_p}{\Sigma t_p + \Sigma t_x}$ （%）。

式中 Σt_p、Σt_x——工作时间之和、间歇时间之和；

–选用的负载持续率 FC_N 应当尽量接近实际工作的 FC 值。再按照 $P_N \geqslant (1.1 \sim 1.2) P_{eq}$ 的原则选择电动机；

–如果计算出的实际工作负载持续率不是标准值，则可利用下面的公式由等效功率求出标准的等效功率：

$$P_{eq \cdot stan} = P_{eq} \sqrt{\frac{FC}{FC_N}}$$

例题 12.3 电动机工作在重复短期工作制，工作周期的构成为：工作时间 2.5min，转矩 300N·m，转速 700r/min；间歇时间 5min。根据这些条件选择冶金及起重用异步电动机。

解：1. 负载持续率

$$FC = \frac{t_p}{t_p + t_x} = \frac{2.5}{2.5 + 5} = 33.3\%$$

2. 计算电动机的轴功率

$$P = T \cdot \omega = \frac{300 \times 700 \cdot \pi}{30} = 22 \text{kW}$$

3. 换算到标准的负载持续率为 $FC = 25\%$ 的电动机功率

$$P_{\text{eq} \cdot \text{stan}} = P \sqrt{\frac{FC}{FC_N}} = 22 \times \sqrt{\frac{33.3}{25}} = 25.3 \text{kW}$$

可以选择负载持续率为 25% 的 YZ – 30kW 的冶金及起重用三相异步电动机。

12.5   电气传动的成套装置

选择电动机之后，就应当选择控制电动机的成套装置。这些成套装置是由专业化的生产厂家制造，大部分电气传动装置均可国产，小部分电气传动装置还是以国外产品为主。电气传动的成套装置主要是指控制电动机的半导体变流器设备，其中包括直流晶闸管调速装置、交流变频装置、软起动装置等。

在选择电气传动的成套装置时，除了要考虑电压等级符合要求之外，装置的电流也是很重要的参数。因为半导体器件的热容量很小，所以不能按照电动机的额定电流选择变流器，而是根据电动机的最大电流选择变流器。

整流回馈单元具有双向电流流通的能力，可以将制动的动能变换成电能回馈到电网。普通采用晶闸管的整流回馈单元对于电网的要求很严格，如果电网的质量不佳，不时出现接地、短路或低电压等故障时，就会引起回馈时的逆变颠覆，造成烧毁快熔等事故。采用制动单元和制动电阻就不会出现这样的事故，但是制动单元和制动电阻只能把制动的动能转换成热能散发出去。现在还有使用 IGBT 制作的整流回馈单元，可以避免逆变颠覆的事故。

数字控制的变流装置已经有完善的保护功能，在系统设计时应当分级区分各种保护功能。

数字控制的变流装置带有通信功能，应充分利用这些通信功能，节约控制电缆并提升整体的自动化水平。

小知识　　电气传动的串行通信方式

电气传动的主要串行方式有 PPI 通信、RS485 串口通信、MPI 通信、PROFI-BUS - DP 通信、以太网通信和 CAN 总线通信。

1. PPI 通信

PPI 协议是最基本的串行通信方式，PPI 是一种主 - 从协议通信，主 - 从站在一个令牌环网中。在 CPU 内用户网络读写指令即可，也就是说网络读写指令是运行在 PPI 协议上的。

2. RS485 串口通信

可以通过选择自由口通信模式控制串口通信。简单的情况是 PLC 用发送指令、接收指令与打印机或者变频器等设备发送或接收信息。

3. MPI 通信

MPI 通信是一种比较简单的通信方式，MPI 网络通信的速率是 19.2kbit/s ~ 12Mbit/s，MPI 网络最多支持连接 32 个节点，最大通信距离为 50m。通信距离远，还可以通过中继器扩展通信距离，但中继器也占用节点。

MPI 网络节点通常可以挂 S7 - 200、人机界面、编程设备、智能型 ET200S 及 RS485 中继器等网络元器件。

4. PROFIBUS - DP 通信

PROFIBUS - DP 现场总线是一种开放式现场总线系统，符合欧洲标准和国际标准。PROFIBUS - DP 通信的结构非常精简，传输速度很高且稳定，非常适合 PLC 与现场分散的 I/O 设备或变频器之间的通信，也是电气传动应用最广泛的通信方式。

5. 以太网通信

以太网的核心思想是使用共享的公共传输通道，这个思想早在 1968 年来源于厦威尔大学。1972 年，Metcalfe 和 David Boggs（两个都是著名网络专家）设置了一套网络，这套网络把不同的 ALTO 计算机连接在一起，同时还连接了 EARS 激光打印机。这就是世界上第一个个人计算机局域网，这个网络在 1973 年 5 月 22 日首次运行。Metcalfe 在首次运行这天写了一段备忘录，备忘录的意思是把该网络改名为以太网（Ethernet），其灵感来自于"电磁辐射是可以通过发光的以太来传播"这一想法。1979 年，DEC、Intel 和 Xerox 共同将网络标准化。

1984 年，出现了细电缆以太网产品，后来陆续出现了粗电缆、双绞线、CATV 同轴电缆、光缆及多种媒体的混合以太网产品。以太网是目前世界上最流行的拓扑标准之一，具有传传播速率高、网络资源丰富、系统功能强、安装简单和使用维护方便等很多优点。

6. CAN 总线通信

CAN（Controller Area Network）是控制器局域网络简称，是由德国著名的博世（BOSCH）公司所开发，并成为国际标准的串行现场总线协议。该通信方式具有高可靠性和良好的错误检测能力，耐受高温、振动和电磁辐射能力强，被广泛应用于汽车和军用装备的计算机控制系统中。由于 CAN 总线通信的实时性和灵活性，加之高可靠性、高性价比等诸多特点，使之应用领域更加扩展。现已由移动式运输机械转向机器人、数控机床、医疗器械等领域，是很有前途的现场总线之一。

自 检 思 考 题

1. 生产机械对于电气传动的总体要求有哪些？

2. 电气传动负载图有什么特点？

3. 机械的负载图和电气传动的负载图有什么区别？

4. 如何根据计算选择电动机的功率？

5. 电动机的哪些额定参数与重量和外形尺寸有关？

6. 列举出绝缘材料的耐热等级和相应的温升温度。

7. 说出等效电流法定义和用法。

8. 哪些参数表述了电动机的重复短时工作制的特征？

9. 选择半导体变流器的电压和电流等级的原则是什么？

10. 说出电气传动设计阶段的顺序。

参 考 文 献

［1］《钢铁企业电力设计手册》编委会. 钢铁企业电力设计手册［M］. 北京：冶金工业出版社，2008.

［2］刘军，孟祥忠. 电力拖动运动控制系统［M］. 北京：机械工业出版社，2007.

［3］许大中. 晶闸管无换向器电机［M］. 北京：科学出版社，1984.

［4］秦晓平，王克成. 感应电动机的双馈调速和串级调速［M］. 北京：机械工业出版社，1990.

［5］倚鹏. 高压大功率变频器技术原理与应用［M］. 北京：人民邮电出版社，2007.

［6］赵殿甲. 可控硅电路［M］. 北京：冶金工业出版社，1980.

［7］马小亮. 大功率交 – 交变频交流调速及矢量控制［M］. 北京：机械工业出版社，1980.

［8］张雄伟，曹铁勇. DSP 芯片的原理与开发应用［M］. 北京：电子工业出版社，2000.

［9］杨兴瑶. 电动机调速的原理和系统［M］. 北京：水利电力出版社，1979.

［10］郭庆鼎，等. 现代永磁电动机交流伺服系统［M］. 北京：中国电力出版社. 2006.

［11］路道政，季新宝. 自动控制原理及设计［M］. 上海：上海科学技术出版社，1978.

［12］B R 佩莱. 可控硅相控变流器及变频器［M］. 杨启元，等译. 北京：冶金工业出版社，1981.

［13］海老原大树，等. 电动机使用技术手册［M］. 王益全，等译. 北京：科学出版社，2006.

［14］欧姆社. 电工电子通信公式应用手册［M］. 秦晓平，等译. 北京：科学出版社，2005.

［15］马济泉. 轧机传动系统的微机数字控制［J］. 电气传动，2000（3）：3 – 6.

［16］丁蕴石，等. 交交变频调速研究的新进展［R］. 冶金工业部自动化研究所一九八〇年学术报告选编. 1981.

［17］SIEMENS. SIMOREG DC MASTER 使用说明书［G］10 版 . 2004.

［18］SIMENS. Documents to the course. SIMOVERT D Cycloconverter［G］. 1997.

［19］宫入庄太. サイリスタ应用ハンドブック［M］. 1972.

［20］Г. В. Онищенко. Электрический Привод［M］. Москва，2003.